高等院校计算机任务驱动教改教材

操作系统实用教程

姜庆玲　杨　云　主　编

清华大学出版社
北京

内　容　简　介

操作系统是计算机系统必备的核心系统软件，是计算机从业人员必须掌握的基本知识，是计算机相关专业的学生必修的专业基础课程。

本书在编写上突出内容的实用性和系统性。第1章重点介绍操作系统的定义、功能、分类、特性以及操作系统接口等知识；第2章介绍两种典型操作系统（Windows 和 Linux）的发展历史、基本概念和体系结构；第3～7章介绍操作系统的基本原理和技术，包括进程管理、作业管理、进程间的制约关系、存储管理、设备管理、文件管理等。在每章的最后两节，结合两种典型操作系统，介绍本章涉及的操作系统原理和技术在实际操作系统软件中的应用，进一步加深学生对知识点的理解，提高应用水平。

本书可作为应用型本科院校和高职高专院校计算机相关专业操作系统课程的教材和参考书。

图书在版编目(CIP)数据

操作系统实用教程/姜庆玲，杨云主编. --北京：清华大学出版社，2015 (2018.2重印)
高等院校计算机任务驱动教改教材
ISBN 978-7-302-41509-1

Ⅰ. ①操…　Ⅱ. ①姜…　②杨…　Ⅲ. ①操作系统－高等学校－教材　Ⅳ. ①TP316

中国版本图书馆 CIP 数据核字(2015)第 209100 号

责任编辑：张龙卿
封面设计：徐日强
责任校对：刘　静
责任印制：刘祎淼

出版发行：清华大学出版社
网　　址：http://www.tup.com.cn，http://www.wqbook.com
地　　址：北京清华大学学研大厦 A 座　　**邮　　编**：100084
社 总 机：010-62770175　　**邮　　购**：010-62786544
投稿与读者服务：010-62776969，c-service@tup.tsinghua.edu.cn
质量反馈：010-62772015，zhiliang@tup.tsinghua.edu.cn
课件下载：http://www.tup.com.cn,010-62795764
印 装 者：三河市君旺印务有限公司
经　　销：全国新华书店
开　　本：185mm×260mm　　**印　张**：15　　**字　　数**：344 千字
版　　次：2015 年 10 月第 1 版　　**印　　次**：2018年2月第2次印刷
印　　数：2501~4000
定　　价：32.00 元

产品编号：066027-01

前言

操作系统是计算机系统必备的核心系统软件，是计算机从业人员必须掌握的基本知识，是计算机相关专业的学生必修的专业基础课程。因此，掌握操作系统的基本原理和技术对于学习后面的专业课以及工作中的实际应用都大有帮助。

本书主要面向应用型本科院校和高职高专院校计算机相关专业的学生，秉承“以应用为主体、培养实践能力”的指导思想。理论知识以够用为准，做到重点突出，详略得当，并以两种典型操作系统——Windows 和 Linux 为例，说明操作系统基本原理和技术在实际操作系统中的实现和使用方法，以培养学生的应用能力。

本书主要介绍操作系统的基本功能、基本原理和设计技术。全书共分 7 章。

第 1 章重点介绍操作系统的定义、功能、分类、特性以及操作系统接口等知识。

第 2 章介绍两种典型操作系统——Windows 和 Linux 的发展历史、基本概念和体系结构。

第 3～7 章详细介绍操作系统的原理和技术，包括进程管理、作业管理、进程间的制约关系、存储管理、设备管理、文件管理等。

本书具有以下特点。

(1) 理论适度，重在应用。理论知识不求面面俱到，做到重点突出，分析透彻，配以实例分析，突出理论在实际操作系统中的应用。

(2) 循序渐进，启发思考。按照具体技术的发展轨迹依次引入不断完善的技术，比如，在讲解存储管理技术时，先分析前一种技术的不足，引导学生分析产生的原因，再针对原因寻求解决方法，从而很自然地引出后一种技术。既提高了学生的学习兴趣，又提高了学生分析问题、解决问题的能力。

(3) 每章前面都含有“学习目标”，指出本章知识点的学习要求，可以作为学生自主学习的评价指标；每章最后都含有“习题”，可供学生学习和课下练习使用。

本书的教学时数以 60～80 学时为宜，教师可以根据实际学时数、学生情况等自行调整进度和教学内容。

本书由姜庆玲、杨云担任主编，姜庆玲对全书进行了统稿。具体编写分工如下：杨云编写第1章，李国明、张晖、李宪伟、马立新、牛文琦、郭娟、刘芳梅、王春身、张亦辉、徐莉编写第2章，姜庆玲编写文前部分及第3～7章。

本书配套资源丰富，提供课堂教学课件（PPT文件）和习题答案，可登录出版社网站下载。

尽管我们尽了最大努力，书中难免存在疏漏与不足之处，敬请读者批评指正并提出宝贵意见。

作者 E-mail：yangyun90@163.com，Windows & Linux 教师交流群：189934741。

编者

2015年6月

目　录

第1章 操作系统概述

操作系统(Operating System,OS)是现代计算机系统中不可缺少的基本系统软件。操作系统管理和控制计算机系统中的所有软、硬件资源,是计算机系统的灵魂和核心。除此之外,它还为用户使用计算机提供一个方便灵活、安全可靠的工作环境。

本章主要介绍操作系统的发展历史,给出操作系统的定义,介绍操作系统的五大功能以及常见的几种操作系统。

本章学习要点

✧ 了解操作系统的历史、操作系统基本类型和研究操作系统的几种观点。
✧ 掌握操作系统的定义。
✧ 掌握操作系统的五大管理功能。
✧ 掌握几种有代表性操作系统的特点。

1.1 操作系统的定义与功能

1.1.1 操作系统的形成

1. 人工操作阶段

从计算机诞生到20世纪50年代中期的计算机属于第一代计算机,计算机速度慢、规模大、外设少,操作系统尚未出现。由程序员采用手工方式直接控制和使用计算机硬件,程序员使用计算机语言编程,并将事先准备好的程序和数据穿孔在纸带或卡片上,从纸带或卡片输入机将程序和数据输入计算机。然后,启动计算机运行,程序员可以通过控制台上的按钮、开关和氖灯来操纵及控制程序,运行完毕,取走计算输出的结果,才轮到下一个用户上机操作。

随着时间的推移,汇编语言产生,在汇编系统中,数字操作码被记忆码代替,程序按固定格式的汇编语言书写。系统程序员预先编制一个汇编程序,它把用汇编语言书写的"源程序"解释成计算机能直接执行的计算机语言格式的目标程序。稍后,一些高级程序设计语言出现,FORTRAN、ALGOL和COBOL语言分别于1956年、1958年和1959年设计完成并投入使用,进一步方便了编程。

执行时需要把汇编程序或编译系统以及源程序和数据都穿在卡片或纸带上,然后装入和执行。其大致过程如下。

(1) 人工把源程序用穿孔机穿在卡片或纸带上。

(2) 将准备好的汇编程序或编译系统装入计算机。

(3) 汇编程序或编译系统读入人工装在输入机上的穿孔卡片或穿孔带。

(4) 执行汇编过程或编译过程,产生目标程序,并输出目标卡片或纸带。

(5) 通过引导程序把装在输入机上的目标程序读入计算机。

(6) 启动目标程序执行,从输入机上读入人工装好的数据卡片或数据带。

(7) 产生计算结果,把执行结果从打印机上或卡片机上输出。

用上述方式算题比直接用计算机语言前进了一步,程序易于编制和易读性好,汇编程序或编译系统可执行存储分配等辅助工作,从而在一定程度上减轻了用户的负担。但是计算机的操作方式并没有多大改变,仍然是在人工控制下进行程序的装入和执行。

人工操作方式存在以下严重缺点。

- 用户独占资源。用户一个个、一道道地串行算题,上机时独占了全机资源,造成计算机资源利用率不高,计算机系统效率低下。
- 人工干预较多。要求程序员装纸带或卡片、按开关、看氖灯等。手工操作多,不但浪费处理机时间,而且也极易发生差错。
- 计算时间拉长。由于数据的输入、程序的执行、结果的输出均是联机进行的,因而,每个用户从上机到下机的时间拉得非常长。

这种人工操作方式在慢速的计算机上还能容忍,随着计算机速度的提高,其缺点就更加暴露出来。譬如,一个作业在每秒 1 万次的计算机上,需运行 1 个小时,作业的建立和人工干预花了 3 分钟,那么,手工操作时间占总运行时间的 5%;当计算机速度提高到每秒 10 万次,此时,作业运行时间仅需 6 分钟,而手工操作不会有多大变化,仍为 3 分钟,这时手工操作时间占了总运行时间的 50%。由此看出缩短手工操作和人工干预时间十分必要。此外,随着 CPU 速度迅速提高,I/O 设备速度却提高不多,导致 CPU 与 I/O 设备之间的速度不匹配,矛盾越来越突出,需要妥善解决这些问题。

2. 管理程序阶段

早期批处理系统借助于作业控制语言变革了计算机的手工操作方式。用户不再通过开关和按钮来控制计算机执行,而是通过脱机方式使用计算机,通过作业控制卡来描述对作业的加工控制步骤,并把作业控制卡连同程序、数据一起提交给计算机的操作员,操作员收集到一批作业后,一起把它们放到卡片机上输入计算机。计算机上则运行一个驻留在内存中的执行程序,以对作业进行自动控制和成批处理,自动进行作业转换以减少系统空闲和手工操作时间,其工作流程如下:执行程序将一批作业从纸带或卡片机输入磁带上,每当一批作业输入完成后,执行程序自动把磁带上的第一个作业装入内存,并把控制权交给作业。当该作业执行完成后,执行程序收回控制权并调入磁带上的第二个作业到内存执行。计算机在执行程序的控制下就这样连续地一个作业一个作业地执行,直至磁带上的作业全部做完。这种系统能实现作业到作业的自动转换,缩短作业的准备和建立时间,减少人工操作和干预,让计算机尽可能地连续运转。

早期批处理系统中,一开始作业的输入和输出均是联机的,联机 I/O 的缺点是速度慢,I/O设备和CPU仍然串行工作,CPU时间浪费相当大,为此,在批处理中引进脱机I/O技术。除主机外,另设一台辅机,该机仅与I/O设备打交道,不与主机连接。输入设备上的作业通过辅机输到磁带上,这叫脱机输入;主机负责从磁带上把作业读入内存执行,作业完成后,主机负责把结果输出到磁带上,这叫脱机输出;然后,由辅机把磁带上的结果信息在打印机上打印输出。这样,I/O工作脱离了主机,辅机和主机可以并行工作,大大加快了程序的处理和数据的输入及输出,这称作脱机I/O技术,这比早期联机处理系统提高了处理能力。

3. 多道程序设计

20世纪60年代初,有两项技术取得了突破:中断和通道。这两种技术结合起来为实现CPU和I/O设备并行工作提供了基础,此时,多道程序的概念才变成了现实。

多道程序设计(Multiprogramming)是指允许多个程序(作业)同时进入一个计算机系统的内存储器并启动进行交替计算的方法。也就是说,计算机内存中同时存放了多道(两个以上相互独立的)程序,它们均处于开始和结束点之间。从宏观上看是并行的,多道程序都处于运行过程中,但都未运行结束;从微观上看是串行的,各道程序轮流占用CPU,交替地执行。引入多道程序设计技术的根本目的是提高CPU的利用率,充分发挥计算机系统部件的并行性,现代计算机系统都采用了多道程序设计技术。引入多道程序设计的好处:一是提高了CPU的利用率;二是提高了内存和I/O设备的利用率;三是改进了系统的吞吐率;四是充分发挥了系统的并行性。其主要缺点是延长了作业周转时间。

注意: 多道程序设计系统与多重处理系统(Multiprocessing System)有差别,后者是指配置了多个物理CPU,从而能真正同时执行多道程序的计算机系统。当然要有效地使用多重处理系统,必须采用多道程序设计技术;反过来,多道程序设计不一定要求有多重处理系统支持。多重处理系统的硬件结构可以多种多样,如共享内存的多CPU结构、网络连接的独立计算机结构。虽然多重处理系统增加了硬件,但却换来了提高系统吞吐量、可靠性、计算能力和并行处理能力的好处。

实现多道程序设计必须妥善地解决三个问题:存储保护与程序浮动;处理器的管理和分配;系统资源的管理和调度。

在多道程序设计的环境中,内存储器为几道程序所共享,因此,硬件必须提供必要的手段,使得在内存储器中的各道程序只能访问它自己的区域,以避免相互干扰。特别是当一道程序发生错误时,不致影响其他的程序,更不能影响系统程序,这就是存储保护。同时,由于每道程序不是独占全机,这样不能事先规定它运行时将放在哪个区域,所以程序员在编制程序时无法知道程序在内存储器中的确切地址。甚至,在运行过程中,一个程序也可能改变其运行区域,所有这些都要求一个程序或程序某一部分能随机地从某个内存储器区域移动到另一个区域,而不影响其执行,这就是程序浮动,或称地址重定位。此外,多道程序共存于内存,会引起内存容量不足,因此,内存扩充也成为操作系统必须解决好的问题。

在多道程序设计系统里,如果系统仅配置一个物理处理器,那么,多个程序必须轮流占有处理器,这涉及处理器调度问题。为了说明一个程序是否占有或可以占有处理器,可以把程序在执行中的状态分成三种。当一个程序正占有处理器运行时,就说它是处于运行状态(运行态);当一个程序在等待某个事件发生时,就说它处于等待状态(等待态);当一个程序等待的条件已满足可以运行而未占用处理器时,则说它处于就绪状态(就绪态),所以,一道程序在执行中总是处于运行、就绪、等待三种状态之一。一道程序在执行过程中,它的程序状态是变化的,从运行态到等待态的转换是在发生某种事件时产生的。这些事件可能是由于启动外围设备输入、输出而使程序要等待输入、输出结束后才能继续下去;也可能是在运行中发生某种故障使程序不能继续运行下去等。从等待态转换成就绪态是在等待的某个事件完成时产生的。例如,程序甲处于等待外围设备传输完毕的等待状态,当传输结束时,程序甲就从等待态转为就绪态。从运行态也能转变为就绪态。例如,当程序乙运行时发生了设备传输结束事件,而当设备传输结束后,使得程序甲从等待态转变为就绪态;假定程序甲的优先级高于程序乙,因此,让程序甲占有处理器运行,这样程序乙就从运行态转为就绪态。

在多道程序设计系统里,系统的资源为几道程序所共享,上面谈到的处理器就是一例。此外,如内存储器、外围设备以及一些信息资源等也需要按一定策略去分配和调度,要解决好多道程序共享系统硬、软件资源的竞争与协调。

4. 操作系统的形成

第三代计算机的性能有了更大提高,机器速度更快,内外存容量增大,I/O设备数量和种类增多,为软件的发展提供了有力支持。如何更好地发挥硬件功效,如何更好地满足各种应用的需要,这些都迫切要求扩充管理程序的功能。

中断技术和通道技术的出现使得硬部件具有较强的并行工作能力,从理论上来说,实现多道程序系统已无问题。但是,从半自动的管理程序方式过渡到能够自动控制程序执行的操作系统方式,对辅助存储器性能的要求增高。这个阶段虽然有个别的磁带操作系统出现,但操作系统的真正形成还期待着大容量高速辅助存储器的出现。大约20世纪60年代中期以后,随着磁盘的问世,相继出现了多道批处理操作系统、分时操作系统和实时操作系统,这时标志着操作系统正式形成。

计算机配置操作系统后,其资源管理水平和操作自动化程度有了进一步提高,具体表现如下。

- 操作系统实现了计算机操作过程的自动化。批处理方式更为完善和方便,作业控制语言有了进一步发展,为优化调度和管理控制提供了新手段。
- 资源管理水平有了提高,实现了外围设备的联机同时操作(即SPOOLing),进一步提高了计算机资源的利用率。
- 提供虚存管理功能,由于多个用户作业同时在内存中运行,在硬件设施的支持下,操作系统为多个用户作业提供了存储分配、共享、保护和扩充的功能,导致操作系统步入实用化。
- 支持分时操作,多个用户通过终端可以同时联机地与一个计算机系统交互。
- 文件管理功能有改进,数据库系统开始出现。
- 多道程序设计趋于完善,采用复杂的调度算法,充分利用各类资源,最大限度地提高计算机系统效率。

促使操作系统不断发展的主要动力有以下五个方面。

(1) 器件快速更新换代。微电子技术是推动计算机技术飞速发展的“引擎”，每隔 18 个月其性能要翻一番。推动微机快速更新换代，它由 8 位机、16 位机发展到 32 位，当前已经研制出 64 位机，相应的微机操作系统也就由 8 位微机操作系统发展到 16 位、32 位微机系统，而 64 位微机操作系统也已研制出来。

(2) 计算机体系结构不断发展。硬件的改进导致操作系统发展的例子很多，内存管理支撑硬件由分页或分段设施代替寄存器后，操作系统中便增加了分页或分段存储管理功能。图形终端代替逐行显示终端后，操作系统中增加了窗口管理功能，允许用户通过多个窗口在同一时间提出多个操作请求。引进中断和通道等设施后，操作系统中引入了多道程序设计功能。计算机体系结构的不断发展，有力地推动着操作系统的发展，例如，计算机由单处理机改进为多处理机系统，操作系统也由单处理机操作系统发展到多处理机操作系统和并行操作系统；随着计算机网络的出现和发展，出现了分布式操作系统和网络操作系统。随着信息家电的发展，又出现了嵌入式操作系统。

(3) 提高计算机系统资源利用率的需要。多用户共享一套计算机系统的资源，必须千方百计地提高计算机系统中各种资源的利用率，各种调度算法和分配策略相继被研究与采用，这也成为操作系统发展的一个动力。

(4) 让用户使用计算机越来越方便的需要。从批处理到交互型分时操作系统的出现，大大改变了用户上机、调试程序的环境；从命令行交互进化到 GUI 用户界面，操作系统的界面变得更加友善。

(5) 满足用户的新要求，提供给用户新服务。当用户要求解决实时性应用时，便出现实时操作系统；当发现现有的工具和功能不能满足用户需要时，操作系统往往要进行升级换代，开发新工具，加入新功能。

1.1.2　操作系统的定义

操作系统的出现、使用和发展是近四十年来计算机软件的一个重大进展。尽管操作系统尚未有一个严格的定义，但一般认为：操作系统是管理系统资源、控制程序执行、改善人机界面、提供各种服务、合理组织计算机工作流程和为用户使用计算机提供良好运行环境的一种系统软件。

计算机发展到今天，从个人机到巨型机，无一例外都配置一种或多种操作系统，操作系统已经成为现代计算机系统不可分割的重要组成部分，它为人们建立各种各样的应用环境奠定了重要基础。配置操作系统的主要目标可归结为以下方面。

- 方便用户使用：OS 通过提供用户与计算机之间的友善接口来方便用户使用。
- 扩大机器功能：OS 通过扩充改造硬件设施和提供新的服务来扩大机器功能。
- 管理系统资源：OS 有效管理好系统中所有硬件软件资源，使之得到充分利用。
- 提高系统效率：OS 合理组织好计算机的工作流程，以改进系统性能和提高系统效率。
- 构筑开放环境：OS 遵循有关国际标准来设计和构造，以构筑出一个开放环境。

其含义主要是指：遵循有关国际标准(如开放的通信标准、开放的用户接口标准、开放的线程库标准等)；支持体系结构的可伸缩性和可扩展性；支持应用程序在不同平台上的可移植性和可互操作性。

计算机系统包括硬件和软件两个组成部分。硬件是所有软件运行的物质基础，软件能充分发挥硬件潜能和扩充硬件功能，完成各种系统及应用任务，两者互相促进、相辅相成、缺一不可，计算机系统的层次结构如图 1-1 所示。

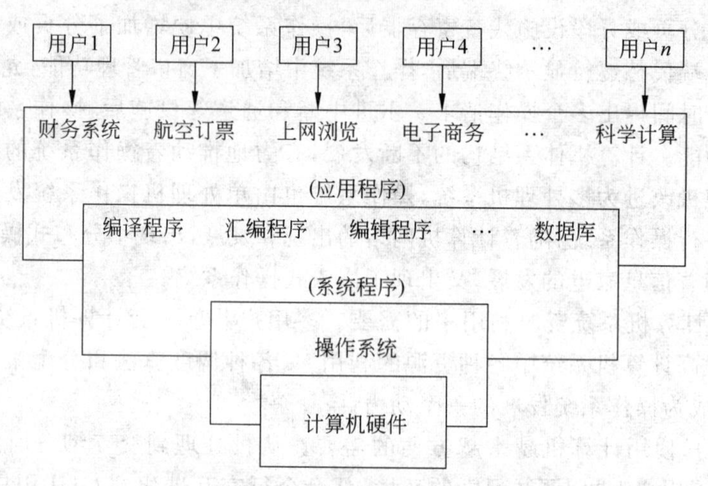

图 1-1 计算机系统的层次结构

硬件层提供了基本的可计算性资源，包括处理器、寄存器、存储器，以及各种 I/O 设施和设备，是操作系统和上层软件赖以工作的基础。操作系统层通常是最靠近硬件的软件层，对计算机硬件作首次扩充和改造，主要完成资源的调度和分配、信息的存取和保护、并发活动的协调和控制等许多工作。操作系统是上层其他软件运行的基础，为编译程序和数据库管理系统等系统程序的设计者提供了有力支撑。系统程序层的工作基础建立在操作系统改造和扩充过的机器上，利用操作系统提供的扩展指令集，可以较为容易地实现各种各样的语言处理程序、数据库管理系统和其他系统程序。此外，还提供种类繁多的实用程序，如连接装配程序、库管理程序、诊断排错程序、分类/合并程序等供用户使用。应用程序层解决用户特定的或不同应用需要的问题，应用程序开发者借助于程序设计语言来表达应用问题，开发各种应用程序，既快捷又方便。而最终用户则通过应用程序与计算机系统交互来解决他的应用问题。

软件包括应用软件和系统软件。应用软件用于解决各种具体的应用问题，如财务软件用于财务管理，办公软件用于处理公务，网络软件用于网络应用。系统软件为各种应用提供使用计算机环境和访问支持。

系统软件主要包括操作系统和数据库系统等。在系统软件中，操作系统是基础，操作系统为其他系统软件提供支持与服务，其他的系统软件可以看成运行在操作系统之上的应用软件或应用程序。

计算机的价值通过计算机应用体现。程序员、应用程序和终端用户及本地用户应用通过操作系统应用计算机，操作系统为他们提供运行平台。操作系统的作用如下。

- 直接位于计算机硬件之上，为计算机的应用提供接口。
- 提供通用的计算机服务，与专用的应用领域无关。
- 实现资源管理服务，为不同的应用提供共享资源。

操作系统作为计算机资源的管理者，能够协调和指挥计算机的各个组件按照一定的计划协同工作，有序地控制计算机中的处理器、存储器和输入/输出设备的分配，在相互竞争的用户和程序之间协调冲突，保证计算机系统正常有效地运行。

1.1.3　操作系统的功能

操作系统是用户与计算机硬件之间的接口。可以认为操作系统是对计算机硬件系统的第一次扩充，用户通过操作系统来使用计算机系统。换句话说，操作系统紧靠着计算机硬件并在其基础上提供许多新的设施和能力，从而使得用户能够方便、可靠、安全、高效地操纵计算机硬件和运行自己的程序。例如，改造各种硬件设施，使之更容易使用；提供原语和系统调用，扩展计算机的指令系统；而这些功能到目前为止还难以由硬件直接实现。操作系统还合理组织计算机的工作流程，协调各个部件有效工作，为用户提供一个良好的运行环境。经过操作系统改造和扩充过的计算机不但功能更强，使用也更为方便，用户可以直接调用操作系统提供的各种功能，而无须了解许多软硬件本身的细节，对于用户来讲操作系统便成为它与计算机硬件之间的一个接口。

操作系统为用户提供了虚拟计算机(Virtual Machine)。许多年以前，人们就认识到必须找到某种方法把硬件的复杂性与用户隔离开来，经过不断地探索和研究，目前采用的方法是在计算机裸机上加上一层又一层的软件来组成整个计算机系统，同时，为用户提供一个容易理解和便于程序设计的接口。在操作系统中，类似把硬件细节隐藏并把它与用户隔离开来的情况处处可见，例如：I/O管理软件、文件管理软件和窗口软件向用户提供了越来越方便地使用I/O设备的方法。由此可见，每当在计算机上覆盖一层软件，提供一种抽象，系统的功能便增加一点，使用就更加方便一点，用户可用的运行环境就更加好一点。所以，当计算机上覆盖操作系统后，可以扩展基本功能，为用户提供一台功能显著增强，使用更加方便，安全可靠性好，效率明显提高的机器，对用户来说好像可以使用的是一台与裸机不同的虚拟计算机。

操作系统是计算机系统的资源管理者。在计算机系统中，能分配给用户使用的各种硬件和软件设施总称为资源。资源包括两大类：硬件资源和信息资源。其中，硬件资源分为处理器、存储器、I/O设备等；I/O设备又分为输入型设备、输出型设备和存储型设备；信息资源则分为程序和数据等。操作系统的重要任务之一是对资源进行抽象研究，找出各种资源的共性和个性，有序地管理计算机中的硬件、软件资源，跟踪资源使用情况，监视资源的状态，满足用户对资源的需求，协调各程序对资源的使用冲突；研究使用资源的统一方法，为用户提供简单、有效的资源使用手段，最大限度地实现各类资源的共享，提高资源利用率，从而使得计算机系统的效率有很大提高。

资源管理是操作系统的一项主要任务，而控制程序执行、扩充机器功能、提供各种服务、方便用户使用、组织工作流程、改善人机界面等都可以从资源管理的角度去理解。下面就从资源管理的观点来看操作系统具有的几个主要功能。

1. 处理器管理

处理器(CPU)是计算机的核心部件,是对计算机性能影响最大的系统资源。处理器管理是操作系统最重要的功能。在单用户单任务的情况下,处理器仅为一个用户的一个任务所独占,处理器管理的工作十分简单。为了提高处理器的利用率,操作系统采用了多道程序设计技术。在多道程序或多用户的情况下,组织多个作业或任务执行时,就要解决处理器的调度、分配和回收等问题。近年来设计出各种各样的多处理器系统,处理器管理就更加复杂。为了实现处理器管理的功能,描述多道程序的并发执行,操作系统引入了进程(process)的概念,处理器的分配和执行都是以进程为基本单位;随着并行处理技术的发展,为了进一步提高系统并行性,使并发执行单位的粒度变细,并发执行的代价降低,操作系统又引入了线程(thread)的概念。对处理器的管理和调度最终归结为对进程和线程的管理和调度。

处理器管理的主要任务如下。

(1) 进程和线程的描述与控制

根据进程和线程的推进状况,对进程和线程的状态进行描述,控制状态之间的转化。

(2) 处理器调度

处理器调度分为三级调度:作业调度、中级调度和进程调度。为了最大限度地利用处理器时间并减少作业的等待时间,需要选择合理的调度算法。调度算法包括作业调度算法和进程调度算法。

(3) 进程或线程的同步与互斥

并发进程或线程相互配合或互斥地使用系统资源。为了避免进程或线程之间不能相互配合或由于竞争资源而发生"死锁",需要对进程或线程的同步与互斥进行控制。

(4) 死锁的检测和预防

多进程环境下,如果进程之间发生死锁,则解决死锁的方法有预防死锁、避免死锁、检测死锁和消除死锁。

(5) 进程之间及线程之间的通信

进程与线程是操作系统中最基本的活动因素,实现进程之间的通信是处理器管理的基本功能之一。

正是由于操作系统对处理器的管理策略不同,其提供的作业处理方式也就不同,例如,批处理方式、分时处理方式、实时处理方式等,从而呈现在用户面前,成为具有不同处理方式和不同特点的操作系统。

2. 存储器管理

存储器管理的主要任务是管理存储器资源,为多道程序运行提供有力的支撑,便于用户使用存储资源,提高存储空间的利用率。

存储器管理的主要功能包括以下几种。

(1) 存储分配

存储器管理将根据用户程序的需要分配给它存储器资源,这是多道程序能并发执行的首要条件。为了减少存储空间浪费,提高存储利用率,内存管理需要合理规划并分配内存空间。在存储空间分配上,有连续分配与离散分配两种形式。连续分配可分为单一连续分配和分区分配。单一连续分配适合单道程序环境,分区分配适合多道程序环境。离散分配有分页分配和分段分配。离散分配能够减少连续分配带来的内存"碎片",使存储器的利用率更高。存储管理除了包括各种分配方式外,还包括内存的分配算法和置换算法。

(2) 存储共享

存储器管理能让内存储器(又叫主存储器,本书中有时用内存,有时用主存,没有区别)中的多个用户程序实现存储资源的共享,以提高存储器的利用率。

(3) 地址转换与存储保护

存储器管理负责把用户的逻辑地址转换成物理地址,同时要保证各个用户程序相互隔离起来互不干扰,更不允许用户程序访问操作系统的程序和数据,从而保护系统和用户程序存放在存储器中的信息不被破坏。在多进程和多用户环境下,存储器空间划分为操作系统空间与用户程序空间,每道程序只能在自己的内存空间中运行。操作系统核心程序与用户程序之间、用户程序与用户程序之间都需要采取保护措施,做到互不越界干扰。保护措施通过越界检查实现,如果程序越界,则需要进行越界处理。

(4) 存储扩充

由于受到处理器寻址能力的限制,一台计算机的物理内存容量总是有限的,难以满足用户大型程序的需求,而外存储器容量大且价格便宜。存储器管理还应该能从逻辑上来扩充内存储器,把内存和外存混合起来使用,为用户提供一个比内存实际容量大得多的逻辑编程空间,方便用户的编程和使用。

操作系统的这一部分功能与硬件存储器的组织结构和支撑设施密切相关,操作系统设计者应根据硬件情况和用户使用需要,采用各种相应的有效存储资源分配策略和保护措施。

3. 设备管理

设备管理的主要任务是管理各类外围设备,完成用户提出的I/O请求,加快I/O信息的传送速度,发挥I/O设备的并行性,提高I/O设备的利用率,以及提供每种设备的设备驱动程序和中断处理程序,为用户隐蔽硬件细节,提供方便简单的设备使用方法。

设备管理主要任务如下。

(1) 输入/输出设备控制

输入/输出设备控制的主要方式有程序控制方式、中断方式、直接存储器访问(DMA)方式和通道方式。程序控制方式效率较低,现在已经较少采用。通道方式主要用于大型计算机系统。中断方式和直接存储器访问方式最为普遍,被大部分的计算机所采用。

(2) 缓冲管理

为了解决慢速输入/输出设备与快速处理器之间的矛盾,为了使得输入/输出设备与

CPU能够并行工作，在计算机的内存空间为各种设备开设了缓冲区。缓冲区分为单缓冲区、双缓冲区、循环缓冲和缓冲池四种形式。缓冲池能够提供多个设备同时使用，与单缓冲区、双缓冲区、循环缓冲相比，利用率最高。

(3) 设备独立性

实现设备独立性是指通过设备的逻辑名来分配和使用设备，而与设备的物理名无关。设备独立性不仅为用户和用户程序使用设备提供了方便，而且还提高了设备的利用率。

(4) 设备分配

设备管理通过设备控制表、设备控制器表、通道控制表及系统设备表来管理和分配设备。在设备分配中需要预防和避免由于进程竞争设备而出现的死锁问题。

(5) 虚拟设备

虚拟设备管理采用SPOOLing技术，实现了一台物理设备成为虚拟的多台逻辑设备，满足了多个用户进程对设备的需要，达到有效提高设备利用率的目的。

(6) 磁盘存储器管理

磁盘作为系统的大规模存储器，能够长期、有效地存储信息。磁盘存储器管理主要功能包括磁盘存储空间的划分，磁盘存储空间的分配与回收。

4. 文件管理

上述三种管理是针对计算机硬件资源的管理。文件管理则是针对系统中信息资源的管理。在现代计算机中，通常把程序和数据以文件形式存储在外存储器(又叫辅存储器)上，供用户使用，这样外存储器上保存了大量文件，对这些文件如不能采取良好的管理方式，就会导致混乱或破坏，造成严重后果。为此，在操作系统中配置了文件管理，它的主要任务是对用户文件和系统文件进行有效管理，实现按名存取；实现文件的共享、保护和保密，保证文件的安全性；并提供给用户一整套能方便使用文件的操作和命令。

文件管理的主要任务如下。

(1) 对文件结构进行组织和目录管理

提供文件物理组织方法和文件逻辑组织方法，实现文件的目录管理。

(2) 提供文件存取访问

实现文件的按名存取，为用户提供方便的文件系统接口，便于用户对文件进行操作。

(3) 实现文件的存储空间管理

根据文件的组织方式合理地分配文件存储空间，有效地管理文件存储空间，实现用户访问文件的快速性和有效性。

(4) 实现文件的共享和保护

提供文件的共享和保护，做到用户对文件的访问权限控制。

5. 用户接口

为了使用户能灵活、方便地使用计算机和系统功能，操作系统还提供了一组友好的使用其功能的手段，称为用户接口，它包括程序接口、命令接口和图形接口。用户通过这些接口能方便地调用操作系统功能，有效地组织作业及其工作和处理流程，并使整个系统能高效地运行。

(1) 程序接口

在用户编程应用中,操作系统为程序员提供系统资源调用函数,达到程序员在程序中方便使用系统资源的目的。

(2) 命令接口

对系统的管理和应用,操作系统提供一套系统命令供系统管理员和用户使用。相对图形接口,命令接口需要用户熟悉命令接口和命令形式。

(3) 图形接口

对系统的管理和应用,操作系统以图形窗口方式提供给系统管理员和用户使用。图形接口操作简单、直观。

总之,在操作系统的诸多功能中,核心功能是处理机管理和存储器管理,设备管理属于操作系统资源管理中具体实例,文件系统是存储设备管理的映像,用户接口是操作系统提供资源的具体形式。

1.2 操作系统的分类

1.2.1 单用户操作系统

计算机发展的早期,没有任何用于管理的软件,所有的运行管理和具体操作都由用户自己承担,计算机能做的所有工作就是完成数字运算,如各种数学运算、函数运算等。根据管理员的时间安排,用户到计算机机房中将自己准备好的线路板插入计算机,然后就是等待好几个小时得到计算机的计算结果。这样低效率的计算机,制约了用户应用的需求。

20 世纪 50 年代中期,计算机硬件技术的发展,用晶体管取代了真空管,程序卡取代了线路板,计算机的制造能力和应用能力逐步提高,使在计算机上运行程序的设计、构造、编程、操作、维护工作逐渐分离。计算机的管理和维护由系统管理员完成,程序员用汇编语言或 FORTRAN 语言先将程序手工编译后穿孔到计算机的输入纸带上,将穿孔好的程序纸带交给输入机房中的操作员。由操作员将输入纸带放到计算机中运行。当程序运行结果出来后,程序员将打印好的结果取走。计算机的大量时间耗费在等待操作员完成输入、输出过程,计算机的效率非常低。其主要问题如下。

(1) 用户独占资源

一个用户的计算独占计算机全部资源。计算机效率低下,计算机的资源利用率低。

(2) 人工干预

程序的输入、输出和大量的操作、维护工作都是手工完成,既浪费时间,又容易出现差错。

(3) 占用处理器时间长

程序和数据的输入、执行和输出都需要处理器的直接参与,即在联机情况下完成。计算机的处理器需要等待程序和数据的输入/输出过程,处理机被每个用户程序从输入到输出的全部时间占满,一个程序完成后,才能接受另一个程序。

1.2.2 多道批处理系统

1. 批处理系统

20 世纪 60 年代,计算机硬件的发展,一方面实现了计算机磁介质输入取代纸带输入,使得存储空间增大和存储速度加快,磁带上能够接纳更多的作业;另一方面实现了晶体管等逻辑部件取代真空管,处理器的运算速度显著提高,能够处理更多的作业,系统的吞吐量加大。因此,为了减少用户作业的等待时间,提高计算机的利用率,采用将一批作业进行组织并一起提交给系统的方式。具有批处理作业组织和处理能力的计算机系统称为批处理系统。作业是批处理系统的基本单位。

在批处理系统中,作业以队列形式进行组织并提交给系统,系统根据队列中作业的顺序自动完成作业的装入、汇编、执行。在作业提交给系统后,用户不能与作业进行交互。

早期"批处理系统"的实现采用了脱机输入/输出方式。在输入机房中将需要处理的一批作业收集满后,系统用一个较便宜的设备将这些作业读入磁带中,再将磁带作为计算机的输入。计算机的处理结果也直接存到磁带上。系统用输出设备将磁带中每个作业的处理结果打印出来。

早期应用最多的批处理系统是以 IBM 大型计算机 IBM 7094 作为完成主要处理工作的主计算机。IBM 小型计算机 IBM 1401 作为输入/输出计算机。输入/输出在 IBM 1401 控制机的作用下进行,输入/输出和主机的处理分离,实现了脱机输入/输出。这样,输入/输出和主机的 CPU 处理并行进行,系统的性能得到了提高。

主机中的批处理控制程序控制作业的执行。每当一个作业完成后,批处理控制程序从磁带上再调入另一个作业。所有在磁带上的作业都在该批处理控制程序的监督控制下完成。

具有批处理系统的计算机被称为第二代计算机。第二代计算机采用的语言为 FORTRAN,大量应用在科学计算和工程计算领域,解决各种方程和不等式运算问题。这个时期的批处理系统也称为 FORTRAN 监控系统(Fortran Monitor System,FMS),这就是最早的操作系统。这批操作系统中最有名的就是 IBM 7094 操作系统。

虽然批处理系统的采用提高了计算机的利用率,但是批处理系统存在的主要问题如下。

(1) 用户等待时间长

系统将用户提交的作业成批收集后放在外存的后备作业队列,再由批处理系统进行作业调度,将被调度的作业调入内存。从用户提交到得到作业结果,用户的等待时间较长,有时一个简单的作业会有几小时的等待时间。

(2) 用户与作业之间不能交互

用户提交作业后直到得到作业完成后的结果,这期间不能和作业直接交互。如果用户发现作业程序存在错误,也不能及时修正,为作业程序的调试和修改带来不便。

(3) 资源利用率低

作业进入后备队列后由作业调度将作业调入计算机的内存,在内存与外存磁盘之间形成一个自动转接的作业流处理。处理器需要等待作业从磁盘调入内存,处理器资源没有得到充分利用。

在批处理系统的基础上,操作系统逐步得到发展和完善,成为高效管理计算机的系统软件。今天,批处理功能仍然存在于大多数的操作系统中。在 UNIX 操作系统中,作业的批处理通过命令脚本(shell script)进行,在脚本中有描述作业执行顺序的说明语句,批处理系统根据命令脚本进行作业调度和处理。同样,Windows 操作系统也支持作业的批处理功能,用文件 autoexec. bat 组织并管理批处理作业。除了自动完成作业调度外,有些操作系统还支持用户指定批处理作业的调度时间。

2. 多道程序系统

在一段时间内,内存中能够接纳多道程序的系统称为多道程序系统。

从操作系统接收用户提交作业的时间开始,到用户作业完成为止,这样的一段时间为作业的周转时间。

对于批处理系统,作业的响应时间也为作业的周转时间。批处理作业需要经历作业调度、等待处理器运行、处理器运行、等待系统资源等过程。在这样的过程中,一个作业真正需要处理器处理的时间相对很短。

在单道程序系统中,只有一道用户作业需要处理器处理,除少量的时间用于处理作业外,处理器其他时间都在等待作业,处理器大量的时间被闲置,系统的效率低。

随着计算机硬件技术的发展,特别是中断和通道的实现、内存的扩大、脱机输入/输出的采用,处理器处理与输入/输出过程可以并行工作,使多道程序系统的实现成为可能。

在多道程序系统中,当处理器正在处理一道程序时,其他的程序可以进行输入/输出操作。这样,处理器的处理和输入/输出操作可以并行进行。在一段时间内,计算机的内存可以接纳多道程序。如图 1-2 所示为三道作业在内存的多道程序环境情况。

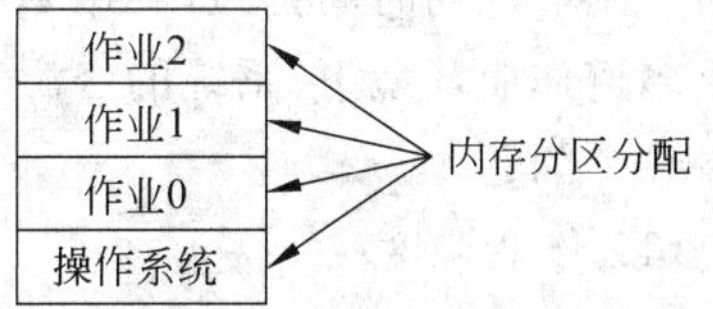

图 1-2 具有三道作业的多道程序环境

并发是指在一段时间内,多道程序被处理器运行。

在只有一个处理器的计算机系统中,一个时刻处理器只能执行一道程序。但是,一段时间内,处理器可以执行多道程序,这些并发的多道程序交替共享处理器。

从宏观上看,并发是多道程序都处于运行过程中;从微观上看,并发是各道程序轮流被处理器处理。

并行是指在同一时刻,多道程序同时由处理器运行。就现在的技术来讲,并行只有在多个处理器环境下才可能发生,如多核处理器和多处理器系统。

单道程序环境下处理器的利用率很低，当程序进行输入/输出操作时，处理器空闲，如图 1-3 所示。

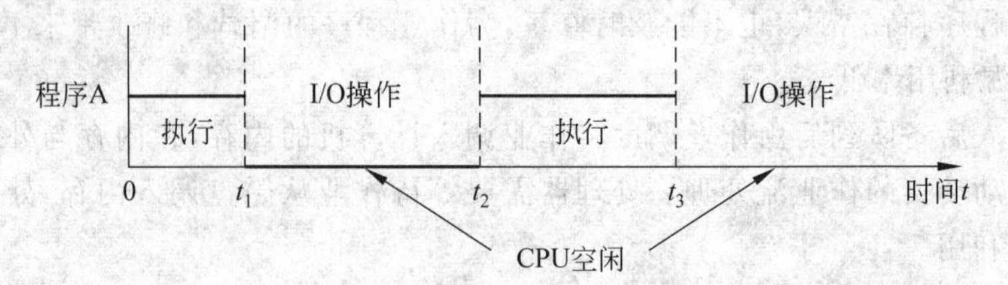

图 1-3 单道程序环境下 CPU 利用率

多道程序环境下，处理器的利用率得到了提高。如图 1-4 所示为三道程序 A、B、C 环境下处理器的利用情况。

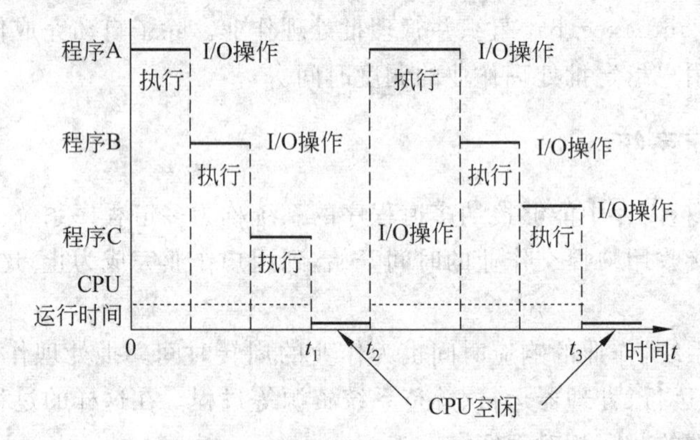

图 1-4 多道程序环境下 CPU 利用率

当程序 A 进行输入/输出操作时，处理器可以执行程序 B，当程序 A 和程序 B 都在进行输入/输出操作时，处理器可以执行程序 C。与单道程序环境相比，多道程序环境下处理器空闲等待的时间更短，利用率更高。

多道作业环境下，系统的资源利用率提高，但是多道系统的实现更加复杂，需要解决如下几个问题。

(1) 作业调度

用户提交作业后，作业在后备队列中等待，操作系统进行作业调度，作业才能从后备队列中进入内存。因此，作业调度的策略和算法实现是需要解决的问题。

(2) 充足内存

作业在内存中，以进程的形式存在，操作系统需要为每个进程分配内存。系统内存资源必须足够大，才能容纳多个作业。

(3) 合理分配处理器

并发进程交替使用处理器，操作系统需要为多个进程合理地分配处理器。

(4) 磁盘管理

多道作业环境下系统需要处理的作业道数增多，对磁盘存储各种程序和数据的要求更高。磁盘存储管理是需要解决的问题。

(5) 文件系统

多道作业环境下磁盘中存储的信息量非常大,需要对这些信息进行合理地组织和管理,文件系统管理是需要解决的问题。

总之,多道程序环境的出现,使得计算机系统的功能逐渐完善并日趋成熟,处理器管理、存储器管理、设备管理、文件系统和用户接口,这五大功能成为操作系统的主要功能。

多道程序环境下的计算机系统是第三代计算机系统。随着多道程序系统的实现,相继产生了分时操作系统、实时操作系统等主流操作系统。

1.2.3　分时操作系统

在批处理系统中,用户不能干预自己程序的运行,无法得知程序运行情况,对程序的调试和排错不利。为了克服这一缺点,便产生了分时操作系统。

允许多个联机用户同时使用一台计算机系统进行计算的操作系统称为分时操作系统,其实现思想如下:每个用户在各自的终端上以问答方式控制程序运行,系统把中央处理器的时间划分成时间片,轮流分配给各个联机终端用户,每个用户只能在极短时间内执行,若时间片用完,而程序还未做完,则挂起等待下次分得时间片。由于调试程序的用户常常只发出简短的命令,这样一来,每个用户的每次要求都能得到快速响应,每个用户获得这样的印象是:他独占了这台计算机。实质上,分时系统是多道程序的一个变种,CPU被若干个交互式用户多路分用,不同之处在于每个用户都有一台联机终端。

分时操作系统已成为最流行的一种操作系统,几乎所有的现代通用操作系统都具备分时系统的功能。分时操作系统具有以下特性。

- 同时性:若干个终端用户同时联机使用计算机,分时就是指多个用户分享使用同一台计算机的 CPU 时间。
- 独立性:终端用户彼此独立,互不干扰,每个终端用户感觉上好像他独占了这台计算机。
- 及时性:终端用户的立即型请求(即不要求大量 CPU 时间处理的请求)能在足够快的时间之内得到响应(通常应该为 2～3 秒钟)。这一特性与计算机 CPU 的处理速度、分时系统中联机终端用户数目和时间片的长短密切相关。
- 交互性:人机交互,联机工作,用户直接控制其程序的运行,便于程序的调试和排错。

分时操作系统和批处理操作系统虽然有共性,它们都基于多道程序设计技术,但存在下列不同点。

- 追求的目标不同。批处理系统以提高系统资源利用率和作业吞吐率为目标;分时系统则要满足多个联机用户立即型命令的快速响应。
- 适应的作业不同。批处理系统适应已经调试好的大型作业;而分时系统适应正在调试的小作业。
- 资源的利用率不同。批处理操作系统可合理安排不同负载的作业,使各种资源利用率较佳;分时操作系统中,多个终端作业使用相同类型编译系统、运行系统和公共子程序时，系统调用它们的开销较小。

- 作业控制的方式不同。批处理操作系统由用户通过作业控制语言的语句书写作业控制流，预先提交，脱机工作；分时操作系统中，由用户从键盘输入操作命令控制、交互方式、联机工作。

时间片轮转法调度中，时间片长度的选取是一个重要问题。系统进行进程切换，需要分别保存和恢复相应进程现场，修改进程状态，调整和更新表格和队列，假如每次进程切换花费 2.5ms，而时间片设为 25ms 时，CPU 时间的 10%将被耗费在管理上。为了提高效率，可设时间片为 500ms，这时耗费在管理上的 CPU 时间仅有时间片为 25ms 时的 1/20。但在一个分时系统中，假如有 10 个交互型用户正排在就绪队列中等待轮转，当 CPU 空闲时，立即启动第一个就绪进程，第二个就绪进程大约在 1/2s 之后被启动，以此类推。假如每个进程用足了分到的时间片，最后一个进程不得不等待 5s 之后才获得运行机会，多数用户无法忍受一条简短的命令要 5s 才能响应。为此得出结论：分时系统中，时间片设得太短会导致过多的进程切换，降低了 CPU 的效率；但时间片设得太长又可能对短的交互型请求的响应时间变长。应当根据机器的速度、用户的多少、响应的要求、系统的开销折中考虑，选择合理的时间片长度。

实现分时系统有不同的方法。简单分时操作系统中，主存中仅存放一个现行作业，其余均存在外存储器上，为了使每个作业能得到及时响应，规定作业运行一个时间片后便暂停并调出至外存储器，再从外存储器上选一个作业装入主存运行，这样轮转一段时间后使每个作业都运行一个时间片，就能让用户通过终端与自己的作业交互，以保证及时响应用户的操作请求。为了改进系统性能，可引入前台/后台的分时系统，前台交互型作业不断在主存和外存储器间调进/调出并按时间片轮转运行作业；当前台无作业可运行时，调度后台批作业执行。进一步提高效率可以在多道程序设计技术基础上实现分时系统，主存中同时装入许多道(小)作业，这些作业排成多个优先级不同的队列，高优先级队列中的交互型作业依次获得一个时间片运行，保证了终端用户的操作请求能获得及时响应，仅当高优先级队列空或无作业可运行时，才调度低优先级队列的批作业。

分时操作系统的开发经历了很多波折。早在 1962 年，美国麻省理工学院(MIT)开始在 IBM 7094 计算机硬件平台上开发第一个分时操作系统。由于受到硬件等因素影响，开发出来的系统最后没有真正使用和流行起来。

之后，MIT 和贝尔试验室(Bell Labs)以及通用电器(General Electric)合作，在 IBM 360 计算机上联合开发分时系统，该系统名为 MULTICS(Multiplexed Information and Computing Service)。IBM 360 计算机属于第二代计算机，硬件上采用的最小规模集成电路，有较好的性价比，既能满足科学计算需要，又能满足商业应用，是当时客户群最多的计算机，但是在 IBM 360 上配备操作系统非常困难，因为操作系统设计既要考虑硬件条件，又要满足客户的需求。MULTICS 操作系统在设计上首先考虑到科学计算与商业应用的双重需要，被赋予了很多的功能，是非常强大的操作系统。虽然当时有成千的程序员为 MULTICS 操作系统软件编写了数百万条程序，完成了很多的功能，但是却没能生成一个稳定的应用版本。最终，从应用上讲 MULTICS 操作系统几乎就是以失败告终。

虽然 IBM 360 上的 MULTICS 操作系统在计算机历史上没有成功应用，但是它留下的许多思想和技术，对后来的多道程序系统的开发起到重大的借鉴作用，特别是 UNIX 操作系统。UNIX 操作系统是对世界影响深远的分时操作系统，从 20 世纪 60 年代后期产生到现在，一直长盛不衰。

1.2.4　实时操作系统

虽然多道批处理操作系统和分时操作系统获得了较佳的资源利用率和快速的响应时间，从而使计算机的应用范围日益扩大，但它们难以满足实时控制和实时信息处理领域的需要。于是便产生了实时操作系统，目前有三种典型的实时系统，过程控制系统、信息查询系统和事务处理系统。计算机用于生产过程控制时，要求系统能现场实时采集数据，并对采集的数据进行及时处理，进而能自动地发出控制信号控制相应执行机构，使某些参数(压力、温度、距离、湿度)能按预定规律变化，以保证产品质量，导弹制导系统，飞机自动驾驶系统，火炮自动控制系统都是实时过程控制系统，计算机接收成千上万从各处终端发来的服务请求和提问，系统应在极快的时间内做出回答和响应。事务处理系统不仅对终端用户及时做出响应，而且要对系统中的文件或数据库频繁更新。例如，银行业务处理系统，每次银行客户发生业务往来，均需修改文件或数据库。要求这样的系统响应快捷、安全保密，可靠性高。

实时操作系统是指当外界事件或数据产生时，能够接收并以足够快的速度予以处理，其处理的结果又能在规定的时间之内来控制生产过程或对处理系统做出快速响应，并控制所有实时任务协调一致运行的操作系统。因而，提供及时响应和高可靠性是其主要特点。由实时操作系统控制的过程控制系统，较为复杂，通常由四部分组成：①数据采集。它用来收集、接收和录入系统工作必需的信息或进行信号检测。②加工处理。它对进入系统的信息进行加工处理，获得控制系统工作必需的参数或做出决定，然后进行输出、记录或显示。③操作控制。它根据加工处理的结果采取适当措施或动作，达到控制或适应环境的目的。④反馈处理，它监督执行机构的执行结果，并将该结果反馈至信号检测或数据接收部件，以便系统根据反馈信息采取进一步措施，达到控制的预期目的。

实时操作系统的主要特点如下。

(1) 对处理时间和响应时间要求高

实时操作系统要求能够及时响应外部事件的请求，在规定时间内完成对事件的处理。因此，对处理时间和响应时间要求高。

(2) 可靠性和安全性高

实时操作系统将可靠性和安全性放在首位，系统的效率放在第二位，这一点与分时系统不同。在实时操作系统中任何的差错都可能带来巨大的经济损失，甚至产生无法预料的灾难性后果。因此，实时操作系统往往采用多级容错措施来保证系统的安全性和数据的安全性。

(3) 多路性、独立性和交互性

实时操作系统的应用主要在于联机实时任务与分时操作系统一样，需要具有多路性、独立性和交互性。

实时操作系统的多路性表现在可以对多路的现场信息进行采集,并对多路对象或多个执行机构进行控制。实时操作系统的独立性表现在每个用户终端向实时操作系统提出的服务请求相互独立,实时控制系统中信息的采集和对对象的控制,互不干扰,彼此独立操作。实时操作系统中的交互性表现在绝大多数的实时操作系统允许用户与系统之间交互会话,只有少量的实时操作系统,如各种控制系统,用户与系统的交互仅限于访问系统中某些特定的专用服务程序,不能交互会话,不能向终端用户提供数据处理、资源共享等服务,不允许用户通过实时终端设备编写新的程序或修改已有的数据。

(4) 整体性强

实时操作系统要求所管理的联机设备和资源必须按照一定的时间关系或逻辑关系协调工作。

在实时系统中通常存在若干个实时任务,它们常常通过"队列驱动"或"事件驱动"开始工作,当系统接收到某些外部事件后,分析这些消息,驱动实时任务完成相应处理和控制。可以从不同角度对实时任务加以分类。按任务执行是否呈现周期性可分成周期性实时任务和非周期性实时任务;按实时任务截止时间可分成硬实时任务和软实时任务。

也可以对分时操作系统和实时操作系统作一个简单比较,它们的主要区别是:设计目标不同,前者为了给多用户提供一个通用的交互型开发运行环境,后者通常为特殊用途提供专用系统;交互性强弱不同,前者交互性强,后者交互性弱;响应时间要求不同,前者以用户能接受的响应时间为标准,后者则与受控对象及应用场合有关,变化范围很大。

上述三种是操作系统的基本类型,如果一个操作系统兼有批处理、分时和实时处理的全部或两种功能,则该操作系统称为通用操作系统。

1.2.5 网络操作系统

计算机网络是通过通信设施将地理上分散的、具有自治功能的多个计算机系统互联起来的系统。网络操作系统(Network Operating System)是能够控制计算机在网络中方便地传送信息和共享资源,并能为网络用户提供各种所需服务的操作系统。网络操作系统主要有两种工作模式:第一种是客户机/服务器(Client/Server)模式,这类网络中分成两类站点,一类作为网络控制中心或数据中心的服务器,提供文件打印、通信传输、数据库等各种服务;另一类是本地处理和访问服务器的客户机。这是目前较为流行的工作模式。另一种是对等(Peer-to-Peer)模式,这种网络中的站点都是对等的,每一个站点既可作为服务器,又可作为客户机。

网络操作系统应该具有以下几项功能。

(1) 网络通信。其任务是在源计算机和目标计算机之间实现无差错的数据传输。主要完成建立/拆除通信链路、传输控制、差错控制、流量控制、路由选择等功能。

(2) 资源管理。对网络中的所有硬、软件资源实施有效管理,协调诸用户对共享资源的使用,保证数据的一致性、完整性。典型的网络资源有硬盘、打印机、文件和数据。

(3) 网络管理。包括安全控制、性能监视、维护功能等。

(4) 网络服务:如电子邮件、文件传输、共享设备服务、远程作业录入服务等。

目前，计算机网络操作系统有三大主流：UNIX、Netware 和 Windows NT。UNIX 是唯一能跨多种平台的操作系统；Windows NT 工作在微机和工作站上；Netware 则主要面向微机。支持 C/S 结构的微机网络操作系统主要有 Netware、UNIXware、Windows NT、LAN Manager 和 LAN Server 等。

下一代网络操作系统应能提供以下功能支撑。

- 位置透明性。支持客户机、服务器和系统资源不停地在网络中装入及卸载，且不固定确切位置的工作方式。
- 名字空间透明性。网络中的任何实体都必须从属于同一个名字空间。
- 管理维护透明性。如果一个目录在多台机器上有映像，应负责对其同步维护；应能将用户和网络故障相隔离；同步多台地域上分散的机器时钟。
- 安全权限透明性。用户仅需使用一个注册名及口令，就可在任何地点对任何服务器的资源进行存取，请求的合法性由操作系统验证，数据的安全性由操作系统保证。
- 通信透明性。提供对多种通信协议支持，缩短通信的延时。

1.2.6 分布式操作系统

以往的计算机系统中，其处理和控制功能都高度地集中在一台计算机上，所有的任务都由它完成，这种系统称为集中式计算机系统。而分布式计算机系统是指由多台分散的计算机，经互联网连接而成的系统。每台计算机高度自治，又相互协同，能在系统范围内实现资源管理、任务分配，以及并行地运行分布式程序。

用于管理分布式计算机系统的操作系统称为分布式操作系统。它与集中式操作系统的主要区别在于资源管理、进程通信和系统结构三个方面。与计算机网络类似，分布式操作系统中必须有通信规程，计算机之间的发信、收信按规程进行。分布式系统的通信机构、通信规程和路径算法都是十分重要的研究课题。集中式操作系统的资源管理比较简单，一类资源由一个资源管理程序来管。这种管理方式不适合于分布式系统，例如，一台机器上的文件系统来管理其他计算机上的文件是有困难的。所以，分布式系统中，对于一类资源往往有多个资源管理程序，这些管理者必须协调一致地工作，才能管好资源。这种管理比单个资源管理程序的方式复杂得多，人们已开展了许多研究工作，提出了许多分布式同步算法和同步机制。分布式操作系统的结构也和集中式操作系统不一样，它往往有若干相对独立的部分，各部分分布于各台计算机上，每一部分在另外的计算机上往往有一个副本，当一台机器发生故障时，由于操作系统的每个部分在他机上有副本，因而，仍可维持原有功能。

分布式系统研究和开发的主要方向如下。

- 分布式系统结构。研究非共享通路结构和共享通路结构。
- 分布式操作系统。研究资源管理方法、同步控制机制、死锁的检测与解除、进程通信模型及手段等。
- 分布式程序设计。扩充顺序程序设计语言使其具有分布式程序设计能力；开发新的分布式程序设计语言。

- 分布式数据库。设计开发新的分布式数据库。
- 分布式应用。研究各种分布式并行算法，研究在办公自动化、自动控制、管理信息系统等各个领域的应用。

1.3 操作系统的特征和性能指标

1.3.1 操作系统的特征

1. 并发性

并发性是指两个或两个以上的事件或活动在同一时间间隔内发生。操作系统是一个并发系统，并发性是它的重要特征，操作系统的并发性指它应该具有处理和调度多个程序同时执行的能力。多个I/O设备同时在输入/输出；设备I/O和CPU计算同时进行；内存中同时有多个系统和用户程序被启动，交替、穿插地执行，这些都是并发性的例子。发挥并发性能够消除计算机系统中部件和部件之间的相互等待，有效地改善系统资源的利用率，改进系统的吞吐率，提高系统效率。例如，一个程序等待I/O时，就出让CPU，而调度另一个程序占有CPU执行运行。这样，在程序等待I/O时，CPU便不会空闲，这就是并发技术。

并发性虽然能有效改善系统资源的利用率，但却会引发一系列的问题，使操作系统的设计和实现变得复杂化。例如：怎样从一个运行程序切换到另一个运行程序？以什么样的策略来选择下一个运行的程序？怎样将各个运行程序隔离开来，使之互不干扰，免遭对方破坏？怎样让多个运行程序互通消息和协作完成任务？怎样协调多个运行程序对资源的竞争？多个运行程序共享文件数据时，如何保证数据的一致性？操作系统必须具有控制和管理程序并发执行的能力，为了更好地解决上述问题，操作系统必须提供机制和策略来进行协调，以使各个并发进程能顺利推进，并获得正确的运行结果。另外，操作系统还要合理组织计算机工作流程，协调各类软硬件设施有效工作，充分提高资源的利用率，充分发挥系统的并行性，这些也都是在操作系统的统一指挥和管理下进行的。

采用了并发技术的系统又称为多任务系统。计算机系统中，并发实际上是一个物理CPU在若干道程序之间多路复用，这样就可以实现运行程序之间的并发，以及CPU与I/O设备、I/O设备与I/O设备之间的并行，并发性的实质是对有限物理资源强制行使多用户共享以提高效率。在多处理器系统中，程序的并发性不仅体现在宏观上，而且体现在微观上(即在多个CPU上)也是并发的，又称并行的。

并行性是指两个或两个以上事件或活动在同一时刻发生。在多道程序环境下，并行性使多个程序同一时刻可在不同CPU上同时执行。而在分布式系统中，多台计算机的并存使程序的并发性得到了更充分的发挥。可见并行性是并发性的特例，而并发性是并行性的扩展。由于并发技术的本质思想是：当一个程序发生事件(如等待 I/O)时出让其占用的 CPU 而由另一个程序运行，据此不难看出，实现并发技术的关键之一是如何对系统内的多个运行程序(进程)进行切换的技术。

2. 共享性

共享性是操作系统的另一个重要特性。共享指操作系统中的资源(包括硬件资源和信息资源)可被多个并发执行的进程共同使用，而不是被一个进程所独占。出于经济上的考虑，一次性向每个用户程序分别提供它所需的全部资源不但是浪费的，有时也是不可能的。现实的方法是让操作系统和多个用户程序共用一套计算机系统的所有资源，因而，必然会产生共享资源的需要。资源共享的方式可以分成两种。

第一种是互斥访问。系统中的某些资源如打印机、磁带机、卡片机，虽然它们可提供给多个进程使用，但在同一时间内却只允许一个进程访问这些资源，即要求互相排斥地使用这些资源。当一个进程还在使用该资源时，其他欲访问该资源的进程必须等待，仅当该进程访问完毕并释放资源后，才允许另一进程对该资源访问。这种同一时间内只允许一个进程访问的资源称为临界资源。许多物理设备，以及某些数据和表格都是临界资源，它们只能互斥地被共享。

第二种是同时访问。系统中还有许多资源，允许同一时间内多个进程对它们进行访问，这里“同时”是宏观上的说法。典型的可供多进程同时访问的资源是磁盘。

与共享性有关的问题是资源分配、信息保护、存取控制等，必须妥善解决好这些问题。

共享性和并发性是操作系统两个最基本的特性，它们互为依存。一方面，资源的共享是因为程序的并发执行而引起的，若系统不允许程序并发执行，自然也就不存在资源共享问题。另一方面，若系统不能对资源共享实施有效管理，必然会影响到程序的并发执行，甚至程序无法并发执行，操作系统也就失去了并发性，导致整个系统效率低下。

3. 异步性

操作系统的第三个特性是异步性，或称随机性。在多道程序环境中，允许多个进程并发执行，由于资源有限而进程众多，多数情况，进程的执行不是一贯到底，而是“走走停停”。例如，一个进程在 CPU 上运行一段时间后，由于等待资源满足或事件发生，它被暂停执行，CPU 转让给另一个进程执行。系统中的进程何时执行？何时暂停？以什么样的速度向前推进？进程总共要花多少时间执行才能完成？这些都是不可预知的，或者说该进程是以异步方式运行的，其导致的直接后果是程序执行结果可能不唯一。异步性给系统带来了潜在的危险，有可能导致进程产生与时间有关的错误，但只要运行环境相同，操作系统必须保证多次运行进程，都会获得完全相同的结果。

操作系统中的随机性处处可见，例如，作业到达系统的类型和时间是随机的；操作员发出命令或按按钮的时刻是随机的；程序运行发生错误或异常的时刻是随机的；各种各样硬件和软件中断事件发生的时刻是随机的等，操作系统内部产生的事件序列有许许多多可能，而操作系统的一个重要任务是必须确保捕捉任何一种随机事件，正确处理可能发生的随机事件，正确处理任何一种产生的事件序列，否则将会导致严重后果。

4. 虚拟性

虚拟性是指操作系统中的一种管理技术，它是把物理上的一个实体变成逻辑上的多个对应物，或把物理上的多个实体变成逻辑上的一个对应物的技术。显然，前者是实际存在的而后者是虚构假想的，采用虚拟技术的目的是为用户提供易于使用、方便高效的操作环境。例如，在多道程序系统中，物理 CPU 可以只有一个，每次也仅能执行一道程序，但通过多道程序和分时使用 CPU 技术，宏观上有多个程序在执行，就好像有多个 CPU 在为各道程序工作一样，物理上的一个 CPU 变成了逻辑上的多个 CPU。SPOOLing 技术可把物理上的一台独立设备变成逻辑上的多台虚拟设备；窗口技术可把一个物理屏幕变成逻辑上的多个虚拟屏幕；通过时分或频分多路复用技术可以把一个物理信道变成多个逻辑信道；IBM 的 VM 技术把物理上的一台计算机变成逻辑上的多台计算机。虚拟存储器则是把物理上的多个存储器（主存和外存储器）变成逻辑上的一个（虚存）的例子。

1.3.2 操作系统的性能指标

操作系统的性能指标体现在多个方面，主要指标如下。

1. 系统的可靠性

系统的可靠性是系统能够发现、诊断和恢复硬件、软件故障，以减小用户误操作或环境破坏而造成系统损失的能力。

系统的可靠性通过系统平均无故障时间进行度量。平均无故障时间越长，系统的可靠性越高。

系统的并发性、共享性和随机性对系统的可靠性影响很大。用户一方面希望系统的可靠性高，另一方面又希望系统的并发性、共享性和随机性好。显然，这两方面是矛盾的，如何处理好这两方面的矛盾是操作系统需要解决的问题。

2. 系统的吞吐量

系统的吞吐量是指系统在单位时间内所处理的信息量，用一定时间内系统所完成的作业个数来度量。

系统吞吐量反映系统的处理效率。吞吐量越大，系统的处理效率越高。但是，增大系统的吞吐量则意味着加大系统的并发性，使得系统的开销大，减小了系统的可靠性。

3. 系统的响应时间

系统的响应时间是从系统接收作业到输出结果的时间间隔。在批处理系统中，用户从提交作业到得到计算结果的时间间隔为响应时间。对分时操作系统或实时操作系统，系统的响应时间是指用户终端发出命令到系统做出应答之间的时间间隔。

4. 系统的资源利用率

系统的资源利用率表示系统中各部件、各设备的使用程度,即单位时间内某设备实际使用时间。系统中各设备越忙,系统的资源利用率越高。

5. 系统的可移植性

系统的可移植性是指将一个操作系统从一个硬件环境转移到另一个硬件环境仍能够正常工作的能力。常用转移工作的工作量来度量。

从传统意义上讲,系统的可移植性并不是操作系统结构中的主要问题。但是,由于计算机用户的广泛性和跨行业性,要求操作系统能够在不同硬件平台上实现运行,可移植性成为操作系统结构中需要考虑的问题。

1.4 操作系统的接口

1.4.1 操作系统用户接口概述

任何操作系统管理计算机资源的目的都在于将计算机资源提供给用户使用,用户是通过用户接口使用操作系统的,用户接口是操作系统的五大功能之一,为用户提供统一的接口是操作系统的目标之一。

用户接口主要分为如下三类。

- 命令接口。以联机命令方式提供的用户接口。
- 图形接口。以图形方式提供的用户接口。
- 程序接口。以程序调用形式提供的用户接口。

1.4.2 操作系统的三种接口

操作系统可以通过命令接口、图形接口和程序接口三种方式把它的服务和功能提供给用户,反过来也可以这样说,用户可以如图1-5所示通过三个接口来调用操作系统提供的服务和功能。

1. 命令接口

命令接口是用户接口中出现最早和最通用的一种方式,是用户与系统自己交互方式的联机用户接口。用户可通过键盘输入有关命令来直接操纵计算机系统。命令接口以字符显示方式反馈用户输入的命令信息、命令执行信息。对系统的管理和应用都可以通过操作系统提供的命令进行。通常,命令接口中的命令可分为以下几类:系统管理类、系统访问类、磁盘操作类、文件和目录操作类及应用类。下面详细介绍这几类命令。

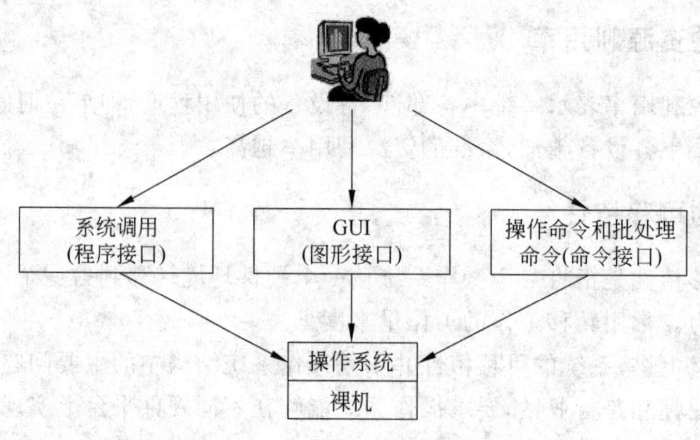

图 1-5　操作系统的三种接口

(1) 系统管理类。

系统管理类命令提供给系统管理员管理系统使用。包括用户管理、文件系统管理、设备管理、存储资源的管理、网络管理和系统性能的管理等命令。

用户管理命令主要是增加用户、删除用户、维护用户权限等。

文件系统管理命令主要是管理系统目录和用户主目录、控制对目录和文件的访问权限、维护系统软件和文件系统的完整性、完成系统的备份和恢复等命令。

设备管理命令主要是管理系统中的输入/输出设备,安装设备、分配和回收设备及卸载设备并对设备进行日常维护的命令。

存储资源管理命令主要用于管理和维护系统内存。

网络管理命令用于管理系统的网络环境、网络服务和网络应用。

系统性能管理命令主要用于跟踪和维护系统处理器的使用情况,调节系统性能,管理进程和线程的运行,处理系统资源竞争和死锁等问题。

(2) 系统访问类。

系统访问类命令供普通用户访问系统资源时使用,包括用户登录、用户和用户进程及用户线程之间的通信、用户环境设置、用户目录与用户文件的管理、用户使用各种输入/输出设备等。

(3) 磁盘操作类。

磁盘操作类命令主要用于格式化磁盘、对磁盘进行维护和操作等。

(4) 文件和目录操作类。

文件和目录操作类命令主要用于创建、复制、修改、更新和删除文件及目录。

(5) 应用类。

应用类命令包括运行各种应用类软件相关的命令和运行用户程序相关的命令。

目前,无论是大型计算机系统还是微机系统,都提供了命令接口。不同操作系统的命令接口有所不同,这不仅指命令的种类、数量及功能方面,也可能体现在命令的形式、用法等方面。不同的用法和形式组成不同的用户界面,可分成以下两种方式。

(1) 命令行方式。

命令语言具有规定的词法、语法和语义，它以命令为基本单位来完成预定的工作任务，完整的命令集构成了命令语言，反映了系统提供给用户可使用的全部功能。每个命令以命令行的形式输入并提交给系统，一个命令行由命令动词和一组参数构成，它指示操作系统完成规定的功能。对新手用户来说，命令行方式十分烦琐，难以记忆，但对有经验的用户而言，命令行方式用起来快捷便当、十分灵活，所以，至今许多操作员仍欢迎并使用这种命令形式。

简单命令的一般形式为：Command arg1 arg2 … arg*n*。

其中 Command 是命令名，其余为该命令所带的执行参数，有些命令可以没有参数。

(2) 批命令方式。

预先将多个命令组织在一起，并存储到批命令文件中，通过执行批命令文件达到执行批命令文件中的命令的目的，即批处理命令。如 MS-DOS 的. bat 文件。

在 UNIX 和 Linux 操作系统中，命令可以和各种形式的参数及语句结合在一起，成为命令文件，从而增强用户接口的处理能力。该命令文件称为命令脚本或 Shell 文件。

命令接口需要用户熟悉命令结构和命令形式。

2. 图形接口

图形化用户界面(GUI)是最受用户欢迎的用户接口。图形界面是一个丰富的视窗环境，将窗口、图标、菜单和鼠标以及面向对象技术集成在一起，通过各种形象化的图标将系统的各项功能、文件系统、应用程序进行直观表现，用户可以选择窗口、菜单、对话框和滚动条完成对窗口内的各种操作。

在图形接口中，整个屏幕空间称为桌面。桌面上的常见图标有文档、系统、回收站、Internet Explorer、时钟等，如图 1-6 所示。

图 1-6 Windows 系统的桌面

图形接口操作简单、直观、不受语言限制。不同的操作系统有不同的图形接口，如Microsoft公司的Windows，IBM公司的OS/2、UNIX及Linux的X-Windows和CDE(公共桌面环境)。

3. 程序接口

程序接口又称应用编程接口(API)，程序中使用这种接口可以调用操作系统的服务和功能。许多操作系统的程序接口由一组系统调用组成，因此，用户编写程序时使用“系统调用”就可以获得操作系统的底层服务，使用或访问系统管理的各种软硬件资源，而不必了解操作系统内部结构和硬件细节，它是用户程序或其他系统程序获得操作系统服务的唯一途径。

操作系统提供的系统调用很多，从功能上可分为如下几类。

(1) 进程和作业管理：终止或异常终止进程、装入和执行进程、创建和撤销进程、获取和设置进程属性。

(2) 文件操作：建立文件、删除文件、打开文件、关闭文件、读写文件、获得和设置文件属性。

(3) 设备管理：申请设备、释放设备、设备I/O和重定向、获得和设置设备属性、逻辑上连接与释放设备。

(4) 内存管理：申请内存和释放内存。

(5) 信息维护：获取和设置日期及时间、获得和设置系统数据。

(6) 通信：建立和断开通信连接、发送和接收消息、传送状态信息、连接和断开远程设备。

程序中执行系统调用或过程(函数)调用，虽然都是对某种功能或服务的需求，但两者从调用形式到具体实现都有很大区别。

(1) 调用形式不同。过程(函数)使用一般调用指令，其转向地址是固定不变的，包含在跳转语句中；但系统调用中不包含处理程序入口，而仅仅提供功能号，按功能号调用。

(2) 被调用代码的位置不同。过程(函数)调用是一种静态调用，调用者和被调用代码在同一程序内，经过连接编辑后作为目标代码的一部分。当过程(函数)升级或修改时，必须重新编译连接。而系统调用是一种动态调用，系统调用的处理代码在调用程序之外(在操作系统中)，这样一来，系统调用处理代码升级或修改时，与调用程序无关。而且调用程序的长度也大大缩短，减少了调用程序占用的存储空间。

(3) 提供方式不同。过程(函数)往往由编译系统提供，不同编译系统提供的过程(函数)可以不同；系统调用由操作系统提供，一旦操作系统设计好，系统调用的功能、种类与数量便固定不变。

(4) 调用的实现不同。程序使用一般机器指令(跳转指令)来调用过程(函数)，是在用户态运行的；程序执行系统调用，是通过中断机构来实现，需要从用户态转变到核心态，在管理状态执行，因此安全性好。

练 习 题

一、填空题

1. 操作系统是控制和管理计算机系统内各种________、有效地组织多道程序运行的________，是________与计算机之间的接口。

2. 从资源分配的角度讲，计算机系统中的资源分为________、________、________、________和用户界面。操作系统相应的组成部分是________、________、________和________。

3. UNIX系统是________操作系统，DOS系统是________操作系统。

4. 根据服务对象不同，常用的处理机操作系统主要分为如下三种类型：允许多个用户在其终端上同时交互地使用计算机的操作系统称为________，它通常采用________策略为用户服务；允许用户把若干个作业提交计算机系统集中处理的操作系统称为________，衡量这种系统性能的一个主要指标是系统的________；在________的控制下，计算机系统能及时处理由过程控制反馈的数据并做出响应。设计这种系统时，应首先考虑系统的________。

5. 用户与操作系统的接口有________、________两种。

6. 用户程序调用操作系统有关功能的途径是________。

二、选择题

1. 操作系统是一种(　　)。

   A. 应用软件　　B. 系统软件　　C. 通用软件　　D. 工具软件

2. 操作系统是一组(　　)。

   A. 文件管理程序　　B. 中断处理程序　　C. 资源管理程序　　D. 设备管理程序

3. 现代操作系统的基本特征是(　　)、资源共享和操作的异步性。

   A. 多道程序设计　　B. 中断处理

   C. 程序的并发执行　　D. 实现分时与实时处理

4. 引入多道程序的目的在于(　　)。

   A. 充分利用CPU，减少CPU等待时间

   B. 提高实时响应速度

   C. 有利于代码共享，减少主、辅存信息交换量

   D. 充分利用存储器

5. 并发性是指若干事件在(　　)发生。

   A. 同一时刻　　B. 同一时间间隔内

   C. 不同时刻　　D. 不同时间间隔内

6. (　　)没有多道程序设计的特点。

   A. DOS　　B. UNIX　　C. Windows　　D. OS/2

7. 在分时系统中，时间片一定，(　　)，响应时间越长。

A. 内存越多　　B. 用户数越多　　C. 后备队列越短　　D. 用户数越少

8. (　　)不是操作系统关心的主要问题。

A. 管理计算机裸机

B. 设计、提供用户程序与计算机硬件系统的界面

C. 管理计算机系统资源

D. 高级程序设计语言的编译器

9. 以下(　　)项功能不是操作系统具备的主要功能。

A. 内存管理　　B. 中断处理　　C. 文档编辑　　D. CPU 调度

10. 批处理系统的主要缺点是(　　)。

A. CPU 的利用率不高　　B. 失去了交互性

C. 不具备并行性　　D. 以上都不是

三、简答题

1. 什么是操作系统？计算机操作系统的主要功能是什么？

2. 举例说明计算机体系结构的不断改进是操作系统发展的主要动力之一。

3. 什么是多道程序批处理系统？为何要采用多道程序系统？

4. 什么是分时系统和实时系统？各有什么特征？

5. 比较批处理系统和分时操作系统的不同。

6. 举例说明常用操作系统所属的类型。

7. 在有一台输入设备和一台输出设备的计算机系统上，运行着两个程序。两个程序投入运行情况如下。

程序 1 先开始运行，其运行轨迹为：计算 50ms、输出 100ms、计算 50ms、输出 100ms、结束。

程序 2 后开始运行，其运行轨迹为：计算 50ms、输入 100ms、计算 100ms、结束。

忽略调度时间，指出两个程序运行时，CPU 是否空闲？在哪一部分空闲？指出程序 1 和程序 2 有无等待 CPU 的情况，如果有，发生在哪一部分？

8. 在计算机系统上运行三个程序，运行次序为程序 1、程序 2、程序 3。

程序 1 的运行轨迹为：计算 20ms、输入 40ms、计算 10ms。

程序 2 的运行轨迹为：计算 40ms、输入 30ms、计算 10ms。

程序 3 的运行轨迹为：计算 60ms、输入 30ms、计算 20ms。

忽略调度时间，画出三个程序运行的时间关系图；完成三个程序共需花费多少时间？与单个程序比较，节省了多少时间？

9. 在计算机系统上有两台输入/输出设备，运行两个程序。

程序 1 的运行轨迹为：计算 10ms、输入 5ms、计算 5ms、输出 10ms、计算 10ms。

程序 2 的运行轨迹为：输入 10ms、计算 10ms、输出 5ms、计算 5ms、输出 10ms。

在顺序环境下，先执行程序 1，再执行程序 2，求总的 CPU 利用率是多少。

第 2 章　常用操作系统概述

Windows 和 Linux 操作系统是当前使用比较多的操作系统。Windows 界面友好、功能完善，具有可扩展性、可移植性和高可靠性，在个人操作系统领域有较大的市场占有率；Linux 操作系统实质上是 UNIX 的变种，设计人员完全免费地提供系统的内核源代码，该系统具备多任务、多用户等特性。

本章主要介绍了 Windows 和 Linux 操作系统的基本概念、基本架构、版本及发展历史。

本章学习要点

✧ 了解 Windows 和 Linux 操作系统基本概念。
✧ 熟悉 Windows 和 Linux 操作系统的基本架构。
✧ 了解 Windows 和 Linux 操作系统的版本和发展历史。

2.1　Windows 操作系统

2.1.1　Windows 的基本概念

Microsoft 公司成立于 1975 年，目前已经是世界上最大的软件公司，其产品覆盖操作系统、编译系统、数据库管理系统、办公自动化软件和互联网支撑软件等各个领域。从 1983 年 11 月 Microsoft 公司宣布 Windows 诞生到今天的 Windows XP，Windows 操作系统已经走过了 20 个年头，并且成为风靡全球的微机操作系统。目前个人计算机上采用 Windows 操作系统的占 90%，微软公司几乎垄断了 PC 行业。

图形化用户界面操作环境的思想并不是 Microsoft 公司率先提出的，Xerox 公司的商用 GUI 系统（1981 年）、Apple 公司的 Lisa（1983 年）和 Macintosh（1984 年）是图形化用户界面操作环境的鼻祖。Windows 操作系统的早期版本不太成功，基本上没有多少用户。直到 1990 年发布的 Windows 3.0 对原来系统做了彻底改造，功能上有了很大扩充，才赢得用户。1992 年 4 月 Windows 3.1 发布后，Windows 逐步取代 DOS 在全世界流行。

Windows 3.x 以及以前的版本，系统都必须依靠 DOS 提供的基本硬件管理功能才能工作。因此，从严格意义上来说它还不能算作是一个真正的操作系统，只能称为图形化用户界面操作环境。1995年8月Microsoft公司推出了能够独立在硬件上运行的Windows 95,是真正的新型操作系统。Microsoft公司又相继推出了Windows 97、Windows 98、Windows 98SE和Windows Me等后继版本。Windows 3.x和Windows 9x都属于家用操作系统范畴,主要运行于个人计算机系列。

除了家用版本外,Windows还有商用版本:Windows NT、Windows Server 2000、Windows Server 2003、Windows Server 2008,主要运行于小型机、服务器,也可以在PC上运行。Windows NT 3.1于1993年8月推出,以后又相继发布了Windows NT 3.5、Windows NT 3.51、Windows NT 4.0、Windows NT 5.0的Beta1和Beta2等版本。基于NT内核,Microsoft公司于2000年2月正式推出了Windows 2000。2001年1月Microsoft公司宣布停止Windows 9x内核的改进,把家用操作系统版本和商用操作系统版本合二为一,新的Windows操作系统命名为Windows XP(eXPerience)。

另外,Windows操作系统还有嵌入式操作系统系列,包括嵌入式操作系统Windows CE、Windows NT Embedded 4.0和带有Server Appliance Kit的Windows 2000等。

2.1.2 Windows的版本

1. Windows早期版本

Windows 3.x以前的版本在DOS操作系统的基础上运行,主要技术特点如下。

- 友好、直观、高效的面向对象的图形化用户界面,易学易用。
- 丰富的与设备无关的图形操作。
- 多任务的操作环境。
- 新的内存管理,突破了DOS系统1MB的限制,实现了虚存管理。
- 提供各种系统管理工具,如程序管理器、文件管理器、打印管理器及各种实用程序。
- Windows环境下允许装入和运行DOS下开发的程序。
- 提供数据库接口、网络通信接口。
- 提供丰富的软件开发工具。
- 采用面向对象的程序设计思想。

2. 家用操作系统Windows 9x版本

Windows 9x版本包括Windows 95、Windows 97、Windows 98、Windows 98SE和Windows Me等版本。其主要技术特点如下。

- 独立的32位操作系统,同时也能运行16位的程序。
- 真正的多用户、多任务操作系统。
- 提供"即插即用"功能,系统增加新设备时,只需把硬件插入系统,由Windows解决设备驱动程序的选择和中断设置等问题。
- 支持新的硬件配置,如USB(Universal Serial BUS)、AGP(Accelerated Graphics Port)、ACPI(Advanced Configuration and Power Interface)和DVD。

- 多媒体支持，包括 MPEG 音频、WVA 音频、MPEG 视频、AVI 视频和 Apple Quiet Time 视频。
- 有内置网络功能，直接支持联网和网络通信，提供邮箱服务和对 Internet 的访问工具。
- 新的图形化界面，具有较强的多媒体支持。
- 支持 FAT32 文件系统。

3. 商用机操作系统 Windows NT

在 Windows 发展过程中，硬件技术和系统性能在不断进步，如基于 RISC 芯片和多 CPU 结构的微机出现；客户机/服务器模式的广泛采用；微机存储容量增大及配置多样化。同时，对微机系统的安全性、可扩充性、可靠性、兼容性等也提出了更高的要求。1993 年推出的 Windows NT(New Technology)便是为这些目标而设计的。除了 Windows 产品的上述功能外，它还有以下技术特点。

- 支持对称多处理和多线程，即多个任务可基于多个线程对称地分布到各个 CPU 上工作，具有良好的可伸缩性，从而大大提高了系统性能。
- 支持抢先的可重入多任务处理。
- 32 位页式授权虚拟存储管理。
- 支持多种 API(常用及标准 Windows 3.2、OS/2、DOS 和 POSIX API 等)和源码级兼容性。
- 支持多种可装卸文件系统，包括 DOS 的 FAT 文件系统、OS2 的 HPFS、CD_ROM 文件系统 CDFS 和 NT 文件系统 NTFS。
- 具有各种容错功能，为 C2 安全级。
- 可移植性好，可在 Intel x86、PowerPC、Digital Alpha AXP 以及 MIPS RISC 等平台上运行，既可作为网络客户，又可提供网络服务。
- 集成网络计算，支持 LAN Manager，为其他网络产品提供接口。
- 能与其 Microsoft SQL Server 结合，提供 C/S 数据库应用系统的最好组合。

4. Windows 2000 和 Windows XP

Windows 2000 是在 Windows NT 基础上修改和扩充而成的，能充分发挥 32 位微处理器的硬件能力，在处理速度、存储能力、多任务和网络计算支持诸方面与大型机和小型机进行竞争。Windows 2000 不是单个操作系统，它包括 4 个系统用来支持不同的应用。专业版(Windows 2000 Professional)为个人用户设计，可支持 2 个 CPU，最大内存可为 4GB；服务器版(Windows 2000 Server)为中小企业设计，可支持 4 个 CPU，最大内存为 4GB；高级服务器版(Windows 2000 Advanced Server)为大型企业设计，支持 8 个 CPU 和最大 8GB 内存；数据中心服务器版(Windows 2000 Datacenter Server)专为大型数据中心开发，支持最多 32 个 CPU 和最大 64GB 内存。

Windows 2000 除继承 Windows 98 和 Windows NT 的特性外，在与 Internet 连接、标准化安全技术、工业级可靠性和性能、支持移动用户等方面具有新的特征，它还支持新的即插即用和电源管理功能，提供活动目录技术，支持两路到四路对称式多处理器系统，提供全面的 Internet 应用软件服务。

Windows XP 是一个把家用操作系统和商用操作系统融合为一的操作系统，它结束了 Windows 两条腿走路的历史。它具备更多的防止应用程序错误的手段，进一步增强了 Windows 安全性，简化了系统管理与部署，并革新了远程用户工作方式。

5. Windows Vista 和 Windows 7

Windows Vista 是 Microsoft 公司继 Windows XP 和 Windows Server 2003 之后推出的版本，带有许多新的特性和技术。新的关键技术如下。

- Windows Presentation Fundation（WPF，以前被称为 Avalon）
- Windows Communication Fundation（WCF，以前被称为 Indigo）
- Windows Workflow Fundation（WWF）
- Windows CardSpace（WCS）

以上四种关键技术被合称为 WinFX，后又被命名为.Net Framework 3.0。

各种 Windows Vista 版本可以分为 Home 和 Business 两大类。

2009 年 7 月 14 日，Windows 7 开发正式完成，Windows 7 正式版本已经发布。Windows 7 其实是 Windows Vista 的改进版。Windows 7 在 Windows Vista 的基础上进行了大量的完善工作，也加入了不少新特性。Windows Vista 与其上一代 Windows XP 相比，提供了非常大的改进，然而一方面这些改进过于巨大，用户乃至相应软件厂商一时无法完全接受；另一方面，由于特性的不完全具备，Windows Vista 的表现没有想象之中的那么好。到了 Windows 7，包括操作系统本身、软件厂商和用户都已经做好了准备，因此反响比 Windows Vista 更好。

图形界面一直是 Windows 系统的核心，而从 Windows Vista 开始，Windows 就开始将提供一个富图形化的桌面图形界面作为主要目的，不仅仅是因为 Windows Vista 和 Windows 7 的桌面本身就是一个 3D 应用程序，而是因为 Windows Vista 和 Windows 7 可以更好地发挥图形加速硬件的作用。

2.1.3 Windows 的体系结构

图 2-1 是整个 Windows 体系结构的总览。从图上可以看出系统被分成内核模式和用户模式。

内核的主要功能是在客户程序和运行在用户空间的各种服务（属系统程序）之间进行通信。在这种结构下，应用程序发出的请求首先被内核俘获，由它把消息传递给相应的系统进程去处理，处理完后，同样通过内核，把回应的消息发还给客户。可见，客户程序和各种服务进程之间不会直接交互，必须通过内核的消息交换才能完成相互通信。这就是“微内核”构造模式。

用这种方法来构造操作系统，其中心思想是将系统中的非基本部分从内核里移走，只把最关键的进程管理、内存管理以及进程通信等功能留存下来组成系统的内核。这样便于系统功能的扩充，使系统具有更好的可扩展性和可移植性。由于绝大部分系统进程都

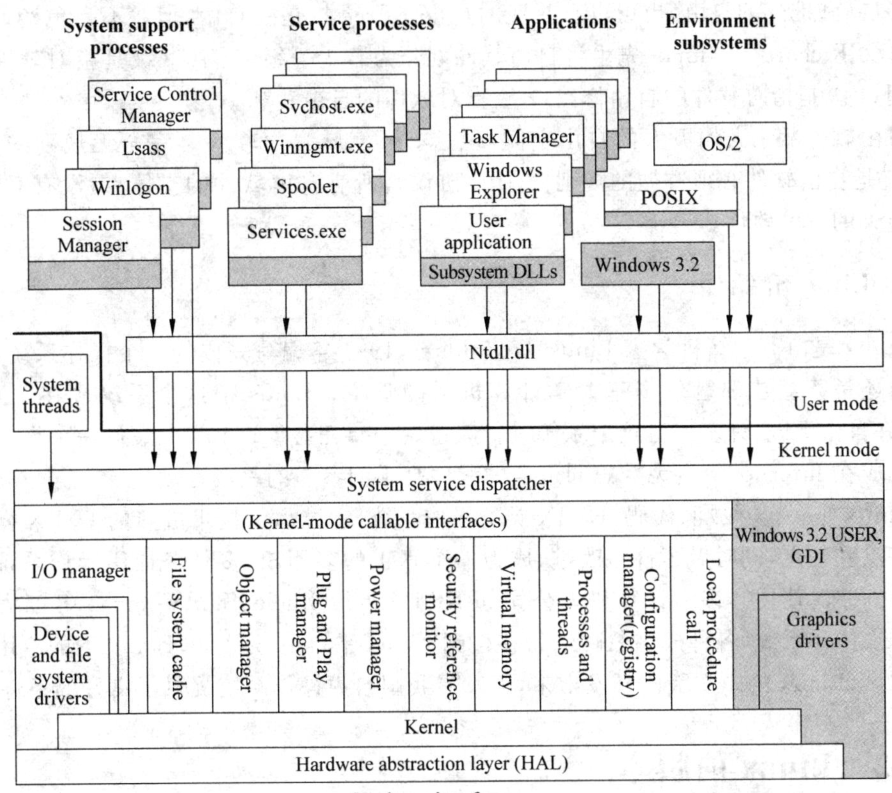

图 2-1　Windows 的体系结构

运行在用户态，所以使系统具有更好的安全性和可靠性。

Windows 系统的内核全部运行在统一的核心地址空间中，由三个层次组成：执行体、内核、硬件抽象层(HAL)。执行体提供了进程和线程管理、进程间通信、内存管理、对象管理、中断处理、I/O、网络及对象安全等功能。内核由操作系统的最低级功能组成，由它完成线程的调度、分配，中断和异常调度，多处理器同步等。硬件抽象层是一个软件层，它将执行体、内核和硬件分隔开来，使 Windows 操作系统能够适应多种硬件平台。

2.2　Linux 操作系统

2.2.1　Linux 的基本概念

1. 自由软件

自由软件(Free Software 或 Freeware)是指遵循通用公共许可证 GPL(General Public License)规则，保证用户有使用上的自由、获得源程序的自由、自己修改源程序的自由、复制和推广的自由，也可以有收费的自由。Free 指是的自由，但并不是免费。自由软件之父 Richard Stallman 先生将自由软件划分为若干等级，其中，0 级是指对软件的自由使用；1 级是指对软件的自由修改；2 级指对软件的自由获利。

自由软件赋予人们极大的自由空间，但这并不意味自由软件是完全无规则的，例如 GPL 就是自由软件必须遵循的规则。GPL 协议是所有自由软件的支撑点，没有 GPL 就没有今天的自由软件。

2. Linux 介绍

Linux 是由芬兰籍科学家 Linus Torvalds 于 1991 年编写完成的一个操作系统内核，当时他还是芬兰首都赫尔辛基大学计算机系的学生。Linus 把这个系统放在 Internet 上，允许自由下载，许多人对这个系统进行改进、扩充、完善。Linux 由最初一个人写的原型变化成在 Internet 上由无数志同道合的程序高手们参与的一场运动。

Linux 是一个开放源代码、UNIX 类的操作系统，它继承了技术成熟的 UNIX 操作系统的特点和优点，同时做了许多改进，成为一个真正的多用户、多任务通用操作系统。目前已得到广泛使用。许多计算机大公司如 IBM、Intel、Oracle、Sun、Compaq 等都大力支持 Linux 操作系统，各种成名软件纷纷移植到 Linux 平台上，运行在 Linux 下的应用软件越来越多，Linux 的中文版已开发出来，为发展我国自主操作系统提供了良好的条件。

2.2.2 Linux 的版本

Linux 这个词本身指的是操作系统内核，也就是一个操作系统本身最核心的部分。它支持大多数 PC 及其他类型的计算机平台。但是要用计算机，光有内核不行。Linux 加上其他应用软件，例如内核与外部交流的工具 Shell、桌面系统 X-Window、办公软件 OpenOffice.org，以及网络组件等，才构成一个完整适于用户的操作系统。

所以 Linux 操作系统和 Windows 系列的发布方式不一样，它不是一套单一的产品。各种发行版以自己的方案提供了 Linux 操作系统从内核到桌面的全套应用软件，以及该发行版的工具包和文档，从而构建为一套完整的操作系统软件。

目前最常见的 Linux 发行版包括以下两种。

(1) RedHat Linux/Fedora Core

这是最出色、用户最多的 Linux 发行版本之一，同时也是中国用户最熟悉的发行版。RedHat 创建的软件包管理器(Redhat Package Manager，RPM)为用户提供了安全方便的软件安装/卸载方式，是目前 Linux 界最流行的软件安装方式。RedHat Linux 工程师认证 RHCE 和微软工程师认证 MSCE 一样炙手可热，含金量甚至比后者还要高。

RedHat 公司在 2003 年发布 RedHat 9.0，之后转向支持商业化的 RedHat Enterprise Linux(RHEL)，并选择和开源社区合作的方式，以 Fedora Core X(X 为版本号)的名称继续发布。Fedora Core 每半年发布一个最新的版本。

(2) Debian Linux

Debian Linux 至今坚持独立发布，不含任何商业性质。它的发布版包括 Woody、

Sarge 和 Sid。

Woody 是最稳定安全的系统，但稳定性的苛刻要求导致它不会使用软件的最新版本，非常适合于服务器的运行。Sarge 上则运行版本比较新的软件，但稳定性不如 Woody，比较适合普通用户。Sid 保证软件是最新的，但不能保证这些最新的软件在系统上能否稳定运行，适合乐于追求新软件的爱好者。可见，在稳定性方面，Woody>Sarge>Sid；在软件版本的更新方面，Woody<Sarge<Sid。

国内的 Linux 厂商以做服务器为主。最有名的是红旗 Linux，单独发行了免费下载的桌面版。红旗 Linux 在桌面领域主要致力于模仿 Windows 的界面和使用方法，以吸引更多的 Windows 用户转入其中。

2.2.3　Linux 的体系结构

如图 2-2 所示，Linux 体系结构被分成两部分。上面是用户（或应用程序）空间，是用户应用程序执行的地方。下面是内核空间，Linux 内核提供连接内核的系统调用接口，还提供用户空间中的应用程序和内核之间进行转换的机制。这点非常重要，因为内核和用户空间的应用程序使用的是不同的保护地址空间。每个用户空间的进程都使用自己的虚拟地址空间，而内核则占用单独的地址空间。

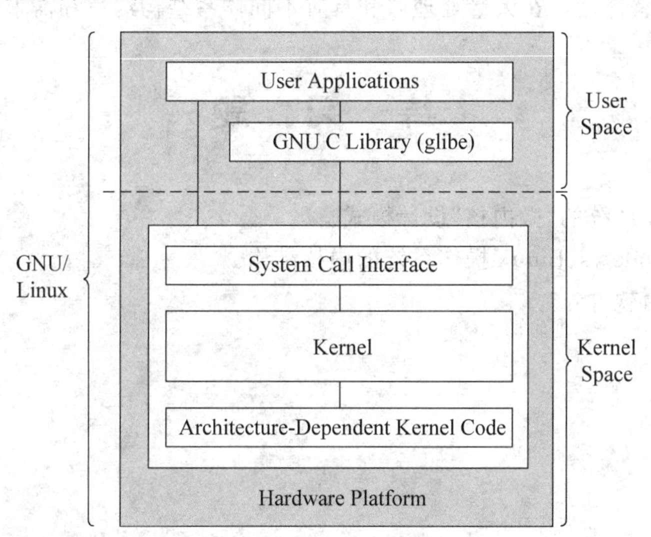

图 2-2　Linux 体系结构

Linux 内核可以进一步划分成 3 层。最上面是系统调用接口，它实现了一些基本的功能，例如 read 和 write。中间层是内核代码，是 Linux 所支持的所有处理器体系结构所通用的。最下面是依赖于体系结构的代码，构成了通常称为 BSP(Board Support Package)的部分，这些代码将内核和硬件分隔开来，使 Linux 操作系统能够适应多种硬件平台。

Linux 内核主要由以下几个子系统组成。

(1) 进程调度(SCHED)。进程调度子系统控制进程对 CPU 访问。由调度程序为

CPU 选择下一个执行进程。Linux 使用比较简单的基于优先级的进程调度算法选择新的进程。

(2) 内存管理(MM)。内存管理子系统允许多个进程安全地共享内存区域。Linux 的内存管理支持请求分页式虚拟内存,操作系统只将当前使用的程序页保留在内存中,其余的程序页保留在磁盘上。必要时,操作系统负责在磁盘和内存之间交换程序页。

(3) 虚拟文件系统(VFS)。虚拟文件系统隐藏了各种不同硬件的具体细节,为所有设备提供统一的接口,支持多达数十种不同的文件系统。

(4) 输入/输出。输入/输出子系统与硬件物理设备密切相关,主要包括设备驱动程序和各种设备的中断服务程序。设备驱动程序指为每一种硬件控制器所编写的设备驱动程序模块。

(5) 进程通信机制。进程通信子系统支持多种进程间通信机制,如信号、管道和共享内存等。

(6) 网络支持。网络子系统提供了对各种网络标准协议和各种网络硬件的支持。

在所有 Linux 内核子系统中,最重要的是进程调度子系统。因为所有其他子系统工作的完成都需要建立进程、终止进程和恢复进程等操作,所以必须依靠进程调度子系统来予以协调。

Linux 内核在内存和 CPU 使用方面具有较高的效率,并且非常稳定,具有良好的可移植性。Linux 编译后可在大量处理器和具有不同体系结构约束和需求的平台上运行。

练 习 题

1. 简述操作系统的“微内核”设计模式。
2. 简述 Windows、Linux 操作系统的内核结构。
3. 何谓自由软件?

第 3 章　处理机管理

在计算机系统的各种资源中，最宝贵的资源是 CPU。为了提高它的利用率，操作系统引入了并发机制，允许内存中同时有多个程序存在和执行。但是仅使用传统的“程序”概念是无法刻画多个程序并发执行时系统呈现出的动态特征的。因此，本章将给出操作系统中的重要概念——进程，同时将重点介绍进程的特点、组成、调度、管理等方面的知识。

本章学习要点

✧ 进程的概念和特征。

✧ 进程的状态和状态转换。

✧ 进程的调度和管理。

✧ 作业的调度和管理。

✧ Windows、Linux 操作系统的处理机管理。

3.1　进程的引入

3.1.1　程序的顺序执行

所谓“程序”，是一个在时间上严格有序的指令集合。程序规定了完成某一任务时计算机所需做的各种操作，以及这些操作的执行顺序。在多道程序设计出现以前，只要一提到程序，就表明它独享系统中的一切资源，如处理机、内存、外部设备等，没有其他竞争者与它争夺与共享。一个程序通常由若干个程序段组成，它们必须按照某种先后次序执行，前一个操作执行完后，才能执行后继操作，这种计算过程即程序的顺序执行过程。

程序顺序执行时有以下特性。

(1) 顺序性。当顺序程序在处理机上执行时，处理机的操作严格按照程序规定的顺序执行，即每个操作都必须在前一操作结束后才能开始，程序和机器执行程序的活动严格一一对应。

(2) 封闭性。程序执行时独占系统的各种资源，这些资源的状态(除初始状态外)只有程序本身规定的操作才能改变。程序一旦开始执行，其执行结果不受外界因素影响。

(3) 可再现性。只要程序执行时的初始条件和执行环境相同，重复执行将获得相同的结果，程序的执行速度不会影响程序的执行结果。

若每个程序均可分为输入(I)、计算(C)、输出(O)三个程序段,则多个程序的顺序执行如图 3-1 所示。

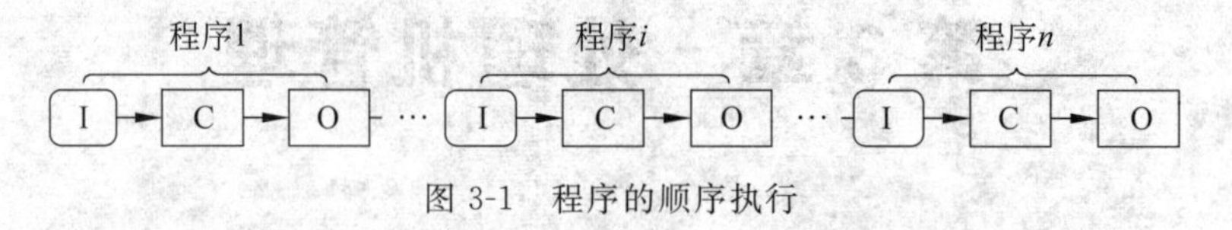

图 3-1　程序的顺序执行

3.1.2　多道程序设计的引入

显然,图 3-1 中的计算机系统在任一时刻只处理一个程序的某个程序段。从整体看,系统一直在进行运算或者输入/输出操作,很“忙碌”。但是从局部看,系统在某一时刻只能处于输入、计算、输出三个阶段之一,如果处于计算阶段,则输入设备和输出设备将闲置;如果处于输入阶段,则处理机和输出设备将闲置;如果处于输出阶段,则处理机和输入设备将闲置。可见,多道程序设计出现以前,由于系统中一次只能执行一个独立程序,导致计算机不同部件之间有忙有闲,不能够充分发挥系统资源的效率。

为了提高系统资源的利用率,必须尽量让系统中各种设备充分利用起来。设想,如果系统中有多个程序同时存在,就可以在某个程序进行计算操作的同时(此时输入设备、输出设备闲置),让第二个程序进行输入操作,第三个程序进行输出操作。这样系统中各部分资源就同时“忙碌”起来,系统资源利用更充分。图 3-2 显示了 3 个程序同时执行的过程,输入程序在输入第三个程序(I_3)的同时,计算程序可以正在对第二个程序(C_2)进行计算,而输出程序正在输出第一个程序(O_1)的计算结果,此时系统中输入、计算、输出设备都被利用起来了。

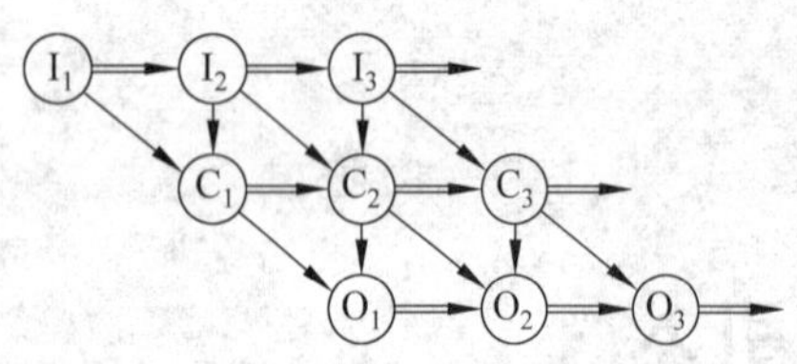

图 3-2　多个程序的同时执行示意图

在计算机系统中同时存在和执行多个具有独立功能的程序,各程序轮流使用系统的各种软、硬件资源的程序设计方法就叫作多道程序设计。目前的操作系统中,多道批处理操作系统、分时操作系统、实时操作系统以及网络操作系统、分布式操作系统等都引入了多道程序设计。多道程序设计具有三个特点。

(1) 独立性。在多道环境下执行的每道程序都是逻辑上独立的,它们之间不存在逻辑上的制约关系,只要有充分的资源保证,每道程序都可以对立执行。

(2) 随机性。在多道程序设计环境下,特别是在多用户环境下,程序和数据的输入与执行的开始时间都是随机的。

(3) 资源共享。任何一个计算机系统中的软、硬件资源都是有限的,一般来说,多道环境下执行程序的道数总是超过计算机系统中 CPU 个数,单 CPU 系统更是如此。显然,受 CPU 个数的限制,各程序必须共享系统的 CPU 资源。同理,输入/输出设备、内存等也必须共享。

3.1.3 程序的并发执行

现代计算机系统在整体设计和逻辑设计中广泛采用并行操作技术。在硬件方面,引入了通道技术和中断技术,通道能独立地控制外设和主存传输信息,从而使CPU和通道、CPU和外设、通道和通道及外设与外设之间均可并行工作。在软件方面,由于引入了多道程序设计技术,也能并发执行多个程序段。

引入了多道程序设计技术之后,计算机系统中将同时存在和执行多个程序或程序段。从宏观上看,这些程序同时存在于系统中,是同时运行的;从微观上看,由于系统资源数量的限制,这些程序必须共享计算机资源,轮流使用。例如在单处理机系统中,每一时刻仅能够执行一道程序,不同程序轮流使用处理机执行。这种宏观上多个程序同时执行,微观上多个程序交替执行的运行方式称为"并发"执行。程序的并发执行提高了系统吞吐量,也产生了一些与顺序执行不同的新特点。

(1) 制约性。程序并发执行时,由于共享资源或为完成同一项任务而相互合作,致使并发程序之间形成了相互制约的关系。在图3-2中,若输入程序尚未完成I_2的处理,或计算程序尚未完成C_1的计算,则程序段C_2得不到执行,不得不暂时等待。因此,程序并发执行时,其前驱操作是否完成、是否获得必要的资源等,都制约了程序的执行,也将导致程序的间断性执行。

(2) 失去封闭性。程序并发执行时,多个程序共享系统中的各种资源,这些资源的状态将由多个程序来改变,致使程序的执行失去封闭性。这样,某程序执行时,尽管其各个步骤的执行顺序不变,但由于执行的非连续性,此程序必然受到其他程序的影响。

(3) 不可再现性。程序并发执行时,由于失去了封闭性,程序在执行过程中会受到其他程序的影响,其运算结果将与程序的执行速度有关,从而使程序失去了可再现性,即同一程序经过多次执行后,得到的结果可能各不相同。

由于程序的并发执行产生了一系列新特点,为了能对并发程序的执行进行更进一步的描述,引入了进程的概念。

3.2 进　　程

3.2.1 进程的定义

从前面的分析可以看出,在多道程序工作环境下,各个程序是并发执行的,它们共享系统资源,共同决定这些资源的状态,彼此之间相互制约、相互依赖,因而呈现出并发性、制约性、失去封闭性、不可再现性等新的特征。这样,用"程序"这个概念已经不能如实反映程序的这些动态特征。为此人们引入"进程"这一新概念来描述程序动态执行过程的性质。

进程(Process)是现代操作系统设计的一个基本概念,也是一个管理实体。它最早被用于美国麻省理工学院的 MULTICS 系统和 IBM 的 CTSS/360 系统，不过那时称其为“任务(Task)”，其实是两个等同的概念。

人们对进程下过许多定义，但迄今为止对进程还没有非常确切和统一的描述。有的人称“进程是任何一个处于执行的程序”；有的人称“进程是可以并行执行的计算部分”；有的人称“进程是具有一定独立功能的程序在某个数据集合上的一次运行活动”；也有的人称“进程是一个实体。当它执行一个任务时，将要分配和释放各种资源”。

综合起来看，可以从如下三个方面来描述进程。

(1) 进程是程序的一次运行活动。

(2) 进程的运行活动是建立在某个数据集合之上的。

(3) 进程在获得资源的基础上从事自己的运行活动。

据此，本书把进程的定义描述为：所谓“进程”是指一个具有独立功能的程序在某个数据集合上的一次执行过程，是系统进行资源分配和运行调度的独立单位。

在多道程序设计系统中，既运行着操作系统程序，又运行着用户程序，因此整个系统中存在着两类进程，一类是系统进程，一类是用户进程。操作系统中用于管理系统资源的那些并发程序，形成了一个个系统进程，它们提供系统的服务，分配系统的资源；可以并发执行的用户程序段，形成了一个个用户进程，它们是操作系统的服务对象，是系统资源的实际的享用者。可见，这是两类不同性质的进程，主要区别如下。

(1) 系统进程之间的相互关系由操作系统负责协调，以便有利于增加系统的并行性，提高资源的整体利用率；用户进程之间的相互关系要由用户自己(在程序中)安排。不过，操作系统会向用户提供一定的协调手段(以命令的形式)。

(2) 系统进程直接管理有关的软、硬件资源的活动；用户进程不得插手资源管理。在需要使用某种资源时，必须向系统提出申请，由系统统一调度与分配。

(3) 系统进程与用户进程都需要使用系统中的各种资源，它们都是资源分配与运行调度的独立单位，但系统进程的使用级别，应该高于用户进程。也就是说，在双方出现竞争时，系统进程有优先获得资源、优先得以执行的权利。只有这样，才能保证计算机系统高效、有序的工作。

3.2.2 进程的特征

1. 进程的特征

进程具有以下几个基本特征。

(1) 动态性。进程是程序的一次执行过程，因此是动态的。动态性是进程的最基本特征。它还表现在进程由创建而产生，由调度而执行，因得不到资源而暂停执行，最后因撤销而消亡。

(2) 并发性。指多个进程能在一段时间内同时执行。引入进程的目的就是使程序能与其他程序并发执行，以提高系统资源的利用率。

(3) 独立性。进程是一个能独立运行、独立分配资源和独立调度的基本单位，未建立进程的程序都不能作为一个独立的单位参加运行。

(4) 异步性。进程按各自独立的、不可预知的速度向前推进,即进程按异步方式运行。由于进程之间的相互制约,使得各进程间断执行,其速度不可预知。

(5) 结构特征。为了描述和记录进程的运动变化过程,并使之独立正确执行,系统为每个进程配置了一个进程控制块(Process Control Block,PCB)。从结构上看,进程由程序段、数据段和进程控制块三部分组成。

2. 进程和程序的区别

进程是程序在一个数据集合上的一次执行过程。这就是说,进程与程序之间有一种必然的联系,但是进程又不等同于程序,它们是两个完全不同的概念。进程与程序的区别有如下几个方面。

(1) 进程是一个动态的概念,进程强调的是程序的一次"执行过程";程序是一组有序指令的集合,在多道程序设计环境下,它不涉及"执行",因此是一个静态的概念。如果将一部电影看作一个程序,那电影在影院的一次放映过程,就相当于进程。

(2) 进程是有生命周期的,是一个动态生存的暂存性资源;而程序是永久性的软件资源。当系统要完成某一项工作时,它就"创建"了一个进程,以便执行事先编写好的、完成该工作的那段程序。程序执行完毕,完成预定的任务后,系统就"撤销"这个进程,收回它所占用的资源。一个进程创建后,系统就感知到它的存在;一个进程撤销后,系统就无法再感知到它。于是,从创建到撤销,这个时间段就是一个进程的生命周期。

(3) 不同进程可以执行同一个程序,而一个进程也可以执行多个程序。从进程的定义可知,区分进程的条件一是所执行的程序,二是数据集合。即使多个进程执行同一个程序,只要它们运行在不同的数据集合上,它们就是不同的进程。例如,一个编译程序同时被多个用户调用,各个用户程序的源程序是编译程序的处理对象(即数据集合)。于是系统中形成了一个个不同的进程,它们都运行编译程序,只是每个加工的对象不同。由此可知,进程与程序之间,不存在一一对应的关系。

(4) 程序是指令的有序集合,而进程是由程序、数据和进程控制块三部分组成。

3.2.3　进程的基本状态

在多道程序设计系统中,可能同时存在多个进程,各个进程争用系统资源,得到资源的进程可以继续运行,暂时没有得到资源的进程就要等待。同时,某些进程由于互相合作完成某项任务,还需要互相等待互相通信,致使系统中部分进程间断执行。因此,各进程在其整个生命周期中可能处于不同的活动状态。

(1) 执行状态。执行状态又称为运行状态,当一个进程获得了必要的资源,并占有处理机时,其处于执行状态。在单处理机系统中,最多只能有一个进程处于执行状态。在多处理机系统中,可能有多个进程处于执行状态,但处于执行状态的进程个数不会超过系统中处理机的个数。

(2) 阻塞状态。进程在执行过程中,由于发生某个事件(如等待输入/输出操作的完成，等待另一个进程发送消息）而暂时无法执行下去时，就处于阻塞状态。阻塞状态也称等待状态或挂起状态。在一个系统中，处于就绪状态的进程可能有多个，它们按照阻塞的不同原因组成多个阻塞队列。导致进程阻塞的典型原因有：请求输入/输出、等待使用某个资源等。

(3) 就绪状态。当进程已获得除处理机以外的所有资源（处理机被系统中的其他进程占用），一旦分配了处理机即可立即执行，则其处于就绪状态。在一个系统中，处于就绪状态的进程可能有多个，通常将它们排成一个就绪队列。操作系统必须按照一定的算法，每次从这些队列中选择一个进程投入运行，这个选择的过程称为进程调度。

一个进程的状态，可以随着自身的推进和外界环境的变化而从一种状态变迁到另一种状态。如图 3-3 所示为进程状态变迁图，箭头表示的是状态变迁的方向，旁边标识的文字是引起这种状态变迁的原因。

可见，一个正处于执行状态的进程，会因其提出输入/输出请求或等待某个事件发生而变为阻塞状态。在输入/输出操作完成或等待的某个事件发生后，进程会由阻塞状态变为就绪状态。当占用处理机的进程执行完毕或者进入阻塞状态时，它会让出处理机，系统则按照特定的规则从就绪队列中选择合适的进程，并将处理机分配给它，被选中的进程进入执行状态。

处于就绪状态与阻塞状态的进程虽然都“暂时无法执行”，但两者有着本质上的区别。前者已做好了执行的准备，只要获得 CPU 就可以投入运行；而后者要等待某事件完成后才能继续执行，在此之前即使把 CPU 分配给它，它也无法执行。

在一些引入了虚拟存储器管理的操作系统中，进程还有一种挂起状态，所谓的挂起状态就是把某个进程从内存转移到外存时的状态，相反，一个进程在内存的状态称为活动状态。这样，进程就有了挂起阻塞、活动阻塞、挂起就绪、活动就绪和执行状态 5 个状态。其状态变迁图如图 3-4 所示。一个处于活动阻塞状态的进程通过挂起操作可以变为挂起阻塞状态；一个处于活动就绪状态的进程可以通过挂起操作变为挂起就绪状态；一个处于挂起阻塞状态的进程通过激活操作可以变为活动阻塞状态；一个处于挂起就绪状态的进程可以通过激活操作变为活动就绪状态。另外，如果一个进程处于挂起阻塞状态时其等待的事件发生，则由挂起阻塞状态可以变为挂起就绪状态。

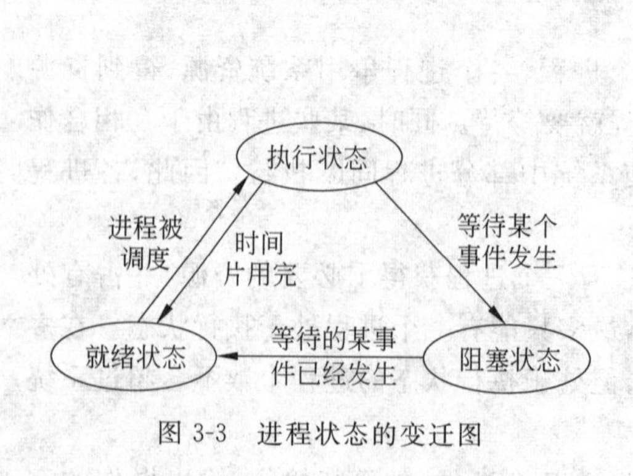

图 3-3 进程状态的变迁图

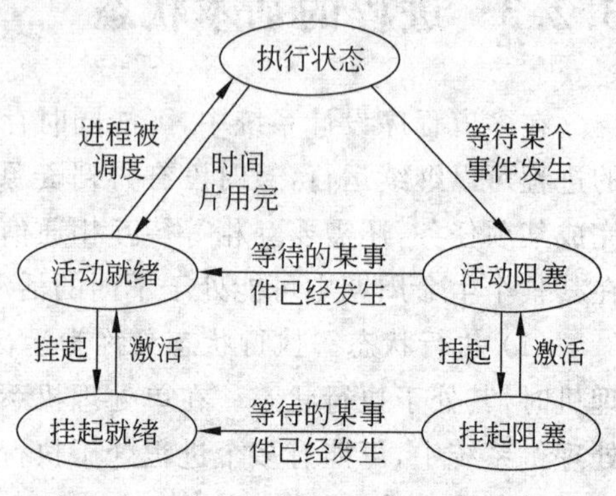

图 3-4 含有挂起状态的进程状态变迁图

例 3-1 如图 3-3 所示的进程状态变迁图,在什么条件下会发生下面给出的因果变迁?

(1) 一个进程从执行状态变为就绪状态,一定会引起另一个进程从就绪状态变为执行状态。

(2) 一个进程从执行状态变为阻塞状态,一定会引起另一个进程从执行状态变为就绪状态。

(3) 一个进程从阻塞状态变为就绪状态,一定会引起另一个进程从就绪状态变为执行状态。

解:(1) 一个进程从执行状态变为就绪状态时,一定会无条件地引起另一个进程从就绪状态变为执行状态。这是因为当一个进程从执行状态变为就绪状态时,CPU 空闲,系统重新分配处理机,从而引起另一个进程的状态从就绪变为执行。要注意的是,即使就绪队列为空,在一个进程从执行状态变为就绪状态时,也一定会引起另一个进程从就绪状态变为执行状态,只不过"另一个进程"就是它自己罢了。

(2) 这种因果变迁是绝对不可能发生的,因为一个 CPU 不可能真正同时执行两个进程。

(3) 一个进程从阻塞状态变为就绪状态时,如果当前就绪队列为空,CPU 在空闲等待,那么一定会引起另一个进程从就绪状态变为执行状态,并且就是这个进程本身。但如果就绪队列不空,那么只有当系统采用的是剥夺式调度算法,且变为就绪状态的那个进程的优先权为最高时,才会引起另一个进程从就绪状态变为执行状态,并且就是这个进程本身。也就是说,一个进程从阻塞状态变为就绪状态,不一定会引起另一个进程从就绪状态变为执行状态。如果要引起,也就是该进程本身("剥夺式调度"等概念将在第 3.3.2 小节中介绍)。

例 3-2 在一个单处理机的操作系统中共有 n 个进程,则处于执行、阻塞和就绪的进程最多分别有多少个?最少分别有多少个?

解:(1) 操作系统中仅有一个处理机,则系统中最多只有一个进程处于执行状态,最少可以没有任何进程处于执行状态,此时所有进程均处于阻塞状态。

(2) 系统最多有 $n-1$ 个进程处于就绪状态(存在就绪状态的进程,则必须有一个进程处于执行状态);最少可以没有任何进程处于就绪状态,此时所有进程处于阻塞状态或者有一个进程处于执行状态。

(3) 系统中最多有 n 个进程处于阻塞状态,最少可以没有任何进程处于阻塞状态,此时有 $n-1$ 个进程处于就绪状态,有一个进程处于运行状态。

3.2.4 进程的三个组成部分

一个进程创建后,需要有自己对应的程序以及该程序运行时所需的数据,这是不言而喻的。但仅有程序和数据是不行的,进程在其生命期内是走走停停、停停走走的,停下来时,进程需要让出处理机,因此需要有一个专属它的地方,来记录它暂停时的执行现场和临时数据。否则,进程再次被投入运行时,就无法从上次被打断的地方继续执行下去。为了管理和控制进程,系统在创建一个进程时,为其开辟一个专用的存储区,用以记录该进程在系统中的执行现场和临时数据等动态信息。当一个进程被撤销时,系统就收回分配给它的存储区。通常,我们把这一存储区称为该进程的进程控制块(Process Control Block,PCB)。这样,一个进程要由三个部分组成:程序、数据集合以及 PCB。

PCB 是由操作系统建立和管理的,其内容在进程生命周期中伴随着进程状态的变化而不断变化。当系统创建一个新进程时,系统为某个程序设置一个 PCB,用于对进程进行控制和管理;当进程执行完成时,系统收回 PCB,进程随之消亡。系统根据 PCB 来感知进程的存在,故 PCB 是进程存在的唯一标志。由于 PCB 经常被系统访问,尤其是被运行频率很高的进程调度、分配程序访问,故 PCB 应该常驻内存。

3.2.5 进程控制块

PCB 是操作系统中重要的数据结构之一,其中存放了操作系统所需的、用于描述进程状况和控制进程运行所需的全部信息。进程控制块可以被操作系统中的多个模块读写,如调度程序、资源分配程序、中断处理程序和监督和分析程序等。

一般来说,根据操作系统的类型不同,PCB 的格式、大小以及内容也不尽相同。通常,在 PCB 中的信息根据功能不同大致可以分为四个部分。

1. 进程标识符

进程标识符用于唯一地标识一个进程,一个进程通常具有以下两种标识符。

(1) 内部标识符。操作系统一般都为每一个进程赋予一个唯一的数字标识符(长整数),这个数字标识符通常是进程的序号,设置内部标识符主要是为了方便操作系统使用。

(2) 外部标识符。由创建者提供,通常由字母、数字组成,一般由用户(进程)在访问该进程时使用。

在有的操作系统中,进程之间互成家族关系,为了描述这种关系,还应该设置父进程标识符和子进程标识符。

2. 处理机状态信息

主要由处理机的各种寄存器内容组成。处理机运行时,许多信息都存放在寄存器中,处理机被中断时,这些信息必须保存在 PCB 中,以便该进程重新执行时,能够从断点位置继续执行。这组寄存器主要包括:通用寄存器、指令寄存器、程序状态字(PSW)和用户堆栈指针。

3. 进程调度信息

在 PCB 中还存放一些与进程调度和进程对换有关的信息。

(1) 程序状态。指明进程当前的状态,作为进程调度和对换时的依据。

(2) 进程优先级。用于描述进程使用处理机的优先级别的一个整数,优先级高的进程可以优先获得处理机的使用权。

(3) 进程调度所需要的其他信息。与采用的进程调度算法有关,如进程已等待CPU的时间总和、进程已执行的时间总和等。

(4)事件。进程由执行状态变为阻塞状态所等待发生的事件,即进程阻塞的原因。

4. 进程控制信息

(1) 程序和数据地址。进程程序和数据所在的内存或者外存的地址,以便调度到该进程时,能够通过PCB找到相应的程序和数据。

(2) 进程同步和通信机制。实现进程同步和进程通信时必需的机制,如消息队列指针、信号量等,它们可能全部或者部分放在PCB中。

(3) 资源清单。一张列出了除CPU以外进程所需的所有资源及已经分配给该进程的资源清单。

(4) 链接指针。进程处于就绪队列或者阻塞队列时,用于给出本进程所在队列中下一个进程的PCB首地址。

3.3 进程的调度与管理

3.3.1 进程控制块队列

在多道程序设计环境里,系统中同时会存在多个进程。当计算机系统只有一个CPU时,每次只能让一个进程执行,其他的进程或处于就绪状态,或处于阻塞状态。为了有效地对这些进程进行管理,通常操作系统采用链表的方法将这些进程的PCB链接起来,方法如下。

(1) 把处于相同状态的进程的PCB,通过各自的队列指针链接在一起,形成一个个队列。

(2) 为每一个队列设立一个队列头指针,它总是指向排在队列之首的进程的PCB。

(3) 排在队尾的进程的PCB,它的"队列指针"项内容应该为"－1",或一个特殊的符号,以表示这是该队的队尾PCB。

对于单CPU系统,其生成的PCB队列如下。

(1) 执行队列。任何时刻系统中最多只有一个进程处于执行状态,因此执行队列中只能有一个PCB。

(2) 就绪队列。系统中所有处于就绪状态的进程的PCB排成一队,称其为"就绪队列"。通常,就绪队列中的PCB会根据某种原则进行排序,进程入队和出队的顺序与调度算法有关。如果就绪队列里没有PCB存在,则称该队列为空。

(3) 阻塞队列。系统通常会设置多个阻塞队列,所有处于阻塞状态的进程PCB,根据阻塞的原因不同分别排队,比如等待磁盘输入/输出进程的PCB排成一个队列,等待打印机输出进程的PCB排成一个队列等,每一个队列都称为一个"阻塞队列"。每个阻塞队列中可以有多个进程的PCB,也可以为空。如图3-5所示是进程PCB队列的示

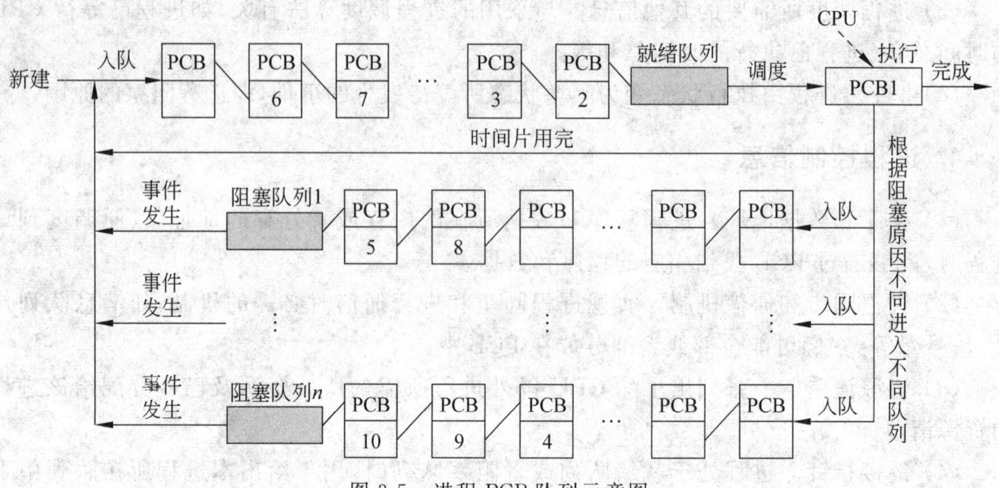

图 3-5　进程 PCB 队列示意图

意图。

从图 3-5 中可以看出,现在名为 PCB1 的进程正在 CPU 上执行,因为它的 PCB 排在执行队列中。现在就绪队列中有四个进程排在里面,它们分别是 PCB2、PCB3、PCB7 和 PCB6。要注意,进程名只是创建进程时系统所给的一个编号。系统正常运行时,谁的 PCB 排在队列的前面,谁的 PCB 排在队列的后面,那是无法预料的。现在进程 PCB5 和 PCB8 排在阻塞队列 1 中,它们被阻塞的原因相同。现在进程 PCB10、PCB9 和 PCB4 排在另一个阻塞队列中,它们被阻塞的原因相同。

假定现在又创建了一个进程,名为 PCB11。对于一个刚被创建的进程,系统总是赋予它"就绪"状态,因此它的 PCB 应该排在就绪队列中。至于 PCB11 应该排在队列的什么位置,那将由系统所采取的处理机分配策略来确定。假定把它排在队列之尾,那么图 3-5 中的就绪队列就变为如图 3-6 所示的情形。

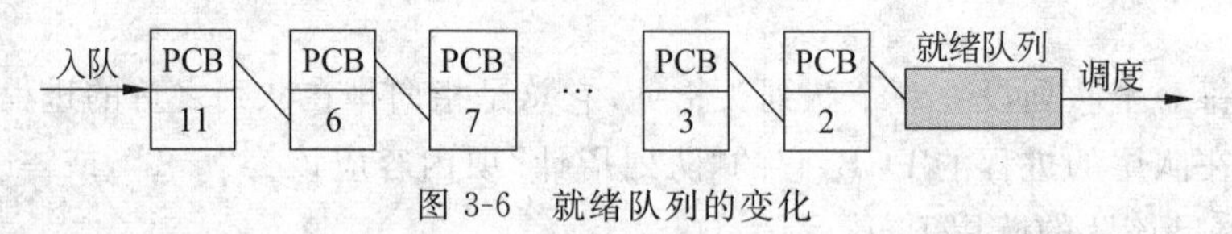

图 3-6　就绪队列的变化

3.3.2　进程的调度

1. 进程调度的主要任务

处理机是计算机系统中的重要资源,在多道程序设计系统中,一个任务被提交后,必须经过调度才能够获得处理机并被执行。进程调度就是控制、协调进程对 CPU 的竞争,按照特定的调度算法,使某一个进程获得对 CPU 的使用权。进程调度的主要任务就是确定什么时候进行调度(调度时机)、怎样调度(调度算法)、按什么原则进行调度(调度过程具体做些什么)。

在操作系统中有一个专门的进程调度程序来完成调度任务。进程调度程序记录系统中所有进程的状态、优先级和资源需求情况，确定把处理机分配给哪个进程，分配多长时间。当有更高级别的进程进入就绪队列时，根据调度方式确定优先级别高的进程是否能够抢占当前进程的 CPU。当前进程放弃处理机时，进程调度程序要保存该进程的 CPU 现场信息，修改该进程的状态并插入相应的队列中，然后根据调度算法从就绪队列中选择下一个进程，恢复该进程的 CPU 现场信息，使其变为执行状态。

进程调度又称为低级调度。用户把一个任务提交给计算机操作系统后，一般要经过一个三级调度的过程才能完成整个任务，图 3-7 描述的就是处理机调度的三种类型。

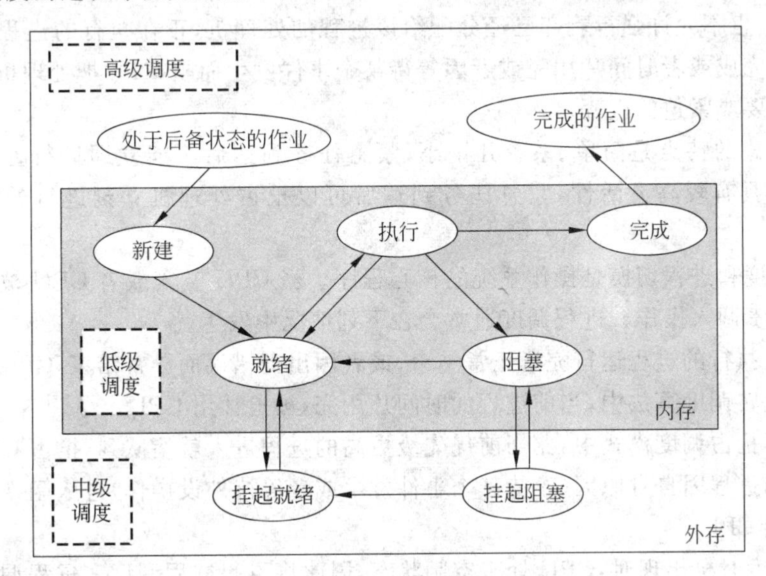

图 3-7　处理机调度的三种类型

(1) 高级调度。又称为宏观调度或者作业调度。主要任务是决定把外存中的哪些后备作业送入内存，建立相应的进程，分配内存、输入/输出设备等必要的资源，将创建的进程放入就绪队列上使其能够得到执行的机会。作业调度发生的时间间隔比较长，其时间衡量尺度通常是分钟、小时或者天。

(2) 中级调度。又称为交换调度。主要任务是按照给定的原则和策略，在内存空间紧张时，将内存中处于活动就绪状态或者活动阻塞状态的进程交换到外存，腾出内存空间；在内存空间富余时，将外存中的挂起就绪进程或挂起阻塞进程调入内存，准备执行。中级调度的主要目的就是缓解内存空间的紧张状态。一个进程在运行期间可能要经过多次换进换出。这种调度发生的时间间隔比作业调度要短得多。

(3) 低级调度。又称为微观调度或进程调度。主要任务是按照某种策略和方法选取一个处于就绪状态的进程，为其分配 CPU 并执行。进程调度是操作系统中最频繁的调度，也是算法最复杂的调度，其时间间隔尺度通常是毫秒级。

不是任何操作系统都具有这三级调度，所有操作系统都具有低级调度，而中级调度和高级调度不一定存在。例如，目前许多交互式操作系统就没有作业调度。

2. 进程调度与切换时机

在单CPU的操作系统中,经常会有一种情况发生:某个进程正在处理机上执行时,另一个更为重要或紧迫的进程需要优先进行处理,即有优先级更高的进程进入就绪队列。系统一般具有抢占式和非抢占式两种处理方式。

(1) 抢占式。优先级高的进程可以强行抢占CPU,把正在运行的进程"赶"回就绪队列,重新参与调度。

(2) 非抢占式。某进程正在处理机上执行时,即使有某个更为重要或紧迫的进程进入就绪队列,也不允许强行剥夺已经分配给该进程的处理机,正在执行的进程继续执行,直到该进程完成或者时间片用完或者因等待某个事件发生而阻塞,才把处理机让出来,分配给更为重要或紧迫的进程。

非抢占式的特点是简单、系统开销小,紧急任务到达后不能立即进行处理,实时性差。抢占式具有较高灵活性,紧急任务到达后可以抢占处理机立刻进行处理,但是算法复杂。

进程调度和进程切换是操作系统的核心程序。当CPU空闲或者CPU被抢占时,进程调度要负责调入操作。进程调度通常会在下列情况中发生。

- 正在执行的进程运行完毕正常结束,或者因出现错误而异常结束,CPU空闲。
- 在轮转调度算法中,当前进程的时间片用完,被迫让出CPU。
- 在可抢占调度模式中,比当前优先级更高的进程进入就绪队列,抢占CPU。
- 当前进程因自身原因(等待某个事件发生或者等待外设操作)进入阻塞状态,主动让出CPU。

以上调度时机出现时,CPU处于空闲状态,因此将引起进程调度。进程调度时,系统执行一个软中断指令,进入系统的核心态,进程调度程序开始工作。调度程序依次做以下几件事。

(1) 用专门的指令把当前进程的CPU现场信息(各有关寄存器内容)写入PCB的特定单元,并修改PCB有关内容。

(2) 按照调度算法从就绪队列里选出一个进程进入CPU。

(3) 用专门指令把新进程的现场信息按顺序写入CPU的各寄存器,并修改PCB的有关内容。

当系统中有请求调度的事件发生时,系统运行调度程序去调度新的程序运行,旧程序出去新进程进来,就要进行进程切换。我们把一个进程让出CPU,另一个进程占用CPU的过程叫作"进程切换"、"上下文切换"或"CPU场景切换"。进程切换时必须保存原进程当前切换点(断点)和现场信息。现场信息主要有PC、PSW、通用寄存器、用户和内核栈指针、进程空间的指针等。现场信息使得进程重新被调度时能够从断点处继续执行。显然,进程的切换是需要消耗系统资源的。

切换会在调度后立即发生,但如果当前进程正在中断处理的过程中或进程处于操作系统内核程序的某临界区,这些过程是不能够被中途停止的。强行切换将会导致现场信息丢失或临界资源不能释放等错误。系统会给这些正处于原子过程的进程加上"请求调度”的标记，等到原子过程结束后才进行相应的调度和切换。

进程调度的时机与操作系统的类型和所使用的调度算法有关，进程的切换过程在不同的CPU结构中也不完全相同。

3. 进程调度算法

单CPU操作系统中的多个进程只能轮流使用处理机。因此，如何在进程之间分配处理机的执行时间、用什么策略分配、时间的长短如何等，这些问题都需要在进程调度算法中解决。一个合理的调度算法可以大大改善系统的性能。在设计调度算法时一般要考虑以下问题。

- 公平性：保证每个进程得到合理的CPU时间，避免某些进程长时间不能投入运行。
- 高效性：使CPU保持忙碌状态，总是有进程在CPU上运行，以提高CPU的利用率。
- 响应时间：响应时间是进程从建立到第一次被CPU处理的时间，响应时间越短，进程被处理得越“及时”。
- 周转时间：周转时间是进程从建立到运行完成的时间，周转时间包含进程的执行时间（被CPU处理的时间总和）和进程的等待时间（在就绪队列和阻塞队列中排队等待的时间）。周转时间越短，进程执行的速度越快。一个优秀的操作系统应该使所有进程的周转时间尽可能短。
- 加权周转时间：进程执行需要的CPU时间是不同的，一个进程需要的CPU时间越长，其周转时间越长，因此单独采用周转时间不能够完全反应系统执行的效率。因此一般采用加权周转时间来分析操作系统调度的效率。加权周转时间是指进程周转时间与进程运行时间（CPU真正执行的时间）的比值。可见，进程的加权周转时间越大，代表进程生命周期中等待时间相对较长、运行时间相对较短，进程调度的效率越低。
- 吞吐量：指单位时间内处理的进程数量，数量越多，吞吐量越大，系统利用率越高。

以上的原则往往是相互制约的，设计操作系统时难以全部兼顾，常用的进程调度算法有先来先服务、时间片轮转、优先级以及多级队列等。

(1) 先来先服务调度算法

先来先服务调度算法的基本思想是：以到达就绪队列的先后次序为标准来选择占用处理机的进程。一个进程一旦占有处理机，就一直使用下去，直至正常结束或因等待某事件的发生而让出处理机。采用这种算法时，应该这样来管理就绪队列：到达进程的PCB总是排在就绪队列末尾；调度程序总是把CPU分配给就绪队列中的第一个进程使用。如图3-8所示为先来先服务调度算法的示意图。

先来先服务可能是一种最简单的调度算法。从次序的角度看，它对在就绪队列中的任何进程不偏不倚，因此是公平的。但从周转的角度看，对要求CPU时间短的进程或输入/输出请求频繁的进程来讲，就显得不公平。例如，现在就绪队列中依次来了三个进程

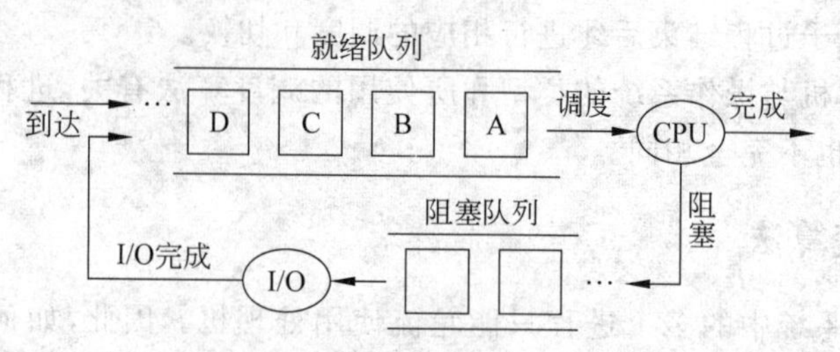

图 3-8 先来先服务调度算法示意图

A、B、C，A 进程需要执行 24ms，B 和 C 各需要执行 3ms。按照先来先服务的顺序，进程 A 先占用处理机，然后是 B，最后是 C。于是 B 要在 24ms 后才能得到执行，C 要在 27ms 后才能得到执行，显然 B 和 C 等待的时间太长。按照这种调度顺序，三个进程的平均等待时间是(0＋24＋27)/3＝17ms。假定换一种调度顺序，比如是 B、C、A，那么它们的平均等待时间是(0＋3＋6)/3＝3ms。

(2) 时间片轮转调度算法

时间片轮转调度算法的基本思想是：为就绪队列中的每一个进程分配一个称为“时间片”的时间段，它是允许一个进程连续执行的最大时间长度。在使用完一个时间片后，即使进程还没有执行完毕，也要强迫其释放处理机，让给另一个进程使用。它自己则返回到就绪队列末尾，排队等待下一次调度的到来。采用这种调度算法时，对就绪队列的管理与先来先服务完全相同。主要区别是进程每次占用处理机的时间由时间片决定，而不是只要占用处理机就一直执行下去，直到执行完毕或为等待某一事件的发生而自动放弃。如图 3-9 所示为时间片轮转调度算法示意图。

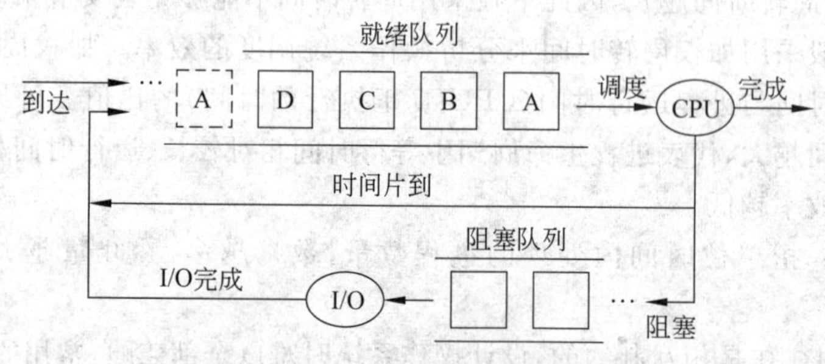

图 3-9 时间片轮转调度算法示意图

时间片轮转调度算法经常用在分时操作系统中，在那里，多个用户通过终端设备与计算机系统进行交互会话。操作系统随时接收用户发来的请求，为其创建进程，进行分时处理。处理完毕后，把结果返回用户，然后撤销相应进程，等待用户下一个请求的到来。

在时间片轮转调度算法中，时间片大小的设定是一个影响系统效率发挥的重要因素。时间片如果设定得太大，大到一个进程足以完成其全部工作所需要的时间，则此时该算法就退化成为先来先服务；若时间片设定得太小，则调度程序的执行频率上升，系统耗费在调度上的时间增加，真正用于执行用户程序的时间就减少。粗略地看，时间片值应略大于大多数分时用户的询问时间。即当一个交互式终端在工作时，给每个进程的时间片值应能使它足以产生一个输入/输出要求为最好。

例 3-3　有一个分时系统，允许10个终端用户同时工作，时间片设定为100ms。若对用户的每一个请求，CPU将耗费300ms的时间进行处理。试问终端用户提出两次请求的时间间隔最少是多少？

解：因为时间片长度是100ms，有10个终端用户同时工作，所以轮流一次需要花费1s。这就是说在1s内，一个用户可以获得100ms的CPU时间。又因为对终端用户的每一次请求，CPU都要耗费300ms进行处理后才能做出应答，于是终端用户要获得3个时间片，才能得到系统做出的回应。所以，终端用户两次请求的时间间隔最少应为3s，在此期间内提出的请求，系统就无暇顾及，不可能予以处理。

(3) 优先级调度算法

优先级调度算法的基本思想是：为系统中的每个进程规定一个优先级，就绪队列中具有最高优先级的进程有优先获得处理机的权利；如果几个进程的优先级相同，则采用先来先服务的方法调度。采用这种调度算法时，就绪队列应该按照进程的优先级大小来排列。新到达就绪队列进程的PCB，应该根据它的优先级插入队列的适当位置。这样，进行调度时，总是把CPU分配给就绪队列中的第1个进程，因为它在当时肯定是队列中优先级最高者。可以从如下几个方面考虑如何确定进程的优先级。

① 根据进程的类型。比如系统中有系统进程和用户进程，系统进程完成的任务是提供系统服务、分配系统资源，应给予较高的优先级，这不仅合乎情理，而且也能够提高系统的工作效率。

② 根据进程执行任务的重要性。每个进程所完成的任务，就其重要性和紧迫性讲，肯定不会完全一样。比如说，系统中处理紧急情况的报警进程的重要性是不言而喻的。赋予报警进程高的优先级，一旦有紧急事件发生时，让它立即占有处理机投入运行，谁也不会提出异议。

③ 根据进程程序的性质。一个CPU繁忙的进程，由于需要占用较长的执行时间，影响系统整体效率的发挥，因此只能给予较低的优先级。一个输入/输出繁忙的进程，给予它较高的优先级后，就能充分发挥CPU和外部设备之间的并行工作能力。

④ 根据对资源的要求。系统资源有处理机、内存和外部设备等。可以按照一个进程所需资源的类型和数量，确定它的优先级。比如给予占用CPU时间短或内存容量少的进程以较高的优先级，这样可以提高系统的吞吐量。

⑤ 根据用户的请求。系统可以根据用户的请求，给予它的作业及其相应进程很高的优先级，作“加急”处理。

进程的优先级可以分为静态和动态两类。所谓静态，指在进程的整个生命期内优先级保持不变。其优点是实现简单，但欠灵活。所谓动态，是指在进程的整个生命期内可随时修正它的优先级别，以适应系统环境和条件的变化。UNIX操作系统就是一个采用动态优先级算法的操作系统。

(4) 多级队列调度算法

多级队列调度算法也称多级反馈队列调度算法，它是时间片调度算法与优先级调度算法的结合。实行这种调度算法时，系统中将维持多个就绪队列，每个就绪队列具有不同的调度级别，可以获得不同长度的时间片，如图3-10所示。第1级就绪队列中进程的调

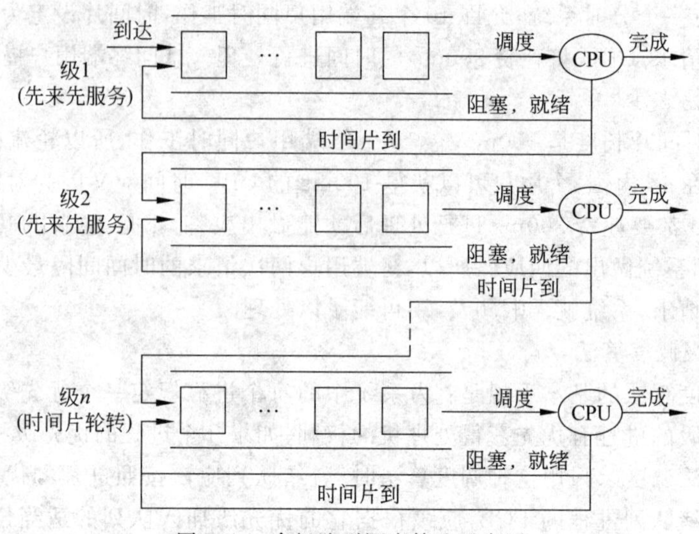

图 3-10　多级队列调度算法示意图

度级别最高，可获得的时间片最短。第 n 级就绪队列中进程的调度级别最低，可获得的时间片最长。

具体的调度方法是：创建一个新进程时，它的 PCB 将进入第 1 级就绪队列的末尾。对于在第 1 级到第 $n-1$ 级队列中的进程，如果在分配给它的时间片内完成了全部工作，那么就撤离系统；如果在时间片没有用完时提出了输入/输出请求或要等待某事件发生，那么就进入相应的阻塞队列里等待。在所等待的事件出现时，仍回到原队列末尾，参与下一轮调度（也就是每个队列实行先来先服务调度算法）；如果用完了时间片还没有完成自己的工作，那么只能放弃对 CPU 的使用，降到低一级队列的末尾，参与那个队列的调度。对位于最后一个队列里的进程，实行时间片轮转调度算法。整个系统最先调度 1 级就绪队列；只有在上一级就绪队列为空时，才去调度下一级队列。比当前进程的级别更高的队列中新到一个进程（可以肯定，在此之前比当前进程级别高的所有队列全为空）时，系统将立即停止执行当前进程，让它回到自己队列的末尾，转去执行级别高的那个进程。

可以看出，多级队列调度算法优先照顾输入/输出繁忙的进程。输入/输出繁忙的进程在获得一点 CPU 时间后就会提出输入/输出请求，因此它们总是被保持在 1、2 级等较前面的队列中，总能获得较多的调度机会。对于 CPU 繁忙的进程，它们需要较长的 CPU 时间，因此会逐渐地由级别高的队列往下降，以获得更多的 CPU 时间，它们“沉”得越深，被调度到的机会就越少。而一旦被调度到，就会获得更多的 CPU 时间，由此可知，多级调度算法采用的是“你要得越多，你就必须等待越久”的原则来分配处理机的。

有人把进程调度程序比作是一个多路开关，通过它把一个 CPU 分配给多个进程使用，产生出有多个逻辑 CPU 的空幻印象，只是每个逻辑 CPU 的执行速度要比真正的物理 CPU 来得慢一些。如图 3-11(a)所示为多个进程竞争一个物理的 CPU；图 3-11(b)表示由于进程调度程序的作用，将一个物理的 CPU 变成多个逻辑的 CPU，造成每个进程都有一个 CPU 使用的空幻印象。

进程调度程序应该具有以下几个方面的主要功能。

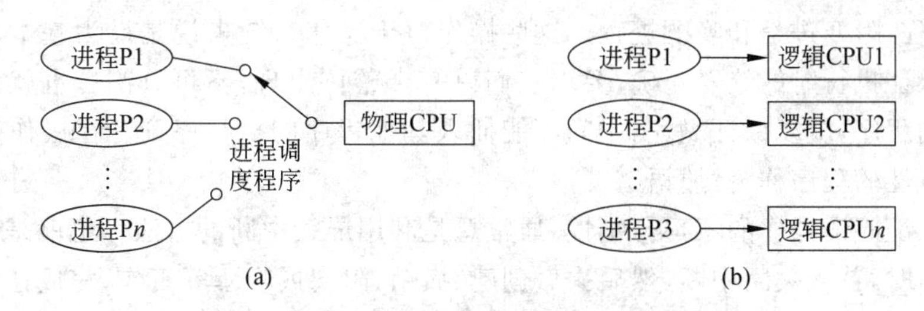

图 3-11　进程调度程序的作用

① 记录系统中所有进程的有关情况，比如进程的当前状态，优先级等。

② 确定分配处理机的算法，这是它的一项主要工作。

③ 完成处理机的分配。要注意，在操作系统中，是进程调度程序实施处理机的具体分配的。

④ 完成处理机的回收。

可以看出，进程调度程序负责具体的处理机分配，完成进程间的切换工作，因此它的执行频率是相当高的，是一个操作系统的真正核心。通常，在发生下述情况时，会引起进程调度程序的工作。

① 一个进程从执行状态变成了阻塞状态(如请求进行输入/输出操作)；

② 一个进程从执行状态变成了就绪状态(如在分时系统中，已经执行满一个时间片)；

③ 一个进程从阻塞状态变成了就绪状态(如等待的输入/输出操作完成)；

④ 一个进程正常执行结束后被撤销。

注意：①、④两种情况肯定会引起进程调度程序工作，它将从就绪队列里选择一个进程占用处理机，完成进程间的切换；②、③两种情况可能会引起进程调度，也可能是继续执行原进程，这与系统所采用的调度算法有关。

从所介绍的几种进程调度算法可以看出，把处理机分配给进程后，还有一个允许它占用多长时间的问题，具体有两种处理方式，一种是不可剥夺(或不可抢占)方式，另一种是剥夺(或抢占)方式。所谓不可剥夺方式，即只能由占用处理机的进程自己自愿放弃处理机。比如进程执行结束，自动归还处理机；或进程由于某种原因被阻塞，暂时无法执行而交出处理机。在进程调度算法中，先来先服务调度算法属于不可剥夺方式。所谓剥夺方式，即当系统中出现某种条件时，就立即从当前执行进程手中抢夺过处理机，重新进行分配。在进程调度算法中，时间片轮转调度算法属于剥夺方式。当一个进程耗费完毕分配给它的一个时间片还没有的结束时，就强抢下它占用的处理机，让它回到就绪队列的末尾，把处理机分配给就绪队列的首进程使用。至于进程调度算法中的优先级调度算法，既可以设计成剥夺方式的，也可以设计成不可剥夺方式的。如果在有比当前运行进程更高级别的进程抵达就绪队列时，为确保它能得到快速地响应，允许它把处理机抢夺过来，那么这就是可剥夺方式的优先级调度算法，否则就是不可剥夺方式的优先级调度算法。

3.3.3　进程的管理

为了对进程进行有效的管理和控制，操作系统要提供若干基本的操作，以便能创建进程、撤销进程、阻塞进程和唤醒进程。这些操作对于操作系统来说是最为基本、最为重要的。为了保证执行时的绝对正确，要求它们以一个整体出现，不可分割。也就是说，一旦启动它们的程序，就要保证做完，中间不能插入其他程序的执行序列。在操作系统中，把具有这种特性的程序称为“原语”。

为了保证原语操作的不可分割性，通常总是利用屏蔽中断的方法。也就是说，在启动它们的程序时，首先关闭中断，然后去做创建、撤销、阻塞或唤醒等工作，完成任务后，再打开中断。下面对这 4 个原语的功能做一简略描述。

1. 创建进程原语

需要时，可以通过调用创建进程原语建立一个新的进程，调用该原语的进程称为父进程，创建的新进程称为子进程。创建进程原语的主要功能有三项。

(1) 为新建进程申请一个进程控制块 PCB。

(2) 将创建者(即父进程)提供的信息填入 PCB 中，比如程序入口地址、优先级等，系统还要给它一个编号，作为它的标识。

(3) 将新建进程设置为就绪状态，并按照所采用的调度算法，把 PCB 排入就绪队列中。

如图 3-12 所示给出了创建进程原语的流程，其中，“屏蔽中断”以及“打开中断”操作是为了保证其不被分割而设置的。屏蔽中断后，这三项任务才能作为一个整体(即原语)一次做完。

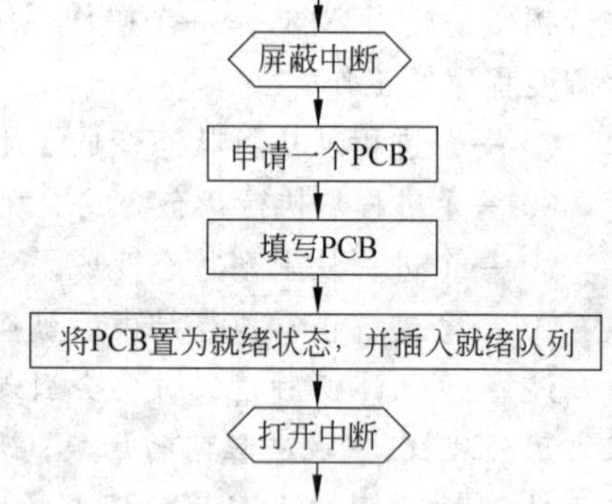

图 3-12　创建进程原语的流程

2. 撤销进程原语

一个进程在完成自己的任务之后，应该及时撤销，以便释放占用的系统资源。撤销进程原语的主要功能是收回该进程占用的资源，将该进程的 PCB 从所在队列里摘下，将 PCB 所占用的存储区归还给系统。可以看到，当创建一个进程时，为它申请一个 PCB；当撤销一个进程时，就收回它的 PCB。正是如此，才表明操作系统确实是通过进程的 PCB 来“感知”一个进程的存在的。

通常，总是由父进程或更上一级的进程(有时称为祖先进程)通过调用撤销进程原语，来完成对进程的撤销工作。

3. 阻塞进程原语

一个进程通过调用阻塞进程原语，或将自己的状态由执行变为阻塞，或将处于就绪的子孙进程改变为阻塞状态。不能通过调用阻塞进程原语，把别的进程族系里的进程加以阻塞。阻塞进程原语的主要功能是将被阻塞进程的现场信息保存到 PCB 中，把状态改为阻塞，然后将其 PCB 排到相应的阻塞队列中。如果被阻塞的是自己，那么调用该原语后，就应该转到进程调度程序去，以便重新分配处理机。

4. 唤醒进程原语

在等待的事件发生后，就要调用唤醒进程原语，以便把某个等待进程从相应的阻塞队列里解放出来，进入就绪队列，重新参与调度。很显然，唤醒进程原语应该和阻塞进程原语配合使用，否则被阻塞的进程将永远无法解除阻塞。

唤醒进程原语的主要功能是在有关事件的阻塞队列中，寻找到被唤醒进程的PCB，把它从队列上摘下，将它的状态由阻塞改为就绪，然后插入就绪队列中排队。

3.4 作业调度

3.4.1 作业与作业管理

1. 作业与作业步

所谓“作业”，是用户要求计算机系统所做的一个计算问题或一次事务处理的完整过程。

为此，用户首先要用某种程序设计语言对计算问题或事务处理编写相应的源程序，准备好初始数据，然后把它们输入计算机中，完成编译、连接与装配等项工作，产生出可以执行的代码，最后投入运行，取得所需要的结果。由此看来，任何一个作业都要经过若干加工步骤之后，才能得到结果。人们称每一个加工步骤为一个“作业步”。

一个作业的各个作业步之间是有联系的。通常，上一个作业步的输出是下一个作业步的输入。下一个作业步能否顺利执行，取决于上一个作业步的结果是否正确。如图3-13所示为一个典型的C语言作业处理过程，具体步骤如下。

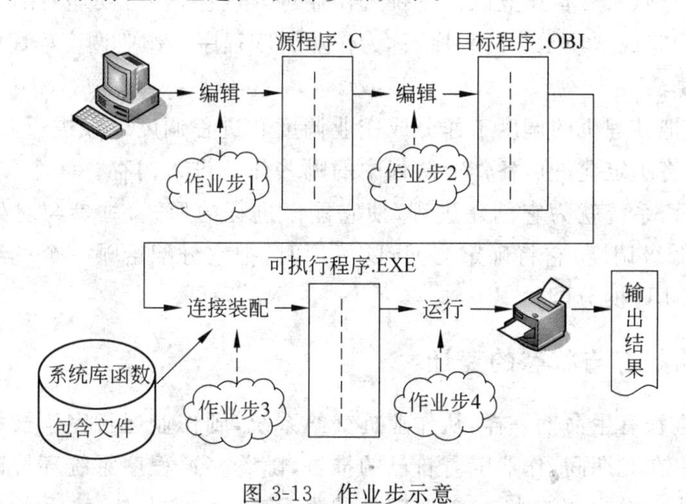

图3-13 作业步示意

(1) 用户通过键盘在编辑程序的支持下建立起以.C为扩展名的源程序。

(2) C 编译程序以该源程序作为输入进行编译,产生出以.OBJ 为扩展名的目标程序。

(3) 连接装配程序以目标程序、系统库函数和包含文件等作为输入,产生一个以.EXE 为扩展名的可执行文件。这个文件才是真正可以投入运行的程序。

2. 作业控制块

创建一个进程时,要开辟一个 PCB,以便随时记录进程的信息。类似地,在把一个作业提交给系统时,系统也要开辟一个作业控制块(Job Control Block,JCB),以便随时记录作业的信息。如表 3-1 所示给出了 JCB 中可能包含的信息,这些信息有的来自作业说明书,有的则会在运行过程中不断发生变化。

表 3-1 作业控制块 JCB 的内容

用户名及作业名	用户名及作业名
作业类别和作业现行状态	作业运行时间(估计)
内存需求量和作业优先数	作业控制块(JCB)指针
外设类型与需求数量	其他
作业提交时间	

被系统接纳的作业,在没有投入运行之前,称为后备作业。这些作业存放在辅助存储器中,并由它们的 JCB 连接在一起,形成所谓的后备作业队列。

在后备作业队列中的作业,并不参与对处理机的竞争,但系统是从它们里面挑选对象去参与对处理机的竞争的。

3. 作业调度

按照某种规则,从后备作业队列中挑选作业进入内存,参与处理机的竞争,这个过程称为作业调度。完成这项工作的程序,称为作业调度程序。作业调度程序中采用的规则,称为作业调度算法。

于是,可以把处理机的调度工作分成作业调度和进程调度二级进行。作业调度也称为高级调度,它将决定允许后备作业队列中的哪些作业进入内存。一个作业被作业调度程序调入内存后,系统就为它创建进程,使它能以进程的形式,去参与对处理机的竞争。进程调度也称低级调度,它将确定当 CPU 可用时,把它分配给哪一个就绪进程使用,并且实际完成对 CPU 的分配。

4. 作业的状态与状态的变迁

犹如一个进程有生命期一样,从作业提交给系统,到作业运行完毕被撤销,就是一个作业的生命期。在此期间,作业随着自己的推进,随着多道程序系统环境的变化,其状态也在发生着变化。它由提交状态变为后备状态,变为运行状态,最后变为完成状态,如图 3-14 所示。

(1) 提交状态:一个作业进入辅助存储器时,称为"提交状态"。这是作业的一个暂

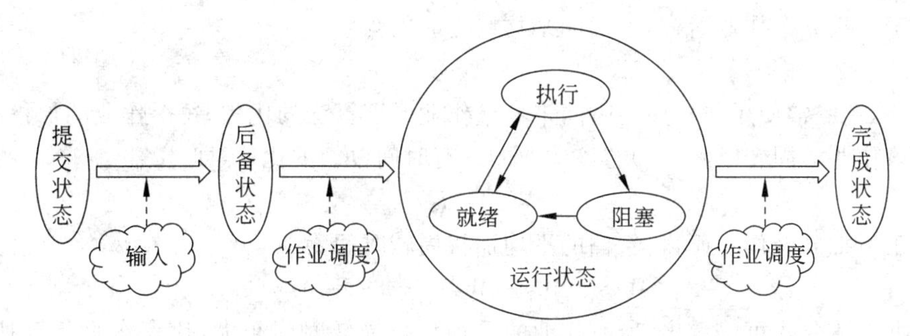

图 3-14 作业的状态与状态的变迁

时性状态。这时，作业的信息还没有全部进入系统，系统也没有为它建立作业控制块JCB，因此根本感知不到它的存在。

(2) 后备状态：该状态也称收容状态。在系统收到一个作业的全部信息后，为它建立起作业控制块 JCB，并将 JCB 排到后备作业队列中。这时，它的状态就成为后备状态，系统可以真实地感知到它的存在，它获得参与处理机竞争的资格。

(3) 运行状态：位于后备作业队列中的作业，一旦被作业调度程序选中，它就进入内存真正参与对 CPU 的竞争，从而使它的状态由后备转为运行。在一个作业呈现运行状态时，即由作业调度阶段进入了进程调度阶段。在此期间，从宏观上看，处于"运行"状态的多个作业都在执行之中；从微观上看，它们都在走走停停，各自以独立的、不可预知的速度向前推进。

(4) 完成状态：作业运行结束后，就处于完成状态。它也是一个暂时性状态。此时，为了撤销该作业，系统正在做着收尾工作，收回所占用的各种资源，撤除作业的 JCB 等。

3.4.2 作业的调度算法

从用户的角度出发，总希望自己的作业提交后能够尽快地被选中，并投入运行。从系统的角度出发，它既要顾及用户的需要，还要考虑系统效率的发挥。这就是说，在确定作业调度算法时，应该注意如下一些问题。

(1) 公平对待后备作业队列中的每一个作业，避免发生无故或无限期地延迟一个作业的执行，使各类用户感到满意。

(2) 使进入内存的多个作业，能均衡地使用系统中的资源，避免出现有的资源没有作业使用，有的资源却被多个作业争抢的"忙闲"不均的情形。

(3) 力争在单位时间内为尽可能多的作业提供服务，提高整个系统的吞吐能力。

在本节，将介绍批处理环境下的作业调度算法，并总是用系统的吞吐能力来判定一个算法的优劣。

在批处理系统中，是使用作业的"周转时间"来描述系统的吞吐能力的。假定作业 i 提交给系统（也就是它成为后备作业队列中的一个成员）的时间为 S_i，其完成（也就是用户得到运行结果）的时间为 W_i。那么该作业的周转时间 T_i 为

$$T_i = W_i - S_i$$

对于一批 n 个作业而言，它们的平均周转时间为

$$T = (T_1 + T_2 + \cdots + T_n)/n$$

另外，还经常使用加权周转时间来衡量作业调度算法的优劣，每个作业的加权周转时间记为该作业的周转时间(T_i)与该作业的运行时间(R_i)的比值，即

$$W_i = T_i/R_i$$

对于一批 n 个作业而言，它们的平均加权周转时间为

$$W = (W_1 + W_2 + \cdots + W_n)/n$$

根据上述公式可以看出，所有作业的平均加权周转时间越大，代表作业运行时，累计等待的时间越长，也就是说这个作业调度算法的效率越低。

1. “先来先服务”作业调度算法

以作业进入后备作业队列的先后次序，作为作业调度程序挑选作业的依据，这就是先来先服务作业调度算法的基本思想。也就是说，哪个作业在后备作业队列中等待的时间最长，下次调度即是选中者。不过要注意，这是以其资源需求能够得到满足为前提的。如果它所需要的资源暂时无法获得，那么它就会被推迟选中，因为只有这样才合乎情理。

例 3-4 在多道程序设计系统中，有 5 个作业，见表 3-2。

表 3-2 多道程序设计系统中的作业

作业	到达时间	所需 CPU 时间	作业	到达时间	所需 CPU 时间
1	10.1	0.7	4	10.6	0.4
2	10.3	0.5	5	10.7	0.2
3	10.5	0.4			

设系统采用先来先服务的作业调度算法和进程调度算法，试求每个作业的周转时间、加权周转时间和它们的平均周转时间、平均加权周转时间(忽略系统调度时间，都没有输入/输出请求)。

解：由于是多道程序设计系统，按照先来先服务的调度算法，作业 1 在 10.1 时被装入内存，并立即投入运行。作业 2 在 10.3 时被装入内存，因为采用的是先来先服务的调度算法，所以作业 2 只能等待作业 1 运行完毕后才能投入运行。其余作业以此类推，每个作业必须等待上一个作业执行完毕后才开始执行。表 3-3 中列出了各作业的周转时间和加权周转时间。

表 3-3 各作业的周转时间和加权周转时间

作业	到达时间	所需 CPU 时间	完成时间	周转时间	加权周转时间
1	10.1	0.7	10.8	0.7	1
2	10.3	0.5	11.3	1	2
3	10.5	0.4	11.7	1.2	3
4	10.6	0.4	12.1	1.5	3.75
5	10.7	0.2	12.3	1.6	8

系统作业的平均周转时间为

$$(0.7+1.0+1.2+1.5+1.6)/5=1.2$$

系统作业的平均加权周转时间为

$$(1+2+3+3.75+8)/5=3.55$$

2. “短作业优先”作业调度算法

要求每个用户对自己作业所需耗费的 CPU 时间做一个估计，填写在作业说明书中。作业调度程序工作时，总是从后备作业队列中挑选所需 CPU 时间最少且资源能够得到满足的作业进入内存投入运行，这就是“短作业优先”作业调度算法的基本思想。

例 3-5　有 5 个作业，见表 3-4。

表 3-4　5 个作业

作 业	到达时间	所需 CPU 时间	作 业	到达时间	所需 CPU 时间
1	10.1	0.7	4	10.6	0.4
2	10.3	0.5	5	10.7	0.2
3	10.5	0.4			

它们进入后备作业队列的到达时间如表 3-4 所示（注意，不是同时到达）。采用短作业优先的作业调度算法，求每个作业的周转时间、加权周转时间和它们的平均周转时间、平均加权周转时间（忽略系统调度时间）。

解：按照短作业优先的作业调度算法，因为作业 1 首先到达，最先应该调度作业 1 进入内存运行，它的周转时间 T_1 是 0.7。在它于 CPU 时间 10.8 完成时，作业 2、3、4、5 都已在后备作业队列中等候，此时应按照短作业优先调度的策略进行选择，调度顺序是 5、3、4、2。作业 5 在时刻 10.8 进入内存，运行 0.2 后结束，因此它的周转时间 T_5 =（完成时间－到达时间）＝11.0－10.7＝0.3。作业 5 执行完成时，根据短作业优先原则，应该选择作业 3（注意作业 3 和作业 4 所需 CPU 时间相同时，则采用先来先服务的方式来选择），作业 4 在 11.4 时刻执行完毕，然后调度作业 4，最终调度作业 2。每个作业的完成时间和周转时间如表 3-5 所示。

表 3-5　每个作业的完成时间和周转时间

作业	到达时间	所需 CPU 时间	完成时间	周转时间	加权周转时间
1	10.1	0.7	10.8	0.7	1
2	10.3	0.5	12.3	2	2
3	10.5	0.4	11.4	0.9	2.25
4	10.6	0.4	11.8	1.2	3
5	10.7	0.2	11.0	0.3	1.5

不难算出它们的平均周转时间为 1.02，平均加权周转时间为 1.95。实践证明，如果所有作业“同时”到达后备作业队列，那么采取短作业优先的作业调度算法，会获得最小的平均周转时间。

3. “响应比高者优先”作业调度算法

先来先服务的作业调度算法，重点考虑的是作业在后备作业队列里的等待时间，因此对短作业不利；短作业优先的作业调度算法，重点考虑的是作业所需的 CPU 时间（当然，这个时间是用户自己估计的），因此对长作业不利。“响应比高者优先”的作业调度算法，试图综合这两方面的因素，以便能更好地满足各种用户的需要。

所谓一个作业的响应比，是指该作业已经等待的时间与所需运行时间之比，即：

响应比＝作业已等待时间/所需 CPU 时间

这个比值的分母是一个不变的量，但随着时间的推移，一个作业的“已等待时间”会不断发生变化。显然，同时到达的两个作业中，短作业比较容易获得较高的响应比，这是因为它的分母较小；另一方面，长作业的分母虽然很大，但随着它等待时间的增加，比值也会逐渐上升，从而获得较高的响应比。可见，“响应比高者优先”的作业调度算法，既照顾到了短作业的利益，也照顾到了长作业的利益，是一种折中的作业调度算法。

例 3-6 有 4 个作业，见表 3-6。

表 3-6 4 个作业

作业	到达时间	所需 CPU 时间	作业	到达时间	所需 CPU 时间
1	8.0	2	3	9.0	0.1
2	8.5	0.5	4	9.5	0.2

它们进入后备作业队列的到达时间如表 3-6 所示。采用响应比高者优先的作业调度算法，求每个作业的周转时间、加权周转时间以及它们的平均周转时间和平均加权周转时间（忽略系统调度时间）。

解：开始时（8.0 时刻），后备作业队列中只有作业 1，理所当然地调度它投入运行，它于 CPU 时间 10 完成。开始重新调度时，作业 2、3、4 都已到达后备作业队列。根据响应比高者优先的调度算法，应该计算此时这三个作业各自的响应比。比如对于作业 2，它是 CPU 时间 8.5 到达后备作业队列的，现在是 CPU 时间 10.0，它已经等待了（10.0－8.5）＝1.5。它所需的运行时间是 0.5。此时它的响应比是 1.5/0.5＝3。以此类推，可以计算出此时三个作业各自的已等待时间和响应比，如表 3-7 所示。此时作业 3 有最高的响应比，因此它是第 2 个调度的对象。

表 3-7 三个作业各自的等待时间和响应比

作业	到达时间	所需 CPU 时间	已等待时间	响应比
2	8.5	0.5	1.5	3
3	9.0	0.1	1	10
4	9.5	0.2	0.5	2.5

作业 3 在 CPU 时刻 10.1 运行完毕，作业 2 和作业 4 是参与调度的对象，此时，它们的已等待时间和各自的响应比如表 3-8 所示。可以看出，这次选中的应该是作业 2，因为它的响应比是 3.2。

表 3-8 作业 2 和作业 4 的等待时间和响应比

作 业	到 达 时 间	所需 CPU 时间	已等待时间	响应比
2	8.5	0.5	1.6	3.2
4	9.5	0.2	0.6	3

作业 2 在 CPU 时刻 10.6 完成。最后调度运行的作业是作业 4，它在 CPU 时刻 10.8 完成。于是，这 4 个作业的完成时间和周转时间如表 3-9 所示。

表 3-9 4 个作业的完成时间和周转时间

作 业	到 达 时 间	所需 CPU 时间	完成时间	周转时间	加权周转时间
1	8.0	2	10.0	2	1
2	8.5	0.5	10.6	2.1	4.2
3	9.0	0.1	10.1	1.1	11
4	9.5	0.2	10.8	1.3	6.5

这 4 个作业的平均周转时间为 1.625，平均加权周转时间为 5.675。

3.5 Windows 的进程及其调度

3.5.1 Windows 的进程和线程

1. 线程的概念

以往的操作系统中，把进程视为是一个“具有一定独立功能的程序在一个数据集合上的一次动态的执行过程”。这样的概念体现出进程具有以下两个基本特征。

- 进程是系统进行资源分配的单位。
- 进程是系统进行处理机调度分派的单位。

作为资源分配的单位，一个进程拥有自己的地址空间(其中包括程序、数据、进程控制块)以及诸如打开的文件、使用的信号量等，它们都是属于资源之列。作为调度分派的单位，系统将根据进程的状态和优先级，对处理机实施分配，决定当前运行的对象。

既然进程是一个资源的拥有者，因此在进程的创建、撤销以及状态变迁的诸多过程中，系统都要为此在时间和空间上付出较大的开销。这不仅限制了系统中进程的数目不宜过多，也限制了进程间的切换不能过于频繁。而且这样的结果，同时也就制约了系统进程间并发执行能力的进一步提高。

其实进程的这两个特征彼此之间是独立的。为了提高进程的并发执行程度，减少系统在进程切换时所花费的开销，Windows Server 2008 把这两个特征分开处理，形成不同的实体：让进程只具有“资源拥有者”这个特征，而“调度和运行”这个特征则赋予一个新的实体——线程(Thread)。

在引入线程的操作系统中，线程是进程的一个实体，是进程中实施调度和处理机分派的基本单位。因此，如果把进程理解为是操作系统在逻辑上需要完成的一个任务，那么线程则是完成该任务时可以并发执行的多个子任务。图 3-15 给出了进程和线程之间的各种关系。

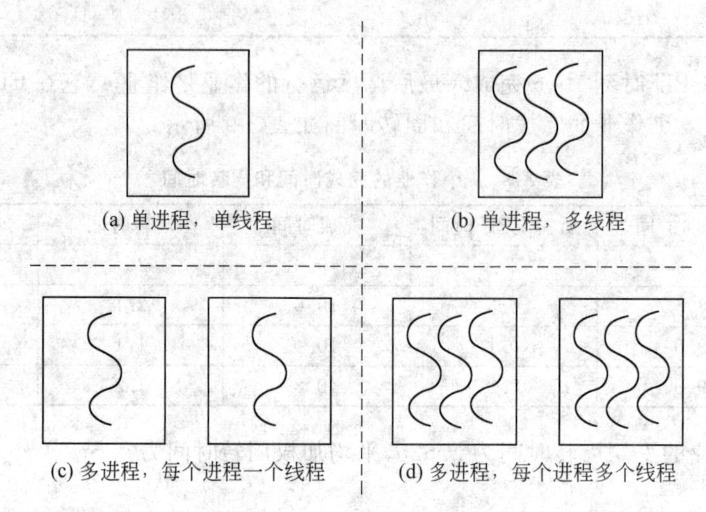

图 3-15　进程和线程的关系示意

图 3-15(a)表示单进程(方框)且进程里只有一个线程(曲线)的情形。有了线程概念后，就可以把原来的进程概念理解为这种只有一个线程的进程情形。图 3-15(b)表示单进程、多线程的情形。这时，进程里的三个线程在共享进程资源的基础上并发执行。因此，在它们之间进行调度切换时，无须跳出进程的地址空间，节省了系统在时间和空间上的开销。图 3-15(c)表示多进程、每个进程只有一个线程的情形，这实际上退化为进程并发执行时的情形。图 3-15(d)表示多进程、每个进程多个线程的情形。这时，系统在进程间切换，仍然要很多开销；但在同一进程的线程之间切换，就可以节省很多系统的开销。

2. Windows Server 2008 的进程和线程

引入了线程后，系统中既有进程控制块也有线程控制块，它们分别描述了进程和线程应有的一些基本属性。

Windows Server 2008 进程控制块(EPROCESS)里的基本内容如下。

(1) 进程的 ID：它是该进程在操作系统中的唯一标识。

(2) 安全描述符：记录谁是进程的创建者，谁可以访问和使用该进程。

(3) 基本优先级：进程中线程的基本优先级。

(4) 内存管理信息。

(5) 执行时间：进程中所有线程已经执行的时间总量。

(6) 进程环境块(PEB)。

(7) 链接指针：指向下一个进程控制块。

Windows Server 2008 线程控制块里的基本内容如下。

(1) 线程的 ID：当线程调用一个服务程序时，用来唯一标识该线程。

(2) 动态优先级：记录任何时刻线程的执行优先级。

(3) 线程环境块(TEB)。

(4) 指向线程所属进程的 EPROCESS 的指针。

(5) 线程类别(是客户线程还是服务器线程)。

(6) 执行时间：本线程执行时间总计。

(7) I/O 信息。

由进程和线程控制块的信息可知，系统中的各个进程控制块，可以通过控制块里的"链接指针"，形成各种进程管理队列。而线程可以通过"指向线程所属进程的 EPROCESS 的指针"，知道它是属于哪个进程的线程。

3. Windows Server 2008 线程的状态及状态变迁

一个进程在 Windows Server 2008 里，仍然只有就绪、运行、等待(阻塞)三种基本状态，但线程则有六种可能的状态：就绪、备用、运行、等待、转换和终止，如图 3-16 所示。

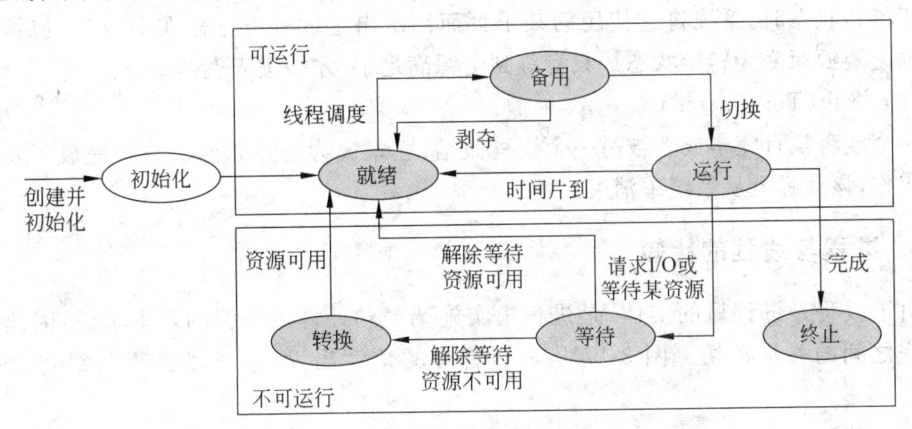

图 3-16 Windows Server 2008 线程的状态及其变迁

当使用系统调用 Create_Thread()创建一个线程时，该线程处于"初始化"阶段。由于这个线程实际上还不存在，因此这里不把"初始化"作为一个线程的状态。一旦创建并初始化完毕，线程被系统所接纳，其状态为就绪。

(1) 就绪(Ready)

具有这种状态的线程，已经获得除了处理机以外所需的资源，因此可以被调度执行。Windows Server 2008 微内核的处理机分派程序跟踪系统里的所有就绪线程，并按照优先级顺序对它们进行调度。

(2) 备用(Standby)

绝大多数现代计算机系统都属于单处理器系统，即只有一个 CPU。但是，Windows Server 2008 支持对称多处理器系统(SMP)，即该系统具有多个处理器，它们都运行同一个操作系统的复制，这些复制根据需要可以互相通信。一个线程为备用状态，即它已经被选定为下一次在 SMP 的一个特定的处理器上运行。该线程在这个状态等待，直到那个处理器可用。如果备用线程的优先级足够高，正在那个处理器上运行的线程可能被备用线程抢占。否则,备用线程要等到正在运行的线程被阻塞或结束其时间片。SMP 中的每一个处理器上只能有一个备用线程。

(3) 运行(Running)

拥有处理器的线程,处于运行状态。一旦微内核实行进程或线程的切换,备用线程就进入运行状态并开始执行。执行过程将一直持续到处理器被剥夺、时间片结束、请求 I/O 或等待某资源被阻塞、终止等情况之一出现。在前两种情况下,该线程将回到就绪状态。

(4) 等待(Waiting)

一个运行状态的线程,因为某一事件(如 I/O)而被阻塞,则进入等待状态。当等待的条件得到满足且它所需要的资源都可用时,就转为就绪状态。

(5) 转换(Transition)

处于等待状态的线程,当等待的条件得到满足但它所需要的资源此时不可用时,就转为转换状态。当该资源可用时,线程就由转换状态变为就绪状态。比如,某线程为了 I/O 而处于等待状态时,系统将它使用的某个页面淘汰出了内存。这样在 I/O 完成后,线程就因缺乏资源而变为转换状态。只有等到资源满足了,才能进入就绪状态。

(6) 终止(Terminated)

一个线程执行完毕或者被另一个线程撤销,它就成为终止状态。一旦完成了善后的辅助工作,该线程就从系统中消失。

4. 进程与线程的比较

由于线程是进程里的实体,是进程中实施调度和处理机分派的基本单位,因此进程与线程之间的关系密切。图 3-17 从进程管理的角度出发,描述了进程与线程之间的区别。

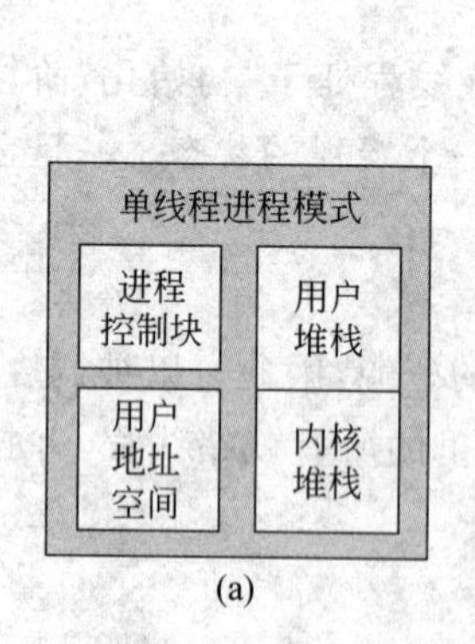

(a)

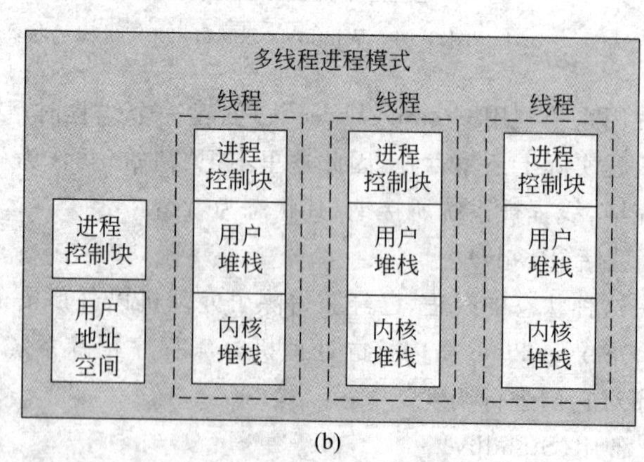

(b)

图 3-17　进程与线程间的比较

在图 3-17(a)的单线程进程模式里,与进程有关的是进程控制块和用户的虚拟地址空间;与线程有关的是用户堆栈和内核堆栈。当运行在用户空间时,利用用户堆栈记录和保护运行环境(比如各种硬件的寄存器内容)。如果运行在内核空间,则用内核堆栈记录和保护运行环境。

在图3-17(b)的多线程进程模式里，与进程有关的仍然是进程控制块和用户的虚拟地址空间；各个线程都有自己的用户堆栈和内核堆栈，以便各自运行。如果运行在用户空间，则用自己的用户堆栈记录和保护运行环境；如果运行在内核空间，则用自己的内核堆栈记录和保护运行环境。

由此可以看出，进程和线程间有如下的三点不同。

(1) 地址空间

不同进程的地址空间是相互独立的，同一进程的各个线程共享同一个地址空间。因此，进程中的线程不可能被另一个进程所看见。

(2) 通信关系

不同进程间的通信，必须使用操作系统提供的进程通信机制。同一进程的各个线程间的通信，可以直接通过访问共享的进程地址空间来实现。

(3) 调度切换

不同进程间的调度切换，系统要花费很大的开销(比如，要从这个地址空间转到那个地址空间)。同一进程的线程间的切换，无须转换地址空间，显然会减少很多的系统开销。

3.5.2 Windows Server 2008的线程调度

Windows Server 2008处理机调度的对象是线程，进程只是以资源和运行环境提供者的身份出现。Windows Server 2008实施的是一个基于优先级的、抢占式的多处理机调度策略。调度时，只是针对线程队列进行，并不去考虑被调度线程属于哪一个进程。通常，一个线程可以安排在任何可用的处理机上运行，但也可以限制(或要求)只在指定的处理机(称为"亲和处理机")上运行。

在系统运行的过程中，以下四种情况会引起对线程的调度。

- 一个线程进入就绪状态。
- 一个线程运行的时间片结束。
- 一个线程的优先级被改变。
- 一个运行线程改变它对亲和处理机的要求。

1. Windows Server 2008进程的优先级

在Windows Server 2008里，进程可以有四种优先级：实时(Real-Time)、高(High)、普通(Normal)以及空闲(Idle)。这四种优先级的默认取值是24、13、7(或9)、4。

(1) 实时优先级主要适用于核心态的系统进程，它们执行着存储器管理、高速缓存管理、本地和网络文件系统，甚至设备驱动程序等。很显然，它们所执行的任务重要，必须具有高的优先级。注意，这里提及的"实时"，与实时操作系统没有任何关系。

(2) 高优先级是为一些必须及时得到响应的进程设置的。比如Task manager就是以高优先级运行的。即一旦用户按Ctrl+Esc组合键，或用鼠标单击屏幕左下方的"开始"按钮，系统就要立即将它唤醒，抢占CPU执行。

（3）用户进程创建时，都被默认赋予普通优先级。Windows Server 2008 根据进程是在前台还是后台运行，给予 9 或 7 的优先级。系统运行中进行进程切换时，如果激活的是一个普通进程，并且是从后台变为前台，那么它的优先级就由 7 升为 9，新成为后台的进程由 9 降为 7。这样做的原因是让前台进程有较高的优先级，它就能够更容易响应用户的操作。

（4）空闲优先级是专为系统空闲时运行的进程设置的。比如执行屏幕保护程序的进程，就是一个典型的例子。在大多数情况下，屏幕保护程序只是简单地监视用户的操作。一旦用户在规定的时间内没有操作计算机，它就会立即投入执行，开始对屏幕进行保护。因此，具有空闲优先级的进程，是那些在计算机无事可做时才去做的进程的优先级。

2. Windows Server 2008 线程的优先级

在 Windows Server 2008 里，一旦线程被创建，它就取所属进程的优先级。Windows Server 2008 线程的优先级，可以取 0～31 的值，如图 3-18 所示。它们被分为三个部分。

（1）16 个实时线程优先级（16～31）。

（2）15 个可变线程优先级（1～15）。

（3）1 个系统线程优先级（0）。

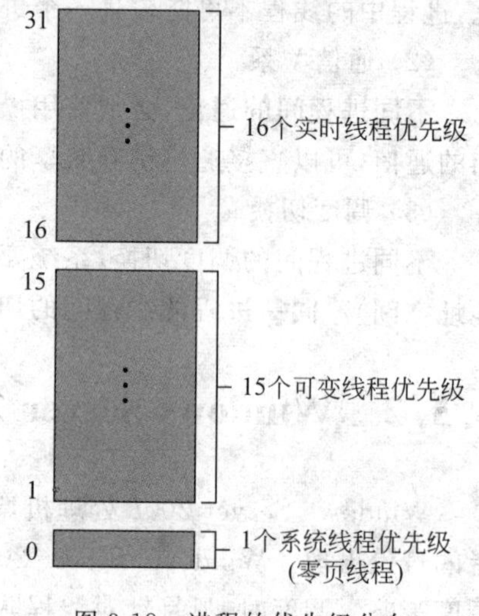

图 3-18　进程的优先级分布

Windows Server 2008 的许多重要内核线程都运行在实时优先级上。在应用程序中，用户可以在一定范围内升高或降低线程的优先级。但只有当用户具有升高线程优先级的权限时，才能把一个线程的优先级提升到实时优先级。这是因为如果很多的用户线程具有了实时优先级，那么它们就可能会占用太多的运行时间，就可能会影响到关键系统线程（如存储管理、缓存管理等）功能的执行。

取值为 0 的系统线程，是指那个对系统中空闲物理页面（即物理块）进行清零操作的所谓“零页线程”，其他线程不会取这个优先级。

一个进程只能有单个优先级的取值，因此称其为基本优先级。一个进程里的线程，除了仍然有所属进程的基本优先级外，还有运行时的当前优先级。线程的当前优先级，随占用 CPU 时间的长短等因素，会不断地得到调整（在 1～15 的范围）。但是，Windows Server 2008 是不对实时范围（16～31）内的线程调整优先级的。

3. 线程时间的配额

线程时间的配额，就是所谓的时间片，它不是一个时间的长度值，而是一个配额单位的整数。每个线程都有一个代表本次运行最大时间长度的时间配额。由于 Windows Server 2008 采用的是抢占式调度，因此一个线程有可能在没有用完它的时间配额时，就被其他线程所抢占。

每次产生时钟中断（比如说 15ms），时钟中断服务程序就会从线程的时间配额中减少一个固定的值。一个线程用完自己的时间配额后，系统一方面会判断是否需要降低该线程的优先级，另一方面就去查找是否有其他更高优先级的线程等待运行，并重新开始调度。

线程运行时的时间配额，是由用户在注册时指定的。每个注册项为6个二进制位，分成3个字段："时间配额长度"、"前后台变化"以及"前台线程时间配额的提升"，每个字段各占2位，如图3-19所示。系统根据这三个取值，来决定线程运行时的时间配额。

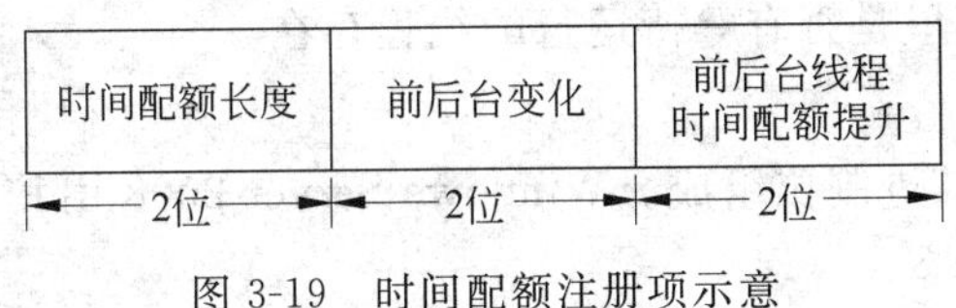

图3-19 时间配额注册项示意

(1) 时间配额长度

取值为1，表示长时间配额；取值为2，表示短时间配额；取值为0或3，表示默认设置(比如规定默认为长时间配额，或规定为短时间配额)。

(2) 前后台变化

取值为1，表示要改变前台线程的时间配额；取值为2，表示前后台线程的时间配额相同；取值为0或3，表示默认设置(比如规定默认为改变前台线程时间配额，或规定为前后台线程的时间配额相同)。

(3) 前后台线程时间配额的提升

该字段只能取值0、1或2，形成对时间配额表的索引(在此不详细说明)。

4. 线程调度的管理

Windows Server 2008用一张所谓的"线程调度器就绪队列"表、一个就绪位图、一个空闲位图来管理有关线程的调度，如图3-20所示。

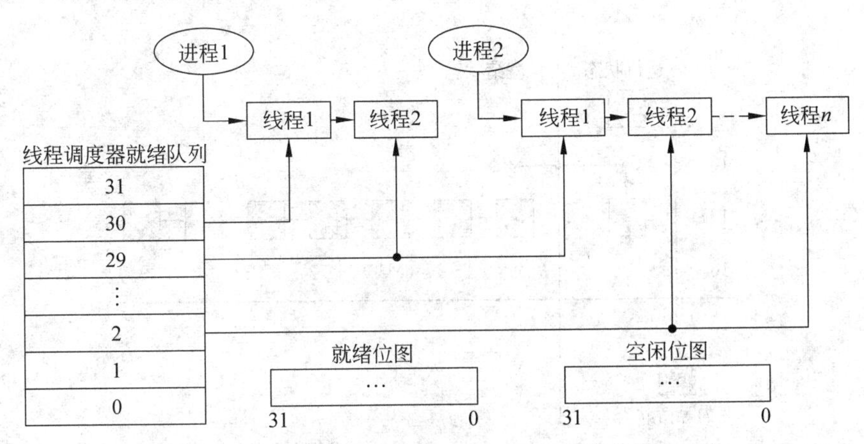

图3-20 Windows Server 2008线程调度的管理

(1) 线程调度器就绪队列表

该表共有32个表项，每个表项按照线程的优先级，维持着一个具有该优先级的线程就绪队列。比如图 3-20 中，进程 1 有两个线程，进程 2 有 n 个线程。由于进程 1 的线程 1 的优先级为 30，因此它排在优先级为 30 的线程就绪队列里；进程 1 的线程 2 和进程 2 的线程 1 的优先级是 29，因此它们都排在优先级为 29 的线程就绪队列里；如此等等。由此可以看出，线程排在哪个就绪队列里，与它属于哪个进程没有关系。

（2）就绪位图

就绪位图由 32 个二进制位组成。Windows Server 2008 用其中每位的取值，记录相应调度优先级就绪队列里是否有等待运行的线程存在。

（3）空闲位图

空闲位图由 32 个二进制位组成。Windows Server 2008 用其中每位的取值指示相应处理器是否处于空闲状态。

在线程调度管理时，设置就绪位图和空闲位图的目的，主要还是提高多处理机系统在线程调度上的速度。

5. 单处理机系统中的线程调度策略

Windows Server 2008 在单处理机系统和多处理机系统中，所实施的线程调度是不同的。单处理机系统中的线程调度策略，是严格基于优先级来确定哪个线程占用处理机，并进入运行状态。多处理机系统中的线程调度，有更多的情况需要考虑，本书不去涉及。

（1）主动切换

由图 3-16 可知，系统中的一个线程，可能会因为等待某一事件、I/O 操作、消息等，自己放弃处理机，进入等待状态。这时，Windows Server 2008 采用主动切换的调度策略，使就绪队列里的第 1 个线程进入运行状态。图 3-21 描述了主动切换时的情景。在那里，标有两个星号“**”的线程，放弃处理机进入等待状态。系统执行主动切换的线程调度策略，将 CPU 分派给具有就绪状态的、标有一个星号“*”的线程，它占用处理机而成为运行状态。

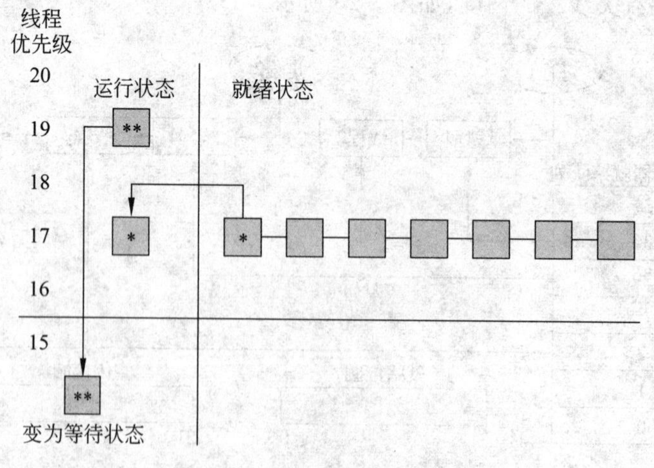

图 3-21　线程的主动切换调度

（2）抢占

当一个高优先级线程由等待变为就绪状态时，正处于运行状态的低优先级线程就被抢占。抢占可能出现在两种情况：一是处于等待状态的高优先级线程，所等待的事件出现；二是一个线程的优先级被提升。在这两种情况下，Windows Server 2008 都将会确定当前运行线程是否继续运行，是否要被高优先级线程所抢占。图 3-22 描述了抢占时的情景。

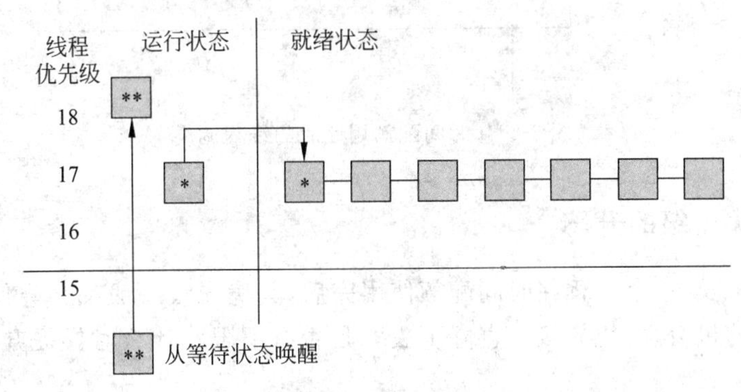

图 3-22　线程的抢占调度

在图 3-22 里，一个优先级为 18 的线程从等待状态被唤醒(标有两个星号"* *")，导致优先级为 16 的当前正在运行的线程(标有一个星号"*")回到自己的就绪队列里。注意，被抢占的线程是排回到原就绪队列的队首，而不是队尾。这样，在抢占线程完成运行后，被抢占的线程有权优先重新得到处理机，它将使用原先剩余的时间配额。

(3) 时间配额用完

当一个处于运行状态的线程用完它的时间配额时，Windows Server 2008 首先要判定是否需要降低该线程的优先级，是否需要调度另一个线程进入运行状态。

如果确定要降低刚用完时间配额的线程的优先级，那么就要让一个新的线程进入运行状态。最合适的对象是那样的线程，它的优先级高于那个刚用完时间配额的新设置优先级的就绪线程。

如果不降低刚用完时间配额的线程的优先级，并且有优先级相同的其他就绪线程存在，那么 Windows Server 2008 就在相同优先级的就绪队列里，选择下一个线程投入运行，刚用完时间配额的线程，则被排到该就绪队列的末尾(分配给它一个新的时间配额，并将它的状态由运行改为就绪)。如果当时没有相同优先级的就绪线程可以运行，那么这个刚用完时间配额的线程将得到一个新的时间配额继续运行。图 3-23 描述了这种调度时的情景。

在图 3-23 里，标有一个星号"*"、优先级为 14 的线程用完了自己的时间配额，系统没有降低它的优先级，在相同优先级的就绪队列里，有其他的就绪线程存在。因此，把这个线程移到该就绪队列的末尾，让队列里标有两个星号"* *"的线程进入运行状态。

(4) 结束

当一个线程在自己的时间配额里运行完毕，那么它的状态就由运行变为终止。这时系统将重新调度另一个就绪线程运行。

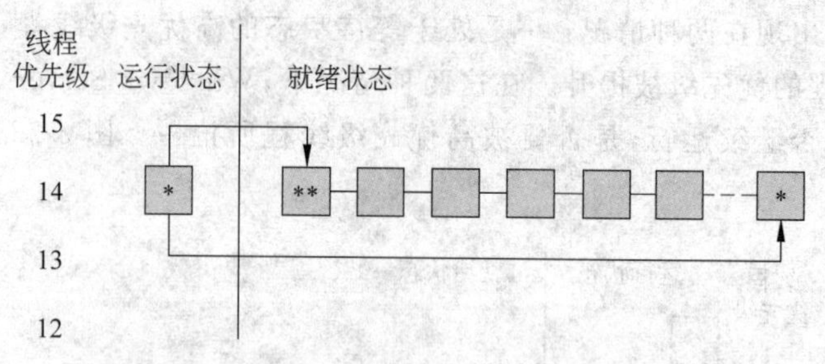

图 3-23　时间配额用完时的线程调度

6. 线程优先级的升降

前面已经提及，一个线程在时间配额使用完后，其优先级一般都会降低(以便给别的线程投入运行的机会)。优先级一直降下去？是否有下限？什么时候提升？这是需要解决的问题。

在下面列出的 5 种情况下，Windows Server 2008 会提升一个线程的当前优先级。

(1) 某 I/O 操作完成后，Windows Server 2008 将提升等待该操作完成的线程的优先级，以使这个线程能够有更多的机会，立即开始处理获得的 I/O 结果。

(2) 所等待的事件或信号量到来后，Windows Server 2008 将提升该线程的优先级，以使受阻塞的线程能够有更多的机会，得到处理机的时间。

(3) 前台线程在等待结束后，Windows Server 2008 将提升该线程的优先级，以使它能有更多的机会进入运行状态，提高交互操作的响应时间。

(4) 图形用户接口线程被唤醒后，Windows Server 2008 将提升该线程的优先级，以便能够提高交互操作的响应时间。

(5) 提高处理机饥饿线程的优先级。所谓"处理机饥饿"，是指在就绪队列里长期等待而一直没有得到运行机会的那种线程。Windows Server 2008 专门有一个系统线程，定时检查是否存在这样的线程(比如，它们在就绪队列里已经超过了 300 个时钟中断间隔，相当 3～4s)。如果有，就把该线程的优先级一下子提升到 15，分配给它长度为正常值两倍的时间配额。在它用完这个时间配额后，其优先级立即衰减到它原来的基本优先级。

线程优先级的提升，是以其基本优先级为基点的，而不是基于线程的当前优先级。如图 3-24 所示，在等待结束后，一个线程的优先级得到提升。之后，只运行一个时间配额。一个时间配额用完后，线程的优先级就会降低一个级差，然后再运行一个时间配额。这样的运行和降低过程不断地进行下去，直到它的优先级抵达原来的基本优先级。当然，在这个过程当中，也会产生在时间配额用完前被更高优先级线程抢占的情形。

综上所述，Windows Server 2008 采用的是基于优先级的、可抢占的调度策略来调度线程的。一个线程投入运行后，就会一直运行下去，直到被具有更高优先级的线程所抢占，或者时间配额用完、请求 I/O、终止等情况发生。

在 32 个级别的优先级里，0 级线程用于内存管理，1～15 为可变型线程，16～31 为实时型线程，系统为每个调度优先级维持一个就绪队列。进行调度时，系统从高到低审视队列，直到发现一个可执行的就绪线程。如果没有找到，那么就会去执行空闲线程。

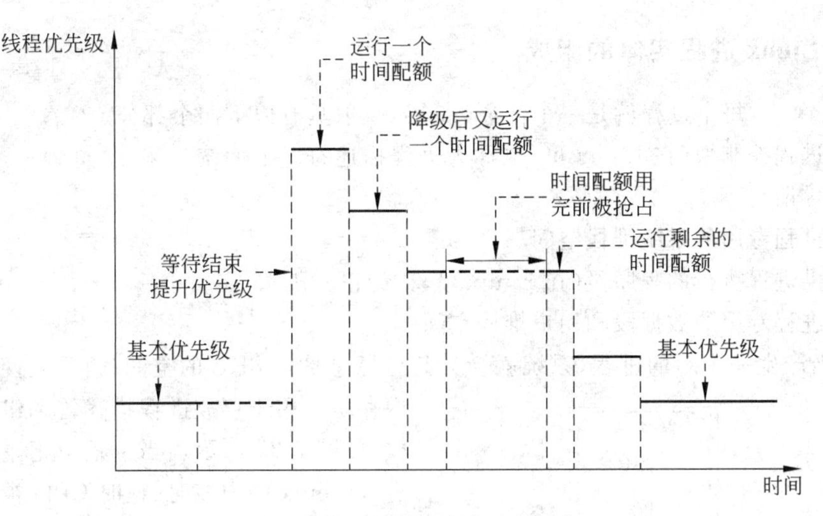

图 3-24　线程优先级升降过程示意

在线程的时间配额用完时，如果它是属于可变型的，那么它的优先级会下降。不过，优先级绝不会降到基本优先级之下。而当可变型线程从等待状态解脱时，其优先级会被提升。这样的降低或提升，会使系统中的各种线程获得更好的服务。但 Windows Server 2008 绝不会提升实时型线程的优先级。

3.6　Linux 的进程及其调度

3.6.1　Linux 的进程

1. Linux 进程的两种运行模式

在 Linux 里，一个进程既可以运行用户程序，又可以运行操作系统程序。当进程运行用户程序时，称其为处于"用户模式"；当进程运行时出现系统调用或中断事件，转而去执行操作系统内核的程序时，称其为处于"核心模式"。因此，进程在核心模式时，是在从事着资源管理以及各种控制活动；在用户模式时，是在操作系统的管理和控制下做自己的工作。

与此相对应，为了确保运行正确，在 Linux 里处理机就具有两种运行状态：核心态和用户态。在核心态，CPU 执行操作系统的程序；在用户态，CPU 执行用户的程序。这两种运行状态，会在一定时机按照需要进行转换。

在 Linux 里，把进程定义为"程序运行的一个实例"。进程一方面竞争并占用系统资源（比如设备和内存），向系统提出各种请求服务；进程另一方面是基本的调度单位，任何时刻只有一个进程在 CPU 上运行。各个进程有确定的生命周期；通过系统调用 fork 命令创建，通过系统调用 exec 命令运行一个新的程序，通过系统调用 exit 命令终止执行。

2. Linux 进程实体的组成

Linux 中,每个进程就是一个任务(task),一般具有以下四个部分。

- 进程控制块(在 Linux 里,也称为进程描述符。下面统一采用“进程描述符”这个称谓)。
- 进程专用的系统堆栈空间。
- 供进程执行的程序段(在 Linux 里,称为正文段)。
- 进程专用的数据段和用户堆栈空间。

每当产生一个新的进程,系统就会为其分配总量是 8KB 的空间(也就是两个连续的内存块),用于存放进程描述符和组成系统堆栈,如图 3-25 所示。当进程由于系统调用而进入 Linux 的内核时(这时 CPU 被切换成核心态),就会使用为其开辟的系统堆栈空间。

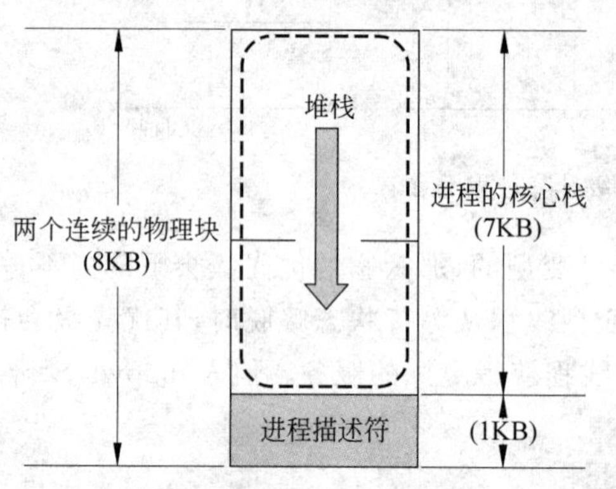

图 3-25　进程描述符和核心栈的存储空间

Linux 在内核存储区里,开辟有一个指针数组 task,它的长度为 nr_tasks(即该数组有 nr_tasks 个元素)。由于是指针数组,所以在数组元素里,存放的是已创建进程的进程描述符所在存储区的地址。也就是说,每一个数组元素,都指向一个已创建进程的进程描述符。因此,通过这个数组,可以找到当前系统中所有进程的进程描述符。通常,NR_TASKS 被定义为 512,即 nr_tasks 这个符号常量,限定了 Linux 中可以同时并行工作的进程数量。这样的管理结构如图 3-26 所示。

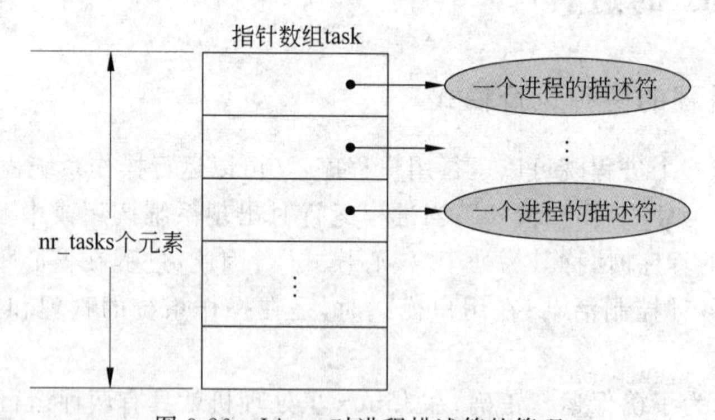

图 3-26　Linux 对进程描述符的管理

3. Linux 的进程控制块——进程描述符

在 Linux 中,进程的进程描述符是一个结构类型的数据结构: task_struct。它虽然很大,但可以把所记录的进程信息分成若干个部分。下面列出几个主要的内容。

- 进程标识(pid): Linux 中的每一个进程都有一个唯一的标识号,它是一个 32 位的无符号整数。

- 进程状态(state)：Linux 中的每一个进程，可以处于五种不同的状态：可运行、可中断，不可中断、暂停以及僵死。
- 进程调度信息：包括调度策略(policy)、优先级别(priority 和 rt_priority)、时间片(counter)等。
- 接收的信号(* signal)。
- 进程家族关系：指明进程与它的父进程及子进程的连接关系。
- 进程队列指针：为了便于管理，Linux 在每一个进程描述符中，都设置了 prev_task(向前指针)和 next_task(向后指针)两个指针字段，将处于同一状态的所有进程用一个双向链表连接在一起，形成一个进程队列。
- CPU 的现场保护区。
- 与文件系统有关的信息。

4. Linux 的进程状态

如上所述，在 Linux 的进程描述符中有专门记录进程所处状态的字段。Linux 的进程可以有五种不同的状态，图 3-27 给出了 Linux 的进程状态，以及状态间的变迁原因。

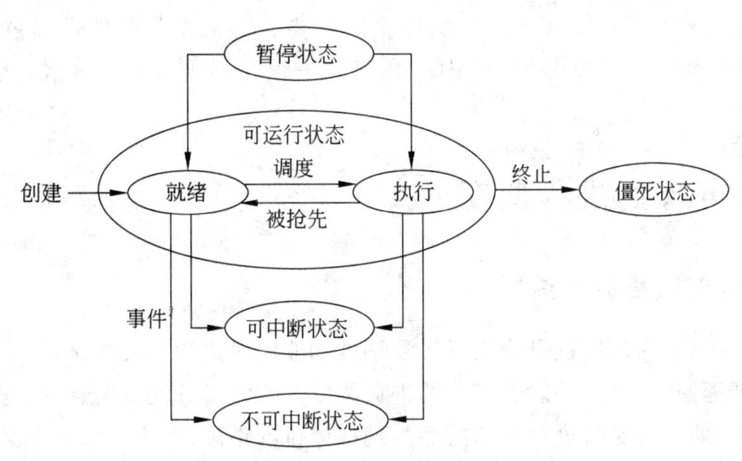

图 3-27　Linux 的进程状态及其变迁

- 可运行状态(TASK_RUNNING)：具有该状态的进程，表明已经做好运行的准备。这个状态实际上包含两个状态，进程要么在 CPU 上运行(为执行状态)，要么已经做好准备，随时可以投入运行(为就绪状态)。
- 可中断状态(TASK_INTERRUPTIBLE)：运行中的进程由于等待某些条件，而处于阻塞状态，直到那些条件出现而将其唤醒。某些条件可以是等待一个 I/O 操作的完成，等待某种资源被释放，或等待一个信号的到来，等等。
- 不可中断状态(TASK_UNINTERRUPTIBLE)：这是另外一种阻塞状态。处于这种状态的进程，表示进程不能被信号中断，而是在等待硬件条件的到来。
- 暂停状态(TASK_STOPPED)：运行进程由于接收到一个信号(比如 SIGSTOP、SIGSTP 等)，执行被暂时停止。处于这种状态的进程，只能由来自另一个进程发来的信号，而改变成就绪状态。

- 僵死状态（TASK_ZOMBIE）：进程已经被终止，正在结束中。

5. 进程的创建与撤销

Linux 中的每个进程，都有一个创建、调度运行、撤销死亡的生命期。在 Linux 系统初启时，自动建立起系统的第一个进程：初始化进程。之后，所有的进程都由它以及它的子孙所创建。因此，Linux 系统中的各个进程，相互之间构成了一个树形的进程族系。

在 Linux 中，除了初始化进程外，其他进程都是用系统调用 fork()和 clone()创建的。调用 fork()和 clone()的进程称为父进程，新创建的就是子进程。创建一个进程时，主要做的事情是在内存中分配一个空间，成为进程描述符（task_struct）和进程的核心栈：将该空间的地址填入指针数组 task 的一个空闲表目中，该数组元素的下标就是该进程的标识（pid）；然后对父进程使用的资源加以复制或共享。

在创建进程时，使用系统调用 fork()和 clone()的区别是，前者是创建的子进程把父进程的所有资源都继承下来，而后者是子进程只是有选择地继承父进程的资源。

创建的子进程要执行自己的程序时，就需要通过系统调用 exec()来完成。

撤销一个进程是系统调用 exit()的事情。它要做的工作是释放进程占用的所有资源；将进程的状态改为 TASK_ZOMBIE。等到把进程的 task_struct 释放，该进程就最终从系统里消失。

3.6.2 Linux 的进程调度

1. Linux 的进程调度类型

在 Linux 中，进程调度被分为实时进程调度和非实时进程调度两种。

非实时进程调度，就是一般意义下的进程调度。实时进程调度的含义，与非实时进程调度有所不同，即参与实时进程调度的那些进程运行的正确性，不仅取决于其程序执行的逻辑结果，还依赖于结果产生的时间。也就是说，实时进程的执行，有一个时间上的最后限定。越过了最后的时间限定，所产生的结果可能就没有意义，也可能导致错误。

2. Linux 进程描述符中与调度有关的字段

如前所述，Linux 进程描述符中，有四个字段与进程调度有关，它们是 policy、priority、rt_priority 和 counter。

- policy：调度策略字段，它的取值规定了对该进程执行什么样的调度策略。
- priority：进程的优先级，指明进程得到 CPU 时，被允许执行时间片的最大值。
- rt_priority：实时进程的优先级。
- counter：时间片计数器，指出进程还可以运行的时间片数。最初，它被赋为 priority。以后每个时钟中断，counter 就减 1。减到 0 时，就会引起新的调度。

在 Linux 中，进程可以通过系统调用 sched_setscheduler()来设定自己所希望使用的调度策略,可以通过系统调用 sys_setpriority()来改变进程的优先级。

3. Linux 的三种进程调度策略

Linux 进程描述符中的 policy 字段,可以取三个值: SCHED_FIFO、SCHED_RR 以及 SCHED_OTHER,下面分别给予说明。

(1) SCHED_FIFO: 实时进程的先进先出调度策略

Linux 的 SCHED_FIFO 调度,与通常的 FIFO(或 FCFS)调度有所区别。通常的 FIFO 是一种非抢占式的调度策略,即一旦 CPU 被分配给某个进程,该进程就会保持占用 CPU,直到释放(程序执行终止或请求 I/O 等)为止。但 Linux 的 SCHED_FIFO 调度,是一种抢占式的调度策略。原则上,在把 CPU 分配给一个进程之后,该进程就会保持占用 CPU,直到释放为止。但如果在此期间内,有另外一个具有更高优先级(即 rt_priority)的 FIFO 进程就绪,那么就允许它把 CPU 抢夺过来投入运行。如果有多个进程都具有最高优先级,那么就选择其中等待时间最长的进程投入运行。

于是,Linux 里的 SCHED_FIFO 调度策略,适合实时进程,它们对时间性的要求较强,每次运行所需要的时间却较短。

(2) SCHED_RR: 实时进程的轮转调度

Linux 的 SCHED_RR 调度,也与通常的 RR 调度有所区别。通常的 RR 调度,定义一个时间片,并为就绪队列里的每一个进程,分配一个不得超过一个时间片间隔的 CPU 时间。但 Linux 的 SCHED_RR 调度,是一种抢占式的调度策略。分配给进程一个时间片后,如果在此期间,有另外一个更高优先级的 RR 进程就绪,那么就允许它抢夺过 CPU 投入运行。如果有多个进程都具有最高优先级,那么就选择其中等待时间最长的进程投入运行。可见,Linux 的 SCHED_RR 调度策略,适合于每次运行需要时间较长的实时进程。

图 3-28 给出了 Linux 中 SCHED_FIFO 和 SCHED_RR 的区别。假定四个进程 A、B、C、D,它们的优先级如图 3-28(a)所示,并都做好了运行的准备。又假定一个进程运行时,不会有更高优先级的进程到来,也不会有任何事件请求等待。图 3-28(b)给出了实施 SCHED_FIFO 调度策略时的进程调度顺序。开始调度时,由于 D 的优先级最高,因此它最先投入运行,并直到终止。接着,应该运行进程 B,因为尽管 B 和 C 有相同的优先级,但 B 在系统中的等待时间比 C 长(它排在前面)。B 运行结束后,调度进程 C 运行,最后是运行进程 A。

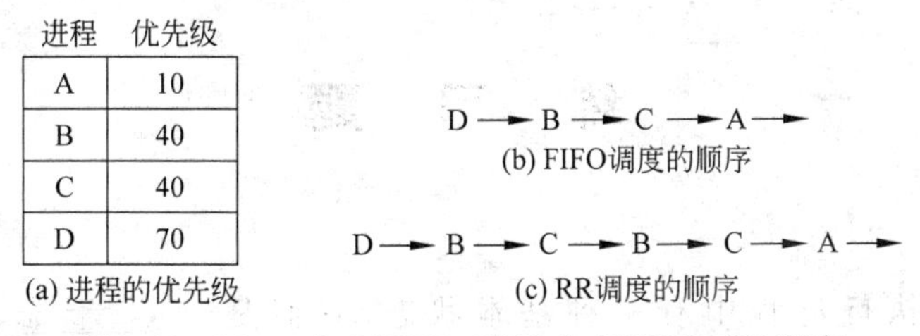

图 3-28 Linux 中 SCHED_FIFO 和 SCHED_RR 调度

图 3-28(c)给出了实施 SCHED_RR 调度策略时的进程调度顺序。首先当然是运行进程 D,它在运行一个时间片后回到就绪队列。但因为它的优先级总是最高,因此仍然调度它运行,并直至结束。接下来,进程 B 和 C 有相同的优先级,因此它们一个时间片一个时间片地轮转执行(图中表示它们各自都只要两个时间片),直到运行结束,最后运行进程 A。

(3) SCHED_OTHER:非实时进程的轮转调度

SCHED_OTHER 是基于动态优先级的轮转调度策略,它适合于交互式的分时应用。在这种调度策略里,进程的动态优先级是用所谓的优先数来表示的:优先数越小,相应的优先级越高。操作系统用两种方法来改变进程的优先数(从而改变优先级)。

- 对于核心态进程,系统根据进程等待事件的紧急程度,为它设置一个小的优先数,以便它进入就绪队列时,能有一个较高的优先级,得到优先调度。
- 对于用户态进程,系统将定时重新计算每个进程的优先数。计算方法有赖于一个进程的原始优先数,也有赖于它已经使用 CPU 的历史情况。

4. Linux 的等待队列

正在运行的进程,可以因为某种原因而转入可中断及不可中断的两种状态。当所要求的事件发生时,进程才被解除等待唤醒。在处理各种等待时,Linux 把等待队列和所等待的事件联系在一起。需要等待事件的进程,根据等待的事件进入不同的等待队列。为了构成一个等待队列,要用到 wait_queue 结构。该结构很简单,如图 3-29 所示,包含如下的两个内容。

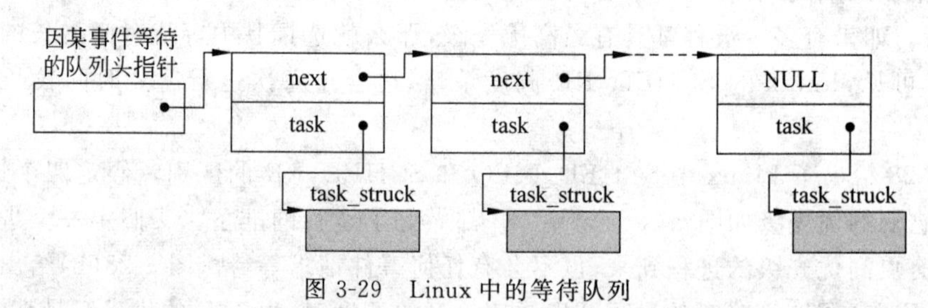

图 3-29　Linux 中的等待队列

(1) next:指向下一个 wait_queue 节点。因此,Linux 里面的每一个等待队列都是由 next 链接而成的单链表。

(2) task:指向进程 task_struct 结构的指针。

练　习　题

一、填空题

1. 进程在执行过程中有三种基本状态,它们是________态、________态和________态。

2. 系统中一个进程由________、________和________三部分组成。

3. 在多道程序设计系统中,进程是一个________的概念,程序是一个________的概念。

4. 在一个单CPU的系统中,若有5个用户进程,假设当前系统为用户态,则处于就绪状态的用户进程最多有________个,最少有________个。

5. 总的来说,进程调度有两种方式,即________方式和________方式。

6. 进程调度程序具体负责________的分配。

7. 为了使系统的各种资源得到均衡的使用,在进行作业调度时,应该注意________作业的________作业的搭配。

8. 所谓系统调用,就是用户程序要调用________提供的一些子功能。

9. 作业被系统接纳后到运行完毕,一般要经过________、________和________三个阶段。

10. 假定一个系统中的所有作业同时到达,那么使作业的平均周转时间最小的作业调度算法是________。

二、选择题

1. 在进程管理中,当(　　)时,进程从阻塞状态变为就需状态。

A. 进程被调度程序选中　　B. 进程等待某一事件发生
C. 等待的事件出现　　D. 时间片结束

2. 在分时系统中,一个进程用完给它的时间片后,其状态变为(　　)。

A. 就绪　　B. 等待　　C. 运行　　D. 由用户设定

3. 下面对进程的描述中,错误的是(　　)。

A. 进程是动态的概念　　B. 进程的执行需要处理机
C. 进程需要声明周期　　D. 进程是指令的集合

4. 操作系统通过(　　)对进程进行管理。

A. JCB　　B. PCB　　C. DCT　　D. FCB

5. 一个进程被唤醒,意味着该进程(　　)。

A. 重新占有CPU　　B. 优先级变为最大
C. 移动到等待队列之首　　D. 变为就绪状态

6. 由各作业的JCB所形成的队列称为(　　)。

A. 就绪作业队列　　B. 阻塞作业队列
C. 后备作业队列　　D. 运行作业队列

7. 既考虑作业的等待时间,又考虑作业的执行时间的作业调度算法是(　　)。

A. 响应比高者优先　　B. 响应时间
C. 优先级调度　　D. 先来先服务

8. 作业调度程序从处于(　　)状态的队列中选取适当的作业投入运行。

A. 就绪　　B. 提交　　C. 等待　　D. 后备

9. (　　)是指从作业提交系统到完成之间的时间间隔。

A. 周转时间　　B. 响应时间　　C. 等待时间　　D. 运行时间

三、简答题

1. 在多道程序设计系统中,如何理解"内存中的多个程序的执行过程交织在一起,都在走走停停”这样一个现象？

2. 什么是“原语”？

3. 处于阻塞状态的一个进程，它所等待的事件发生时，就把它的状态由阻塞状态改为就绪状态，让它到就绪队列中排队，为什么不直接把它投入运行呢？

4. 系统中的各种进程队列都是由进程的 PCB 连接而成的，当一个进程的状态从阻塞变为就绪时，它的 PCB 应该从什么队列移动到什么队列？它所对应的程序和数据也需要这样移来移去吗？为什么？

5. 为什么说响应比高者优先的作业调度算法是对先来先服务以及短作业优先这两种调度算法的折中？

四、计算题

1. 有 3 个作业，见表 3-10。

表 3-10　3 个作业

作　业　号	到 达 时 间	所需 CPU 时间
1	0.0	4
2	0.4	2
3	1.0	1

分别采用先来先服务和短作业优先作业调度算法，试问它们的平均周转时间和平均加权周转时间各是什么？能否给出一个更好的调度算法，使平均周转时间优于这两种调度算法？

2. 设有一组作业，它们的到达时间和所需要的 CPU 运行时间如表 3-11 所示。

表 3-11　一组作业的到达时间和 CPU 运行时间

作业号	到达时间	所需 CPU 时间	作业号	到达时间	所需 CPU 时间
1	9.0	1.1	3	9.6	0.1
2	9.5	0.5	4	10.1	0.2

分别采用先来先服务和多作业优先的作业调度算法，试问它们的调度顺序、作业的周转时间和平均周转时间、平均加权周转时间各是什么？

3. 某系统有 3 个作业，见表 3-12。

表 3-12　3 个作业的到达时间和所需 CPU 时间

作　业　号	到 达 时 间	所需 CPU 时间
1	8.8	1.5
2	9.0	0.4
3	9.5	1.0

系统在确定它们全部到达后，开始采用响应比高者优先的调度算法，并忽略系统调度时间。试问对它们的调度顺序是什么？各自的周转时间是多少？

第 4 章　进程间的制约关系

通过第 3 章的学习，了解到多道程序设计系统中进程的并发执行提高了资源的利用率和系统的吞吐量。但是如果不能有效协调各个并发进程间的关系，会导致执行结果出错，给系统带来混乱。当多个进程竞争有限的系统资源时，若系统分配不当，可能会出现死锁，即若干进程由于相互等待已被对方占用的资源而陷入一种僵持状态，各进程都不能继续向前推进。可见，并发进程间存在着制约关系。

进程间存在哪些制约关系？这些制约关系是如何产生的？为了保证进程的正确执行，需要怎样处理这些关系？死锁是如何产生的？如何避免死锁？这些正是本章要解决的主要问题。

本章将分析进程间的两种制约关系——互斥和同步，并引入了信号量，P、V 操作，死锁和进程通信等重要概念。重点阐述如何利用信号量上的 P、V 操作来协调进程间的制约关系，如何检测、预防、避免死锁。

本章学习要点

- 互斥、同步。
- 信号量及信号量上的 P、V 操作。
- 死锁产生的原因以及解决方法。
- 进程间的高级通信。

4.1　进程间的制约关系

通过第 3 章的学习已经知道多道程序设计系统中同时运行的进程通常有多个，进程的并发执行提高了系统的资源利用率，但是也打破了程序执行结果的再现性。在相同的条件下，两次执行的结果可能不同。下面先看一个例子。

例 4-1　如图 4-1 所示，设有写进程 W 和读进程 R 对同一缓冲区进行操作，缓冲区恰好能存放一条记录。写进程负责将 n 个记录依次写入缓冲区中，读进程负责从缓冲区中依次读出 n 个记录。用 W_i、R_i 分别表示写入、读出第 i 个记录的操作。

由于进程的并发执行，各进程何时占有处理机、占有时间的长短等都不可预测。所以可能会出现以下几种执行情况。

(1) $W_i \rightarrow R_i \rightarrow W_{i+1} \rightarrow R_{i+1}$，对于每一条记录，先执行写，将其放入缓冲区，后执行读，

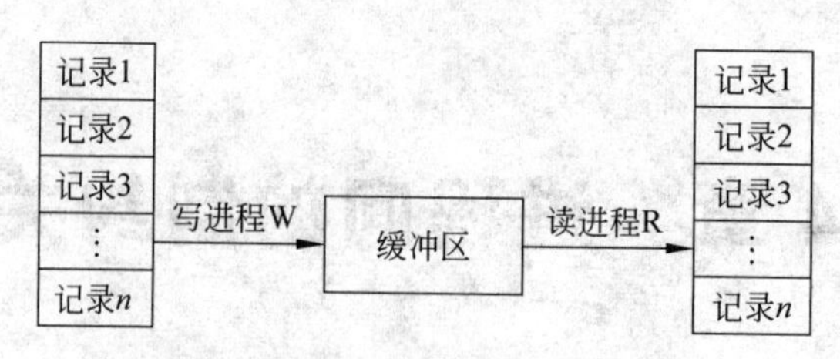

图 4-1　对同一缓冲区进行读写操作

从缓冲区中读出，依次完成对 n 个记录的读写操作。

(2) $W_i \to W_{i+1} \to R_{i+1}$，写进程比读进程执行得快，写操作覆盖了还没来得及读出的记录 i，丢失了记录 i，如图 4-2(a)所示。

(3) $W_i \to R_i \to R_i$，读进程比写进程执行得快，在写进程还未写入新记录时又读了一次记录 i，该记录被读了 2 次，如图 4-2(b)所示。

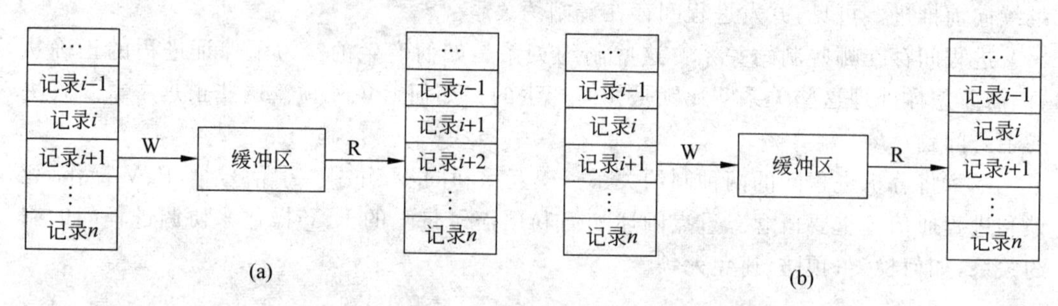

图 4-2　读写不当导致错误

显然，顺序(1)的执行结果是正确的，其他两种顺序的结果是不正确的，这是由进程 W、R 的推进顺序不当引起的。这两个进程必须协同工作，才能得到正确结果。它们之间的这种制约关系称为同步。

人们有这样的常识：不允许 2 个或 2 个以上的进程同时对同一个文件进行修改，否则会导致丢失部分修改内容。比如，进程 A 要修改文件 myfile 的第一段，进程 B 要修改文件 myfile 的最后一段。显然，进程 A 和进程 B 谁先修改谁后修改都没有关系，关键是它们两个不能同时修改。也就是说，当一个进程修改文件还没有完成时，不允许另一个进程使用该文件，即它们对文件 myfile 的使用必须保持“互斥”。可见，由于对共享资源的争夺，导致了进程间的另一种制约关系——互斥。

下面用两小节介绍进程间的这两种制约关系。

4.1.1　进程同步

多个相互合作的进程在一些关键点上可能需要互相等待或互相交换信息。一个进程运行到某一点时，除非合作进程已经完成了某种操作或发来了信息，否则就必须暂时等待那些操作的完成或信息的到来，进程间的这种关系称为同步。暂停等待以取得同步的那一点，称为同步点，需要等待的由其他进程完成的操作或发送的信息，称为同步条件。

进程间的同步关系是进程之间由于协同工作而产生的一种直接制约关系。在例4-1中，当进程W还没有把记录写入缓冲区之前，进程R不能读缓冲区；只有当进程W把记录写入缓冲区后，进程R才能读缓冲区。同样地，在进程R还没有把记录读出之前，进程W不能把下一个记录写入缓冲区；只有当进程R把缓冲区中的记录读出后，进程W才能把下一个记录写入缓冲区，如图4-3所示。

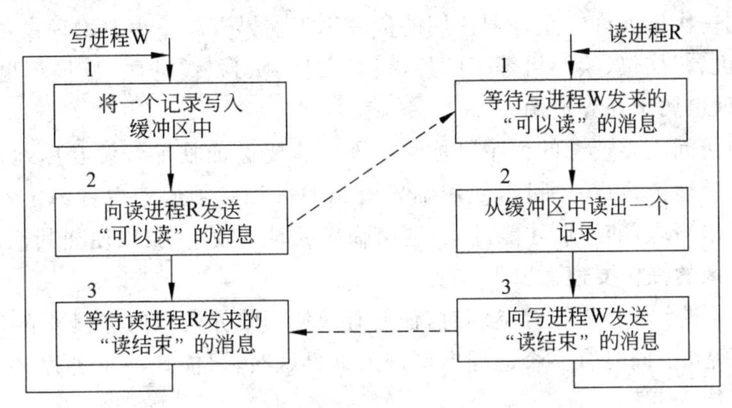

图4-3 写进程W与读进程R之间的同步关系

图4-3中，读进程R中标有1的点，是它要与写进程W取得同步的同步点，写进程W中标有2的点是为读进程R准备同步条件的。同样，写进程W中标有3的点，是它要与读进程R取得同步的同步点，读进程R中标有3的点是为写进程W准备同步条件的。对于写进程W，它将一个记录写入缓冲区中后，就给读进程R发送一个消息，告诉它缓冲区中已经有记录可以读，然后自己暂停，等待读进程R发来"读结束"的消息。只有接到这个消息，写进程W才能去做下一步的工作。对于读进程R，它一直处于等待状态，只有接收到写进程W发来的"可以读"的消息后，才能到缓冲区中读记录。读完后，向写进程W发送"读结束"的消息，然后又进入等待状态。

同步关系有如下特点。

(1) 进程之间要在某些点上协调工作，到达的先后顺序是有要求的。例如，写进程W应该先到达它标有2的地方，为读进程R准备好数据，否则读进程R只能等待。同样，只有在读进程R读出缓冲区中的内容后，写进程W才能进行下一步。

(2) 进程之间互相了解对方的工作，任何一方单独运行会出现差错。例如，写进程W知道读进程R需要自己向缓冲区写入记录，所以在完成写入后向R发送"可以读"的消息。读进程R知道写进程W需要自己读出缓冲区中的记录，所以在完成读后向W发送"读结束"的消息。

(3) 一方或双方的运行会直接地依赖于对方所产生的信息或发出的消息。例如，写进程W和读进程R都依赖于对方发来的消息，接收不到对方的消息就一直等待。

4.1.2 进程互斥

当一个进程正在使用某独占型资源时，其他希望使用该资源的进程必须等待，当该进程用完资源并释放后，才允许其他进程去访问此资源，进程之间的这种相互制约关系称为互斥。进程间的互斥关系是一种间接制约关系。

系统中的多个进程可以共享系统中的各种资源，但是大多数资源一次只能为一个进程所使用。把一次仅允许一个进程使用的资源称为临界资源。很多物理设备都属于临界资源，如打印机、扫描仪、绘图机等。此外，很多文件、队列、缓冲区、变量等也可以由若干进程互斥共享，也属于临界资源。

把进程中访问临界资源的程序段称为临界区。要保证临界资源互斥地被使用，就要保证临界区互斥地被执行。所以，使用临界资源的进程必须遵守一种约定：进入临界区之前必须先发出请求，准许后才能进入；退出临界区时必须声明，以便让其他进程进入。

对于临界区的操作要遵循以下准则。

(1) 空闲让进：当临界资源空闲时，任何有权使用临界资源的进程可立即进入。

(2) 忙则等待：同时有多个进程申请进入临界区时，只能让一个进程进入临界区，其他进程必须等待。

(3) 有限等待：对于要求访问临界资源的进程，应能在有限时间内得到满足。进入临界区的进程应该在有限的时间内完成操作并释放该资源，退出临界区。

(4) 让权等待：那些目前进不了临界区，处于等待状态的进程应当放弃占用 CPU，以使其他进程有机会得到 CPU 的使用权。

对于互斥关系，要注意以下几点。

(1) 具有互斥关系的进程，它的一部分程序可能用于内部数据处理。只有涉及共享变量的那一部分程序，即临界区，才真正需要互斥地执行。

(2) 具有互斥关系的进程，并不关心对方的存在性，即使对方不存在，自己也能正确运行。

(3) 进程的临界区是相对于同一个共享变量而言的，不同共享变量的临界区之间，不存在互斥关系。

4.2 信号量机制

信号量机制是荷兰学者 Dijkstra 提出的一种解决并发进程之间互斥与同步关系的方法。

4.2.1 信号量机制简介

信号量由两个成员构成，其中一个是具有非负初值的整型变量，另一个是初始状态为空的队列。因此，定义一个信号量S时，要给出它的初值和队列指针Vq。

在一个信号量S上，只能做规定的两种操作：P操作和V操作。P、V操作的具体定义如下。

1. P操作

信号量S上的P操作记为P(S)。信号量S的值用Vs表示。当一个进程调用P(S)时，依次完成下面两个不可分割的动作：

(1) Vs=Vs−1，即把当前信号量S的值减1。

(2) 若Vs≥0，则调用进程继续运行；若Vs<0，则调用进程由运行状态变为阻塞状态，到该信号量的等待队列Vq上排队等待。

2. V操作

信号量S上的V操作记为V(S)。当一个进程调用V(S)时，依次完成下面两个不可分割的动作：

(1) Vs=Vs+1，即把当前信号量S的值加1。

(2) 若Vs>0，则调用进程继续运行；若Vs≤0，则先从该信号量的等待队列Vq上摘下一个等待进程，让它从阻塞状态变为就绪状态，到就绪队列里排队，然后调用进程继续运行。

对于信号量机制，要注意以下几点。

(1) 除信号量的初值外，信号量的值仅能由P、V操作改变。

(2) 信号量初值一定设置为非负整数。但是由于P操作对信号量S的值做减1操作，因此在运行过程中，信号量的取值可能为负。

(3) P、V操作是原语，所包含的两个动作不可分割。执行期间不能被中断，不允许插入任何别的操作。

(4) 调用P(S)的进程有两种结果，要么继续运行，要么被阻塞，到信号量S的等待队列上排队；调用V(S)的进程的状态不改变，继续运行。

4.2.2 进程制约关系的实现

1. 用P、V操作实现同步

进程同步是指多个相关进程在执行过程中的一种合作关系。假定进程A、B存在这样的关系：进程A在执行到X点时需要得到进程B提供的信息，否则无法执行下去；进程B在执行到Y点时，就为进程A准备好所需要的信息，如图4-4(a)所示。显然，如果进程A到达X点时，进程B还未到达Y点，那么由于进程A所需要的信息还没有准备好，它只能在X点等待，直到进程B到达Y点为其准备好信息。如果进程A到达X点时，进程B已经通过了Y点，即进程B已经为进程A准备好了信息，那么进程A到达X点时可以直接运行下去。这种情况称为进程A要在X点处与进程B取得同步，X点是同步点，进程 B 为进程 A 所准备的信息为同步条件。

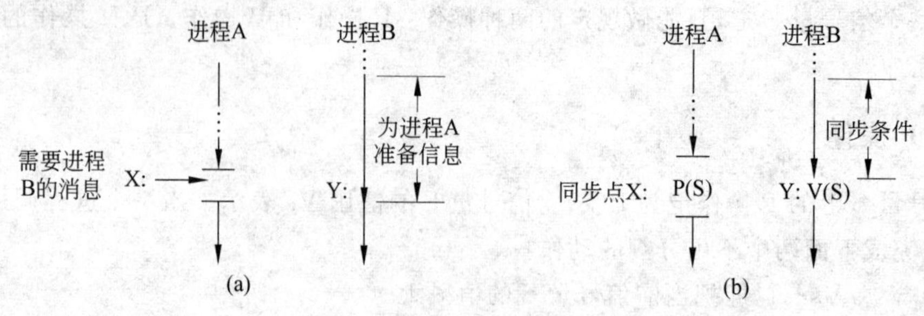

图 4-4　P、V 操作用于进程同步

为了实现进程 A、B 之间的同步，设置一个初值为 0 的信号量 S，在进程 A 的同步点安排 P(S)，在进程 B 的 Y 点安排 V(S)，如图 4-4(b)所示。下面分两种情况具体分析。

(1) 进程 A 到达 X 点时，进程 B 还未到达 Y 点。

进程 A 到达 X 点时做 P(S)，信号量 S 的值由初值 0 变为 −1，由于减 1 后 Vs<0，所以进程 A 由运行状态变为阻塞状态，到信号量 S 的等待队列 Vq 上排队等待。当调度到进程 B 并运行到 Y 点时做 V(S)，信号量 S 的值由 −1 变为 0，由于加 1 后 Vs≤0，所以从信号量 S 的等待队列 Vq 上摘下一个等待进程(此时 Vq 上等待的是进程 A)，让它从阻塞状态变为就绪状态，到就绪队列里排队，参与调度，然后进程 B 继续运行。可见，这样安排 P(S)、V(S)可以保证在进程 B 还没有为进程 A 准备好同步条件时，进程 A 只能在同步点等待，一直等到进程 B 准备好信息，进程 A 才能继续运行。

(2) 进程 A 到达 X 点时，进程 B 已经通过 Y 点。

进程 B 到达 Y 点时做 V(S)，信号量 S 的值由 0 变为 1，由于加 1 后 Vs>0，所以进程 B 继续运行。进程 A 到达 X 点时做 P(S)，信号量 S 的值由 1 变为 0，由于减 1 后 Vs≥0，所以进程 A 继续运行。可见，如果进程 A 到达 X 点时进程 B 已经通过 Y 点，那么进程 A 继续运行。

综上所述，这样安排 P(S)、V(S)，且信号量 S 的初值设为 0 时，如果同步条件准备好，那么需要同步的进程就不会受到任何阻挡地通过同步点。如果同步条件没准备好，那么需要同步的进程必须在同步点等待，直到对方准备好同步条件。

例 4-2　试用信号量上的 P、V 操作，来保证图 4-3 所示的写进程 W 与读进程 R 之间协调地工作。

解：通过前面的分析已经知道，图 4-3 中存在两个同步关系：读进程 R 要在 1 处与写进程 W 取得同步；写进程 W 要在 3 处与读进程 R 取得同步。所以需要设置两个同步信号量 S1 和 S2，初值均为 0，如图 4-5 所示来安排 P、V 操作。

在用信号量解决同步关系时，要注意 P、V 操作的安放位置和配对问题。准备同步条件处安排 V 操作，同步点安排 P 操作。信号量 S1 是用来实现读进程 R 与写进程 W 取得同步的(R 需要在 1 处与 W 取得同步，W 在 2 处准备好同步条件)，所以 P(S1)安排在读进程 R 的 1 处，V(S1)安排在写进程 W 的 2 处。同样地，信号量 S2 是用来实现写进程 W 与读进程 R 取得同步的(W 需要在 3 处与 R 取得同步，R 在 3 处准备好同步条件)，所以

P(S2)安排在写进程 W 的 3 处，V(S2)安排在读进程 R 的 3 处。

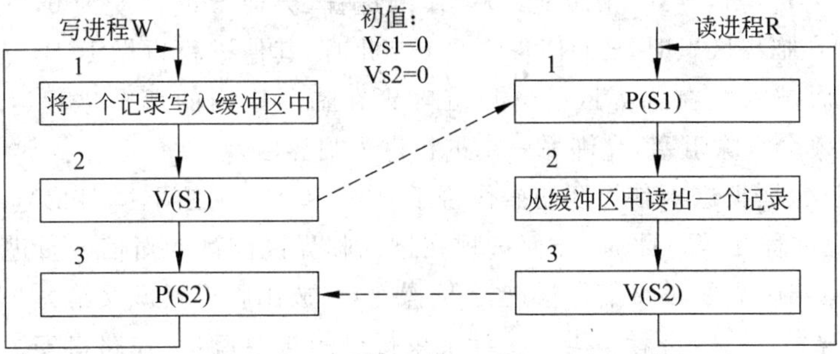

写进程W
初值:
Vs1=0
Vs2=0
读进程R
1
将一个记录写入缓冲区中
1
P(S1)
2
V(S1)
2
从缓冲区中读出一个记录
3
P(S2)
3
V(S2)

图 4-5　用 P、V 操作实现 W 与 R 的同步关系

2. 用 P、V 操作实现互斥

用信号量机制能方便地实现临界区的互斥访问。下面就分析利用信号量实现两个进程 P1、P2 互斥访问一个临界资源的实现过程。互斥访问临界资源的含义是：如果进程 P1 已进入了临界区，那么进程 P2 就只能在临界区的进入点处等待，不能进入，只有等到进程 P1 退出了临界区，进程 P2 才能进入临界区。同样，如果进程 P2 已经进入了临界区，那么进程 P1 就只能在临界区的进入点处等待，不能进入，只有等到进程 P2 退出了临界区，进程 P1 才能进入临界区。

设置一个初值为 1 的信号量 S，在进程 P1 和 P2 的临界区的进入点处安排 P(S)操作，退出点处安排 V(S)操作，如图 4-6 所示。这样就能实现 P1、P2 对临界资源的互斥访问。下面是详细分析。

Vs=1
(S初值)
P(S)
进程P1
的临界区
V(S)
P(S)
进程P2
的临界区
V(S)

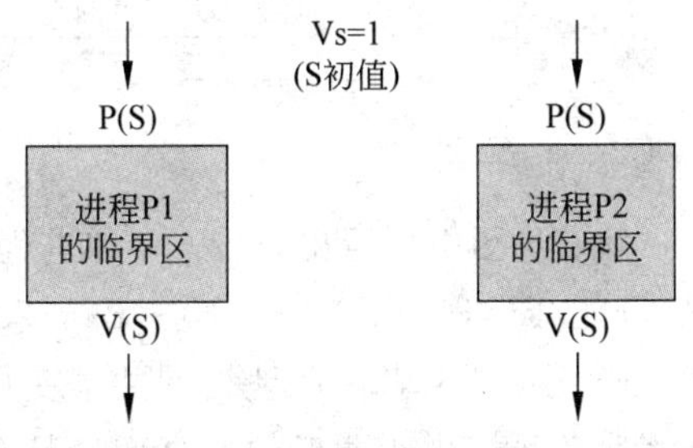

图 4-6　P、V 操作用于进程互斥

假定进程 P1 先于 P2 进行 P(S)操作，即做以下两个不可分割的动作：Vs 先减 1，其值由 1 变为 0；由于减 1 后的 Vs≥0，所以进程 P1 继续运行，进入临界区。如果这时进程 P1 的时间片结束，调度到进程 P2 运行。当 P2 运行到临界区的进入点时，先做 P(S)，即做以下两个不可分割的动作：Vs 先减 1，其值由 0 变为－1；由于减 1 后的 Vs＜0，所以进程 P2 由运行状态变为阻塞状态，到信号量 S 的等待队列 Vq 上排队等待。此时，进程 P1 在临界区里，进程 P2 在临界区外等待。可见，在临界区的进入点处安排 P(S)，可以保证只有一个进程进入临界区。

当再次调度到进程 P1 时，它继续运行，在退出临界区时做 V(S)，即做以下两个不可分割的动作：Vs 先加 1，其值由－1 变为 0；由于加 1 后的 Vs≤0，所以先从信号量 S 的等待队列 Vq 上摘下一个等待进程(此时 Vq 上等待的正是进程 P2)，让它从阻塞状态变为就绪状态，到就绪队列里排队，重新参与调度，然后进程 P1 继续运行。由于进程 P2 已经做了 P(S)操作，只是没有进入临界区，当再次调度它运行时，直接进入临界区。可见，在

临界区的退出点安排 V(S)操作,可以及时释放信号量 S,以便其他进程进入临界区。

通过以上分析得知,第一个做 P(S)操作的进程,会使 S 的值变为 0,并进入临界区。当有一个进程在临界区里时,S 的值肯定是 0。此时,其他进程再做 P(S)操作,必定会使 S 的值小于 0 而被阻塞在临界区外。只有等到在临界区内的那个进程退出临界区、做 V(S)操作后,才会解除阻塞,允许另一个进程进入临界区。

综上所述,只要把进入临界区的操作置于 P(S)和 V(S)之间,并且信号量 S 的初值设为 1,即可实现进程互斥。此时,任何进程在进入临界区前都要对信号量进行 P 操作,考察能否进入;退出临界区时对信号量进行 V 操作,释放出临界资源交给另一个进程。

例 4-3 观察者—报告者。为了统计某单行道的交通流量,在路口安装一个监视器,有车通过时就向计算机发送一个信号。进程 A(观察者)的功能是接收到监视器的信号时,就把统计变量 COUNT 的值加 1(初始时 COUNT 为 0);进程 B(报告者)的功能是每隔半小时,将统计变量 COUNT 的值打印输出,然后清零。两个程序的工作流程如图 4-7 所示。

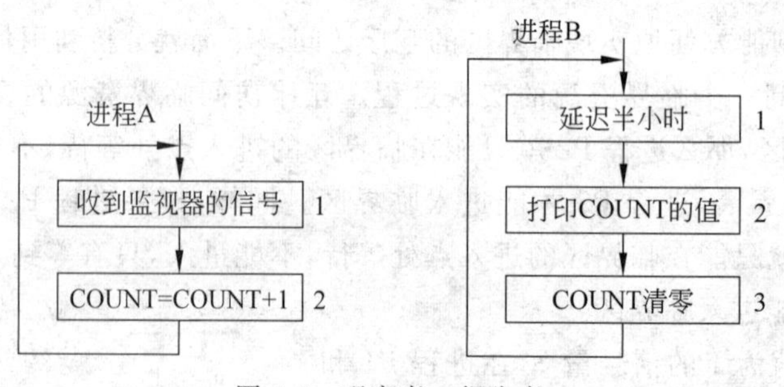

图 4-7 观察者—报告者

解:从图中可看出,进程 A 和进程 B 都对变量 COUNT 进行操作。在多道程序环境里,可能会出现 A1—A2—B1—B2—A1—A2—B3 的执行过程,这样统计的数据就不准确。必须保证两者互斥地访问共享变量 COUNT。设置初值为 1 的信号量 S 来实现两者的互斥关系。由于两者的共享变量是 COUNT,所以要将进程中与 COUNT 有关的操作设置为临界区,如图 4-8 所示。

在这种安排下,进程 A 和进程 B 对变量 COUNT 的操作是互斥进行的,在进程 B 对共享变量 COUNT 的操作为完成时,不允许进程 A 进入临界区;同样地,在进程 A 对共享变量 COUNT 的操作未完成时,不允许进程 B 进入临界区。所以,不会出现 A1—A2—B1—B2—A1—A2—B3 的执行过程,这样就确保了统计数据的准确性。

4.2.3 资源分配与信号量

如果把信号量初值理解为系统中某种资源的数目,那么信号量的 P 操作就是申请一个资源;信号量的 V 操作就是释放一个用完的资源;信号量的等待队列就是某种资源的等待队列。信号量 S 的物理含义如下。

(1) 信号量 S 的初值,表示某类资源的数目。

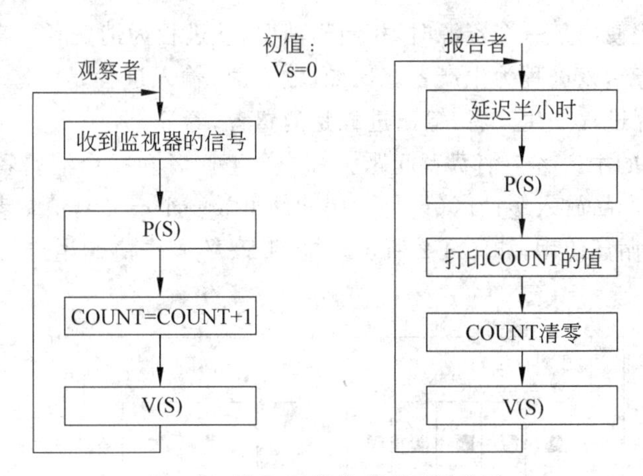

图 4-8　用 P、V 操作实现互斥关系

(2) 信号量 S>0 时，表示系统中该类资源的可分配数目。

(3) 信号量 S=0 时，表示系统中该类资源全部被占用，但没有进程在等待该类资源。

(4) 信号量 S<0 时，其绝对值表示等待该类资源的进程数目。

人们已经知道，为了进程互斥，需要设置一个初值为 1 的信号量 S，进程进入临界区(即对临界资源进行操作)前要在信号量上做 P 操作；退出临界区(即完成了对临界资源的操作)时要在信号量上在做 V 操作。从资源分配的角度，可以做如下理解。

(1) 信号量 S 的初值 1 代表系统中某临界资源的数量为 1。因为只有 1 个，所以任何时刻只能有一个进程使用该临界资源。

(2) 进程进入临界区时做 P(S)表示申请 1 个临界资源，第一个提出申请的进程可获得该临界资源的使用权，它所做的 P(S)操作使信号量 S 的值由 1 变为 0，表示系统中该临界资源已全部被占用。

(3) 此时，如果其他进程再申请该资源(即做 P(S))，由于唯一的资源已经被第一个进程所占有，该进程只能到该资源的等待队列上去等待(即信号量 S 的值小于 0，进程被阻塞，到 S 的等待队列上等待)，S 的绝对值是等待该资源的进程数目。

(4) 进程退出临界区时做 V(S)，说明它已经使用完毕并释放该资源。该资源可分配给其他等待进程使用。

在上面的分析可以看出，无论是互斥还是资源分配，都包含有同步的含义。比如，若干进程互斥使用共享变量时，一个等待进入临界区的进程，在占用临界区的进程调用了 V 操作(相当于给等待进程准备同步条件)后，它就可以进入临界区，这实际上就是两者间取得同步。在资源分配中，等待使用资源的进程，在已占用资源的进程做 V 操作(相当于给等待进程准备同步条件)后，就可以获得资源，这也是两者间取得同步。所以，互斥和资源分配是同步的不同表现形式。

4.2.4　样例分析

生产者与消费者问题是经典的同步问题，应用领域很广。生产者与消费者是一种抽象描述。当某进程使用某一个资源时，相当于消费，该进程为消费者。当某进程退还某个资源时，相当于生产，该进程为生产者。比如，输入时，输入进程是生产者，计算进程是消费者；输出时，计算进程是生产者，输出进程是消费者，等等。

例 4-4 简单的生产者与消费者问题。有一个生产者和一个消费者，共享 10 个缓冲区，生产者依次把产品放入缓冲区（设每个缓冲区可放一个产品），消费者依次从缓冲区中取出产品，缓冲区循环使用，如图 4-9 所示。请用 P、V 操作协调生产者与消费者之间的工作。

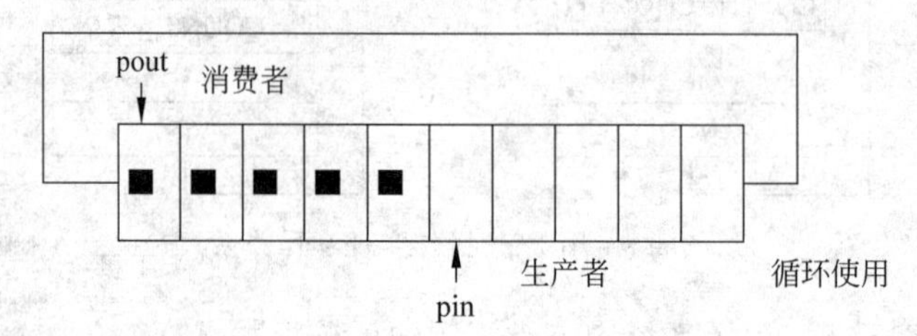

图 4-9 简单生产者与消费者问题

解：对于生产者，生产出产品后，首先要申请一个空缓冲区来存放。如果所有缓冲区都满，它只能等待，直到消费者取出一个产品，释放一个缓冲区为止。可见，缓冲区是一种资源，是否有空缓冲区决定生产者是否需要等待。设置一个信号量 M 代表该资源。因为初始时所有缓冲区都为空，对生产者来说都可用，所以 M 的初值为 10（Vm＝10）。生产者每生产 1 个产品，就要申请使用 1 个缓冲区（Vm 减 1）。当生产了 10 个产品而消费者 1 个也没有取时，所有缓冲区都满，可用缓冲区为 0 个（Vm＝0）。此时，生产者只能等待。

对于消费者，只有当缓冲区中有产品时，才能取出。如果一个产品也没有，它只能等待。可见，是否有产品决定了消费者是否需要等待。设置一个信号量 N 代表产品。因为初始时一个产品也没有，所以 N 的初值为 0（Vn＝0）。

为了管理 10 个缓冲区，必须设置两个指针，一个命名为 pin，指向可用缓冲区，生产者将产品存放到 pin 所指的缓冲区；另一个命名为 pout，指向有产品的缓冲区，消费者从 pout 所指的缓冲区中取产品。指针初值都为 0。由于 10 个缓冲区是循环使用，并且生产者、消费者都是依次放入、取出产品。所以存放一个产品需要调整 pin 的值，让它指向下一个缓冲区，即 pin＝（pin＋1） mod 10。同理，取出一个产品后需要调整 pout 的值，让它指向下一个缓冲区，即 pout＝（pout＋1） mod 10。

根据以上分析，按照图 4-10 所示安排信号量 M、S 的 P、V 操作。

在图 4-10 中，对于生产者，生产一个产品后要申请一个空缓冲区存放产品（即做一次 P(M)操作）。如果有空缓冲区（即 Vm－1≥0，通过了 P(M)进入临界区），那么生产者将产品放入 pin 指向的缓冲区，并调整 pin 指向下一个缓冲区；然后将缓冲区中的产品数目加 1（即做 V(N)操作）。如果没有可用缓冲区，那么生产者必须等待（即由于 Vm－1＜0 而不能通过 P(M)操作，被阻塞在临界区进入点等待）。

对于消费者，只有当缓冲区中有产品时它才能取出，所以首先要测试缓冲区中是否有产品（即做 P(N)操作）。由题意知，初始时缓冲区中没有产品（即 Vn＝0）。如果生产者还没生产，消费者就要求消费，由于没有产品消费者必定被阻塞（即由于 Vn－1＜0 而不

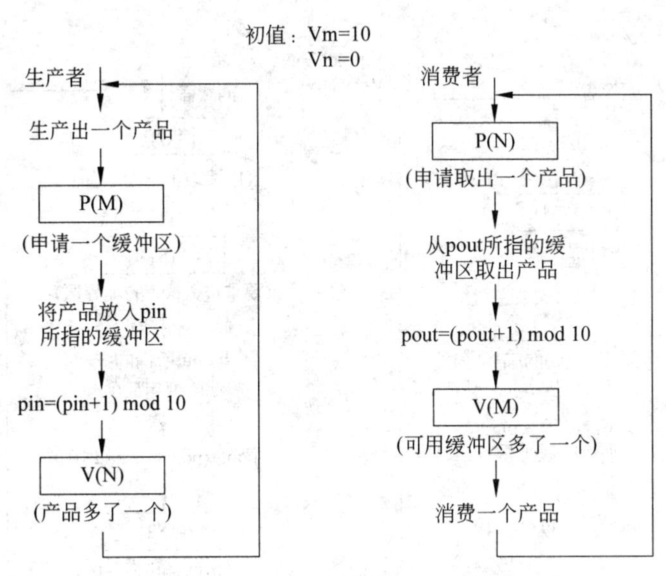

图 4-10　用 P、V 操作解决简单生产者与消费者问题

能通过 P(N)操作，被阻塞在临界区进入点等待)。如果生产者已生产(在生产者进程中已做 V(N)操作，所以 Vn≥0)，因为缓冲区中已有产品，消费者就不会被阻塞(即由于 Vn−1≥0 而能通过 P(N)操作，进入临界区)，它从 pout 所指向的缓冲区中取出产品，并调整 pout 指向下一个存有产品的缓冲区；然后将可用缓冲区的数目加 1(即做 V(M)操作)。

例 4-5　生产者与消费者问题。有 i 个生产者和 j 个消费者，共享 k 个缓冲区。生产者将产品依次放入缓冲区中，消费者依次从缓冲区中取出产品。每个缓冲区可放一个产品。缓冲区循环使用。请用 P、V 操作协调生产者与消费者之间的工作。

解：例 4-4 中只有 1 个生产者和 1 个消费者，本例中有若干个生产者和消费者，是例 4-4 的一般形式。对于每一个生产者和消费者，其工作过程和例 4-4 是相同的。所不同的是，当多个生产者向空缓冲区中存放产品时，都需要使用指针 pin，变量 pin 成了生产者的共享变量。同理，多个消费者从缓冲区中取产品时，都需要使用指针 pout，变量 pout 成了消费者的共享变量。因此，对 pin、pout 的操作应该互斥进行。为此，需要设置两个信号量 S1、S2，初值均为 1。生产者、消费者的工作过程如图 4-11 所示。

从图中可以看出，通过信号量 S1 的 P、V 操作，在程序中关于 pin 操作的地方构成了一个临界区，以保证 i 个生产者进程不会同时使用 pin 去存放产品。同样，通过信号量 S2 的 P、V 操作，在程序中关于 pout 操作的地方构成了一个临界区，以保证 j 个消费者进程不会同时使用 pout 去取产品。

例 4-6　读者与写者问题。系统中常有若干个并发进程对一个数据对象进行读写的情况。数据对象可以是文件、数据库、记录等。读者与写者问题就是要解决多个并发进程共享一个数据对象的问题。其中一些进程只要求读数据，称为读者；另一些要修改数据，称为写者。允许多个读者同时执行读操作，不允许多个写者同时进行写操作，也不允许读者、写者同时进行读/写操作。如果有读者访问时，又来写者要求访问，那么写者只能等

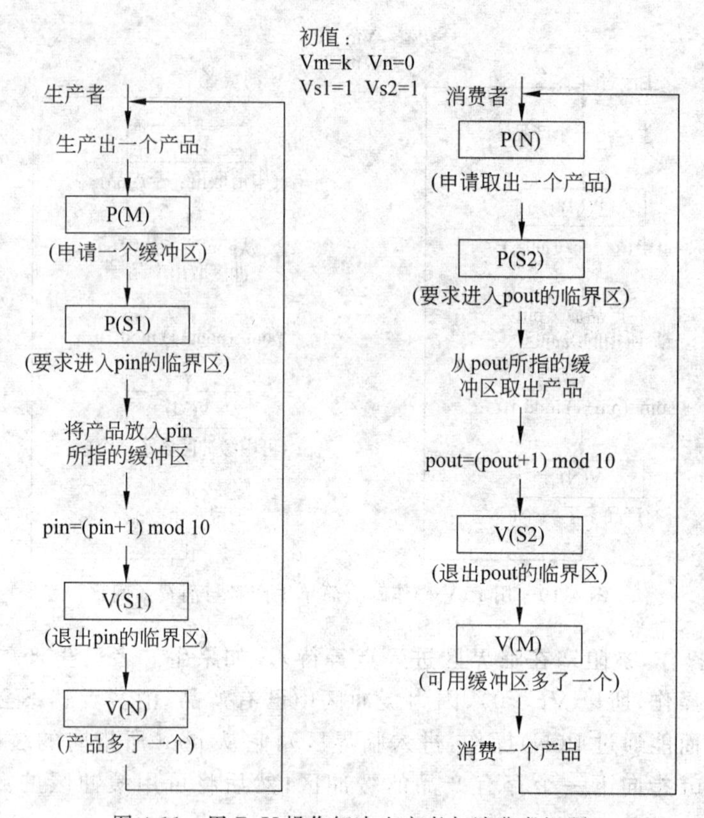

图 4-11　用 P、V 操作解决生产者与消费者问题

待，而后续到来的读者则可以进行访问。请用 P、V 操作来协调读者、写者之间的工作。

解：由题意可分析出，读者与写者访问共享数据区时，要按如下规则进行。

(1) 有写者在写，则新写者必须等待。

(2) 有写者在写，则读者必须等待。

(3) 有读者在读，则写者必须等待。

(4) 有读者在读(不管是否已有写者在等待)，则新读者可以读。

对于共享数据区，要保证写者与写者互斥地使用，也要保证读者与写者互斥地使用。也就是说，在读者、写者程序中，使用共享数据区的程序段都是临界区。设置信号量 WRT 的初值为 1 来实现上述互斥，如图 4-12 所示。

图 4-12 中对于信号量 WRT 的安排，可以满足题意要求的前三条规则，但不符合规则(4)。这种安排下，当一个读者在读数据时，其他的读者都不能进入。而题目要求是：只要有读者在读，后继读者都可以读，读者之间对共享数据区的访问是不必互斥进行的。所以，当来了一个新读者时，首先要判断他是否第一个读者。如果是，需要检查是否有写者在写，若有就必须等待，即第一个读者与写者要互斥地访问共享数据区；如果不是，说明已有读者在读，则不必做任何检查直接进行读，即读者之间不需要互斥。可以通过设置一个初值为 0 的变量 reader，来记录读者个数。每来一个读者，reader 加 1；一个读者完成读操作退出时，reader 减 1。通过 reader 的取值来判断是否第一个读者，当其值为 1 时，说明是第

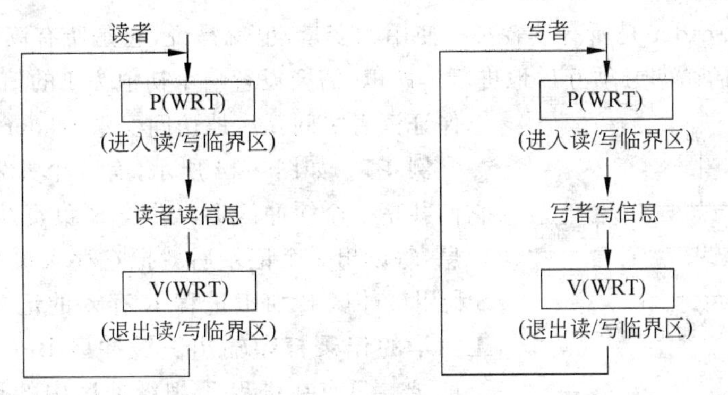

图 4-12　一个需要改进的解法

一个读者，需要做 P(WRT)，以实现与写者互斥；否则直接进行读，如图 4-13 所示。

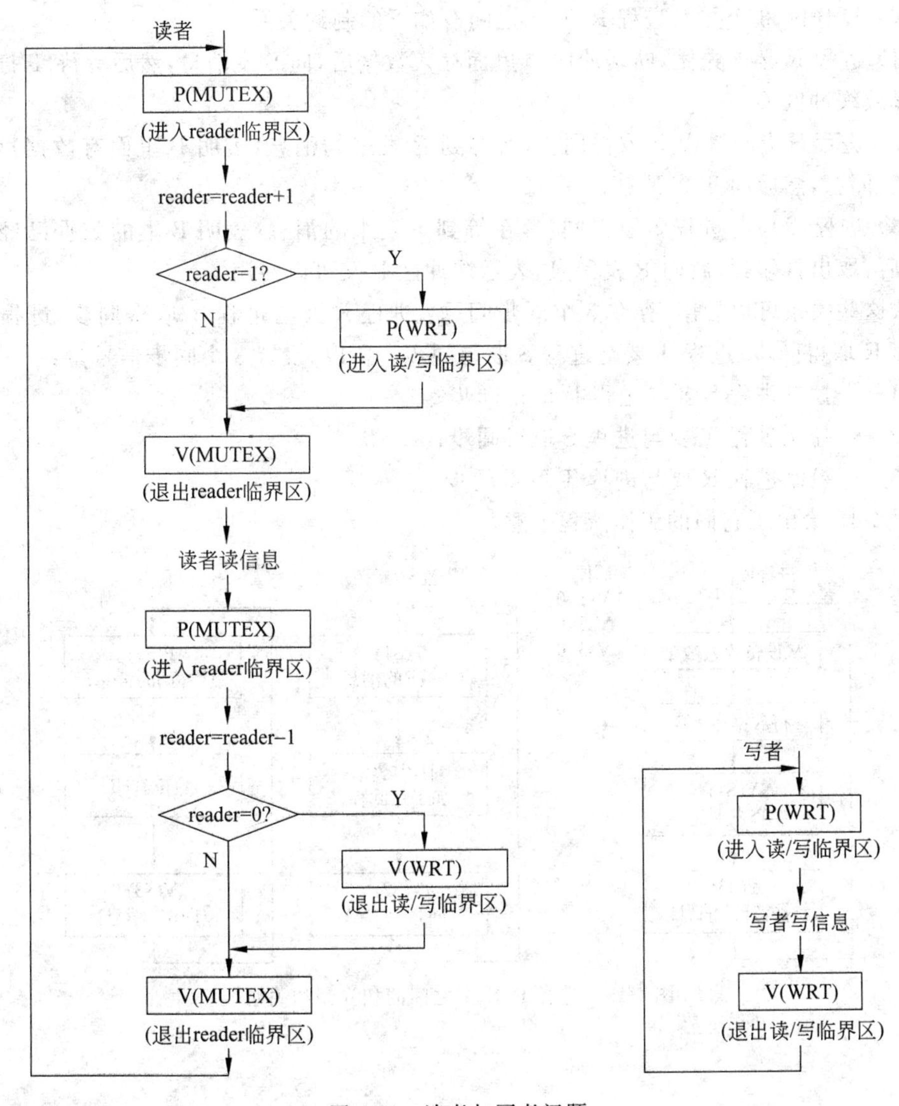

图 4-13　读者与写者问题

由于变量 reader 是所有读者都要使用的变量，也就是说，它是所有读者的共享变量。读者之间对它的访问必须互斥地进行。所以，需要设置一个初值为 1 的信号量 MUTEX，以保证读者之间互斥地访问变量 reader。

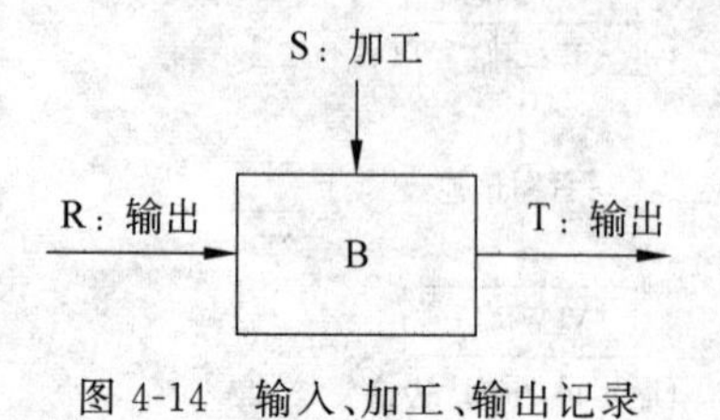

图 4-14　输入、加工、输出记录

例 4-7　如图 4-14 所示，有 3 个并发进程 R、S、T，它们共享一个缓冲区 B。进程 R 负责从输入设备读入信息，每读出一个记录后就把它存入缓冲区 B 中；进程 S 利用缓冲区 B 加工进程 R 存入的记录；进程 T 把加工完毕的记录打印输出。缓冲区 B 一次只能存放一个记录。只有在进程 T 把缓冲区中的记录输出后，才能再往里存放新的记录。请用信号量及其 P、V 操作控制这 3 个进程间的正确工作关系。

解：经分析，3 个并发进程 R、S、T 之间有如下的制约关系。

(1) 进程 R 必须先做，向缓冲区 B 里面存入数据后，向 S 发消息，然后等待 T 打印输出后释放缓冲区 B。

(2) 进程 S 应与进程 R 取得同步，在等到 R 发来的消息(表明 B 里面有数据)后，取出加工、回存，然后向 T 发消息。

(3) 进程 T 应与进程 S 取得同步，在等到 S 发来的消息(表明 B 里的数据已经加工完毕)后，取出打印，然后向 R 发消息，表示缓冲区 B 又可以使用了。

从这些关系可以看出，存在 3 个同步问题：进程 R 要与进程 T 取得同步；进程 S 要与进程 R 取得同步；进程 T 要与进程 S 取得同步。所以，设置 3 个同步信号量：

S1——控制进程 S 要与进程 R 取得同步；

S2——控制进程 T 要与进程 S 取得同步；

S3——控制进程 R 要与进程 T 取得同步。

图 4-15 给出了它们的工作流程示意。

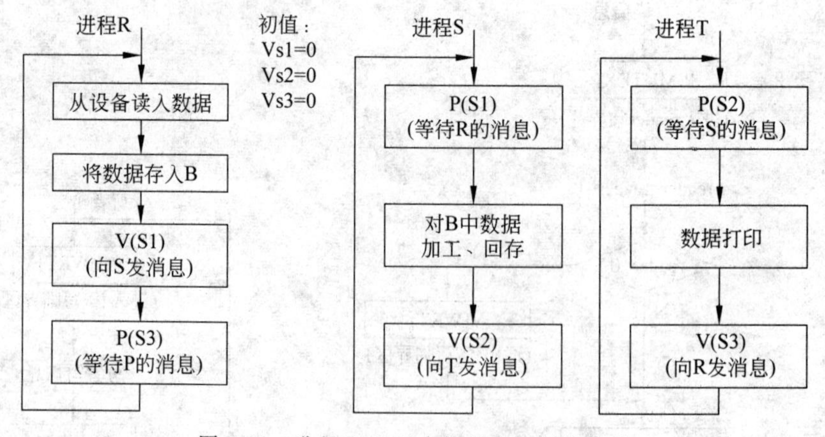

图 4-15　进程 R、S、T 之间的相互制约关系

4.3　死　　锁

多道程序设计系统中，进程的并发执行提高了系统资源的利用率，但是也引发了各进程对系统资源的竞争。如果分配不当，可能会导致死锁。什么是死锁？产生的原因是什么？如何解决死锁是本节要解决的问题。

4.3.1　死锁的基本概念

1. 死锁的概念

所谓死锁，就是指若干进程由于相互等待已被对方占有的资源而无法继续运行下去，陷于一种僵持状态。也就是说，每一个进程都占有一部分资源，又都在等待其他进程已占有的其他资源，并且各进程在得到全部所需资源之前不释放自己拥有的资源，形成了一个资源相互等待的环路，环路上的各进程都不能继续运行下去。

例如，系统中有 2 个设备 D1 和 D2，2 个正在运行的进程 P1 和 P2。某一时刻系统的状态为：P1 已占用 D1，在释放 D1 前又申请使用 D2；而此时 D2 正被 P2 占用，并且 P2 在释放 D2 前又申请使用 D1。这样，两个进程都因阻塞进入等待队列，相互无休止地等待下去，无法继续执行，即陷入了死锁状态。

为了直观，通常用资源分配图表示系统资源的使用情况。在资源分配图中，用方框代表资源，圆圈代表进程，由资源到进程的有向边表示把该资源分配给了这个进程，由进程到资源的有向边表示该进程申请或等待这个资源。上例中的资源分配如图 4-16 所示，可见已形成环路。

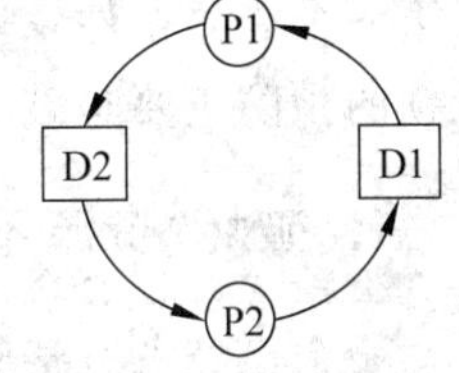

图 4-16　资源分配图

严重时，死锁会导致整个系统崩溃，带来灾难性的后果。因为一旦有一组进程陷入死锁，那么需要使用这些死锁进程所占有的资源或者需要它们提供合作的其他进程也会随之陷入死锁，最终会导致整个系统崩溃。可见，预防与避免死锁是操作系统的一个重要任务。只有弄清楚死锁产生的原因以及必要条件，才能有效解决死锁的问题。

2. 死锁产生的原因和必要条件

死锁产生有两个原因：一是竞争资源，系统资源有限，不能满足所有进程的需求。二是进程的推进顺序不当。如图 4-16 所示，系统给 P1、P2 都分配了一个资源，但是它们又在互相等待对方已占有的资源，从而导致陷入死锁状态。

死锁产生的四个必要条件如下。

(1) 资源互斥条件。进程对分配到的资源进行排他性、独占性使用。即在一段时间内资源只能由一个进程占用，其他进程只有等到占有者用完后释放，才能使用该资源。

(2) 资源不剥夺条件。进程所获得的资源，在用完之前不能被剥夺，只能在用完后由自己释放。

(3) 资源部分分配条件。进程已经占有了所需要的一部分资源,又申请新资源。在申请新资源的同时,仍然占有已分配到的资源。

(4) 循环等待条件。在多个进程之间,由于资源的占有和请求关系而形成了一个循环等待的环路。

3. 解决死锁的方法

按照采取措施的时机不同,解决死锁的方法有以下三种。

(1) 预防死锁。在资源分配之前,通过设置某些资源分配的限制条件来破坏产生死锁的四个必要条件中的一个或几个,以使系统不具备产生死锁的条件。预防死锁是一种比较简单的方法,但是由于设置了限制条件,会导致系统资源利用率和吞吐量的下降。

(2) 避免死锁。在资源分配过程中,对进程发出的每一个资源请求进行动态检测,只有确保不会导致死锁时,才接受该请求。可见,系统中存在着产生死锁的可能,只是在资源分配时采取措施不让死锁发生。这是与预防死锁的不同之处。

(3) 检测和解除死锁。允许系统出现死锁。首先通过检测及时地检查系统是否出现死锁,并确定与死锁有关的进程和资源;然后,通过撤销或挂起一些死锁中的进程,回收相应的资源,进行资源的再次分配,从而解除死锁状态。

4.3.2 死锁的预防

死锁的预防,是指破坏死锁四个必要条件中的一个或几个,以使系统不出现死锁。对于第一个必要条件——互斥条件,是由资源本身固有的独享性引起的,不能改变。所以,死锁的预防主要是破坏其他三个必要条件。

1. 破坏“资源不剥夺条件”

一个已经占有某些资源的进程,再提出新的资源申请而不能立即得到满足时,必须释放它已经占有的所有资源,以后再重新申请。也就是说,进程已经占有的资源,可以被系统剥夺而被迫释放。

这种方法,会使前段时间的工作失效,还会因为反复地申请和释放资源而延长进程的周转时间,增加系统开销,降低系统吞吐量。

2. 破坏“资源部分分配条件”

采用这种方法时,系统要求进程必须一次性地申请其在整个运行期间所需要的全部资源。如果系统有足够的资源,会一次性地将所需要的全部资源分配给该进程。只要有一个资源需求不能满足,系统将不分配给该进程任何资源。即系统要么分配给它所需要的全部资源,要么一个也不给它。相应地,进程要么得到所需的全部资源,肯定能运行到结束,要么一个资源也不占有,绝对不会出现死锁。

这种方法简单方便、易于实现。但是,由于进程一次性获得所有资源,并且独占使用,而其中的某些资源在运行期间可能很少使用，降低了资源的利用率。另外，有些进程由于无法一次性获得所需全部资源，导致长时间不能运行。

3. 破坏“循环等待条件”

采用这种方法时，系统将所有的资源按照类型进行统一编号，所有进程申请资源时，必须严格按照资源序号由小到大的顺序进行。也就是说，只有先申请并分配到序号小的资源，才能申请和分配序号大的资源。这样就不会出现循环等待的情况，反映到资源分配图上，就是不会出现环路，从而杜绝死锁的产生。

如图 4-17(a)所示，假定把编号为 M 的资源分配给进程 P1，编号为 N 的资源分配给了进程 P2。如果 M>N，就不允许 P1 再申请编号为 N 的资源，资源分配图中由于缺少 P1 指向 N 的有向边而不能形成环路，如图 4-17(b)所示；如果 M<N，就不允许 P2 再申请编号为 M 的资源，资源分配图中由于缺少 P2 指向 M 的有向边而不能形成环路，如图 4-17(c)所示。从而破坏了循环等待的条件。

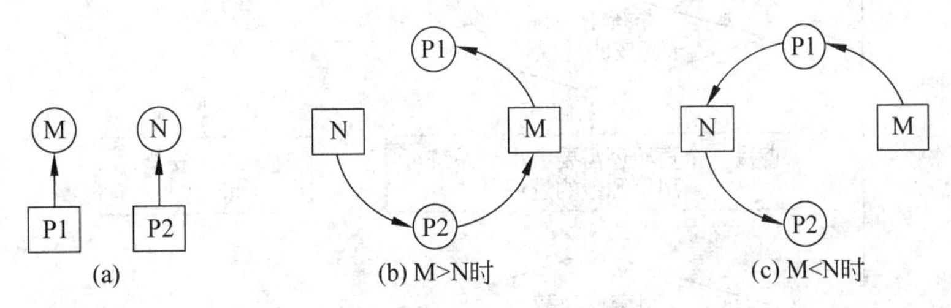

图 4-17　破坏循环等待条件

该方法的关键是对各类资源进行合理排序。采用这种方法，系统的资源利用率和吞吐量都有所改善。

4.3.3　死锁的避免

前面讲过，死锁的避免是指系统中存在产生死锁的条件，但是通过动态检测每一个资源请求来避免死锁的发生。通常采用银行家算法进行动态检测。在银行家算法中，把系统分为安全状态和不安全状态。系统接到一个资源请求时，首先利用银行家算法进行模拟分配，只有当模拟结果表明系统不会出现不安全状态时，才真正接受该资源请求，将资源分配给请求进程。

1. 安全状态和不安全状态

安全状态，是指系统能够按照某中顺序为所有进程分配所需要的资源，直到满足所有进程的最大需求，使每个进程都能运行完毕。否则，系统处于不安全状态。

并非所有的不安全状态都会引起死锁，只是有可能导致死锁。因为银行家算法都是从进程对资源的最大需求量考虑的，但是，在进程运行过程中，其对资源的使用并不一定达到最大量。反之，只要系统处于安全状态时，就绝对不会发生死锁。所以，银行家算法主要是避免系统进入不安全状态，只要某次模拟分配导致了不安全状态，就拒绝此次资源请求，从而避免死锁。

2. 银行家算法

在银行家算法中，对进程有如下要求：必须预先知道自己对资源的最大需求量；当获得所需全部资源后，能在有限的时间内运行完毕，并将所获得的资源归还给系统；各进程只能一次一个地申请所需要的资源。

如图 4-18 所示，银行家算法的处理步骤如下。

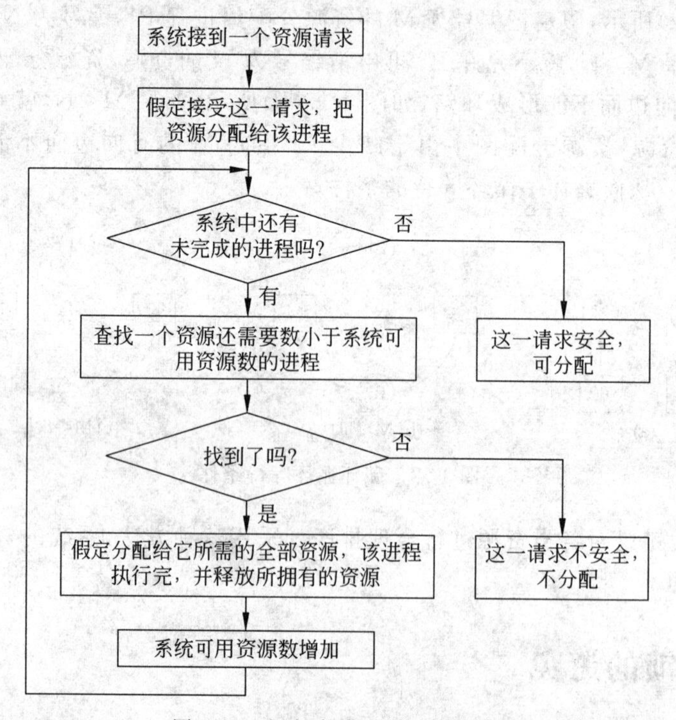

图 4-18　银行家算法的处理步骤

(1) 系统接到进程的一个资源请求后，先假定接受这一请求，把所申请的资源分配给该进程。

(2) 检查系统中所有未执行完进程对资源的还需要数，查找是否存在这样的进程：其对资源的还需要数小于系统可用资源数。

(3) 如果找到，假定接受其资源请求，分配给它所需的全部资源。该进程获得所需资源后，在有限时间内运行完毕，并将所拥有的资源全部归还给系统。系统可用资源数增加。

(4) 在未执行完毕的进程中重复以上两步，直到所有进程都执行完毕或者找不到资源还需要数小于系统可用资源数的进程时为止。

如果是前者，表示这次资源请求是安全的，可以接受该请求；如果是后者，说明系统的可用资源不能满足某些进程的最大需求量，即某些进程会因为得不到所需资源而无法运行完毕，系统处于不安全状态，有可能会死锁，拒绝这次资源请求。

例如，系统中有一种资源，总量为 9。现在有 3 个进程 P1、P2、P3 需要该资源，P1 的最大需求量为 8，P2 的最大需求量为 3，P3 的最大需求量为 7。经过若干次资源分配后，资源的使用情况如图 4-19(a)所示。如果此时进程 P2 提出一个资源请求，试用银行家算法分析能否接受该请求。

假定接受它，分配给 P2 一个资源。如图 4-19(b)所示，系统可用资源数变为 2，与未执行完的进程 P1、P2、P3 的"还需要数"4、1、6 比较，发现能满足 P2 的需求，则满足它，资源分配情况如图 4-19(c)所示，可用资源数变为 1。P2 获得所需全部资源后执行完毕，并释放所占有的资源，可用资源数为 4，未执行完的进程 P1、P3 的"还需要数"分别为 4、6，如图 4-19(d)所示。满足 P1 的需求，如图 4-19(e)所示。P1 获得所需全部资源后执行完毕，并释放所占有的资源，如图 4-19(f)所示。满足 P3 的需求，如图 4-19(g)所示。P3 获得所需全部资源后执行完毕，并释放所占有的资源，如图 4-19(h)所示。系统中 3 个进程全部执行完，说明该请求是安全的，可以分配。

进程	最大需求量	已分配数	还需要数	系统可用数
P1	8	4	4	3
P2	3	1	2	
P3	7	1	6	

(a)

进程	最大需求量	已分配数	还需要数	系统可用数
P1	8	4	4	2
P2	3	2	1	
P3	7	1	6	

(b)

进程	最大需求量	已分配数	还需要数	系统可用数
P1	8	4	4	1
P2	3	3	0	
P3	7	1	6	

(c)

进程	最大需求量	已分配数	还需要数	系统可用数
P1	8	4	4	4
P2	—	—	—	
P3	7	1	6	

(d)

进程	最大需求量	已分配数	还需要数	系统可用数
P1	8	8	0	0
P2	—	—	—	
P3	7	1	6	

(e)

进程	最大需求量	已分配数	还需要数	系统可用数
P1	—	—	—	8
P2	—	—	—	
P3	7	1	6	

(f)

进程	最大需求量	已分配数	还需要数	系统可用数
P1	—	—	—	2
P2	—	—	—	
P3	7	7	0	

(g)

进程	最大需求量	已分配数	还需要数	系统可用数
P1	—	—	—	9
P2	—	—	—	
P3	—	—	—	

(h)

图 4-19　一个安全的资源请求

银行家算法要求进程预先知道自己的最大需求量，并且假设系统拥有固定的资源总量。但在实际应用中，进程的个数可能不固定，进程的最大资源数也很难确定。对每个资源请求都进行检查，也会花费较多时间。这是银行家算法的不足。

4.3.4 死锁的检测与解除

死锁检测与恢复的基本思想是：系统分配资源时，并不采取任何措施来杜绝死锁的出现。而是定时运行死锁检测程序，及时检测死锁的存在，并识别出有关的进程和资源，系统采取撤销进程或剥夺资源等措施解除死锁。

1. 死锁的检测

可以利用简化资源分配图的方法来判断系统是否处于死锁状态。具体方法如下。

(1) 在资源分配图中，找出一个既非阻塞又非孤立的进程(即资源请求能够得到满足且有边与其相连的进程)节点 Pi，消去与 Pi 相连的所有边，使之成为孤立节点。

由于 Pi 能够获得所需要的全部资源而运行完毕，所以它占用的资源都会被释放。体现在资源分配图中，就是消去与该进程相连的所有边，以更直观的方式来表示其运行完毕释放全部资源。

进程 Pi 释放资源后，可以唤醒由于等待这些资源而阻塞的进程，使原来阻塞的进程变为非阻塞进程。重复步骤(1)，直到找不出符合要求的进程节点。

(2) 经过简化后，如果能使所有节点都成为孤立节点，那么该图是可完全简化的；否则，该图是不可完全简化的。

死锁定理：系统处于死锁状态的充分必要条件是当且仅当系统的资源分配图是不可完全简化的。也就是说，如果系统的资源分配图是不可完全简化的，那么系统肯定处于死锁状态；反之，如果系统处于死锁状态，其资源分配图肯定是不可完全简化的。因此，可以通过系统的资源分配图是否可以完全简化，来判断系统是否处于死锁状态。

例如，进程 P1 已经获得了 2 个 R1 资源，请求 1 个 R2 资源；进程 P2 已经获得 1 个 R1 资源和 1 个 R2 资源，请求 1 个 R1 资源，如图 4-20(a)所示(方框中的小圆圈表示该类资源的个数)。分析此图，可以发现，P1 的全部资源请求可以得到满足，P2 由于等待 R1 而处于阻塞状态。P1 是一个既非阻塞又非孤立的进程节点，消去与其相连的所有边，使 P1 成为孤立节点，如图 4-20(b)所示。此时，P2 的全部资源请求可以得到满足，P2 是一个既非阻塞又非孤立的进程节点，消去与其相连的所有边，使 P2 成为孤立节点，如图 4-20(c)所示。

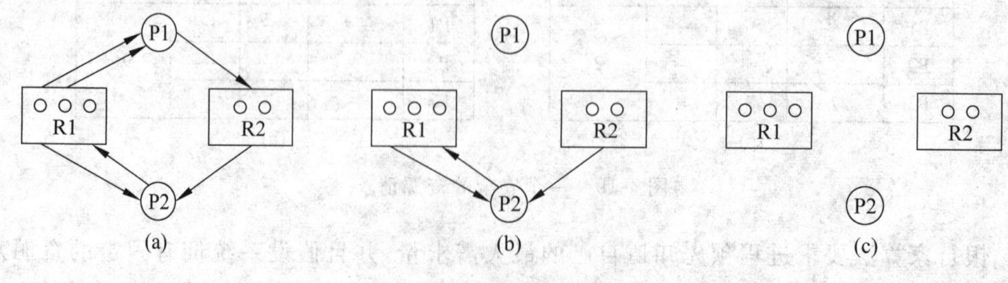

图 4-20 资源分配图的简化

经过一系列的简化后，2个进程节点全都成了孤立节点，该资源分配图是可完全简化的。由死锁定理可知，系统不处于死锁状态。

2. 死锁的解除

解除死锁常用的方法如下。

(1) 重新启动。出现死锁时重新启动系统。这种方法实现起来简单，但会使之前的工作全部白做。适用于死锁概率极小的系统。

(2) 撤销进程。出现死锁时撤销造成死锁的进程，释放它所占用的资源。

(3) 剥夺资源。出现死锁时，临时把某个资源从占有者那里剥夺下来，给另一个进程使用。

(4) 进程回退。出现死锁时，系统根据定时记录并保留的各进程的执行情况，让死锁进程后退回某种状态，直到解除死锁。

由以上分析可知，死锁的预防和避免策略是对资源的分配加以限制，以预防和避免发生死锁，代价是系统效率降低。死锁的检测和恢复策略，对资源的分配不加限制，这样可能会造成死锁。通过运行死锁检测程序，尽早发现死锁并识别出其原因，采取恰当措施解除死锁，使系统的损失尽量小。

4.4　高级进程通信

进程通信是指进程间的信息交换。操作系统提供了多种进程通信机制，可分别适用于不同的场合。前面所介绍的利用信号量机制实现进程间的同步与互斥，实际上就是进程间的一种通信方式，只不过交流的信息量非常少。

按通信量的大小，进程通信分为低级通信和高级通信。低级通信中，进程间只能传递状态和整数值(控制信息)。进程互斥和同步所采用的信号量机制就是低级通信。其优点是速度快；缺点是传送信息量小、通信效率低、编程复杂、容易出错。为了在进程之间交换任意数量的数据，操作系统提供了一组高级通信命令，用户直接利用这些命令就能够在进程间传递数据。这种通信方式称为高级通信。高级通信中，进程间可传送任意数量的数据，主要包括共享存储器、消息传递和管道通信等机制。

按通信过程中是否有第三方作为中转，进程通信分为直接通信和间接通信。直接通信是指发送方把信息直接传递给接收方，发送方要指定接收方的地址或标识，也可以指定多个接收方或广播地址。接收方可以接收来自任意发送方的消息，并在读出消息的同时获取发送方的地址。间接通信是指通信过程要借助于收发双方进程之外的共享数据结构(如消息队列)作为通信中转。

按通信的进程是否在同一台计算机上，进程通信分为本地通信和远程通信。本地通信又称为同机通信，它是同一台计算机上的进程之间进行的。远程通信又称为网间的进程通信，用于解决不同主机进程间的相互通信问题。在这种通信中，首先要解决的是网络间的进程标识问题。其次，由于网络协议众多，不同协议的工作方式和地址格式都不同，因此还要解决多重协议的问题。

下面将介绍几种常见的进程通信机制。

4.4.1 共享存储器机制

所谓共享存储器方式，是指相互通信的进程共享某些数据结构或存储区，进程之间通过数据结构或存储区交换信息。

共享数据结构方式与信号量机制相比，并没有发生太大的变化，效率较低，适用于传递少量数据。

共享存储器方式是在存储器中划出一块共享存储区，相互通信的进程可以通过对共享存储区中的数据进行读或写来实现通信。这种方式可以传送较多的数据，效率高。

4.4.2 消息传递机制

消息传递机制，是指进程间的数据交换以消息为单位进行。用户直接利用系统提供的一组通信命令进行通信。这种方式简化了程序编制的复杂性，方便用户使用，大大提高了通信效率。根据实现方式的不同，分为消息缓冲通信和信箱通信两种。

1. 消息缓冲通信

消息缓冲通信是一种直接通信方式，发送进程直接发送消息给接收进程。消息是指一组信息。消息由消息头和消息正文组成。通信时，使用一对原语进行消息的发送和接收。发送者采用发送原语向接收者发送一个消息，接收者通过接收原语接收来自发送者的消息。

为了实现直接通信，系统需要提供发送消息和接收消息的系统调用命令。还需要开辟若干消息缓冲区，缓冲区中包括发送消息的进程名、消息长度、消息正文、指向下一个消息缓冲区的指针等内容。另外，在进程控制块中要增设消息队列的队首指针、信号量等内容。

在发送和接收消息时，发送命令和接收命令都要对接收进程的消息队列进行操作，要互斥地进行，设置一个初值为1的信号量来实现互斥。对于接收进程，只有在消息队列上有消息时，才能进行接收，因此它必须与发送者取得同步，设置一个初值为0的信号量来实现同步。

消息缓冲通信的过程如图4-21所示。其中，信号量SM用于控制接收进程与发送进程的同步，初值为0；信号量MUTEX用于控制接收进程和发送进程对消息队列互斥地操作，初值为1。

进程A向进程B发送消息的过程为：首先在自己的存储空间中开辟一个消息发送区，并在其中形成消息，包括接收进程名、消息长度和消息正文等内容；然后调用发送命令send。

send的主要工作是：向系统申请一个消息缓冲区；向消息缓冲区中填写消息头，并将

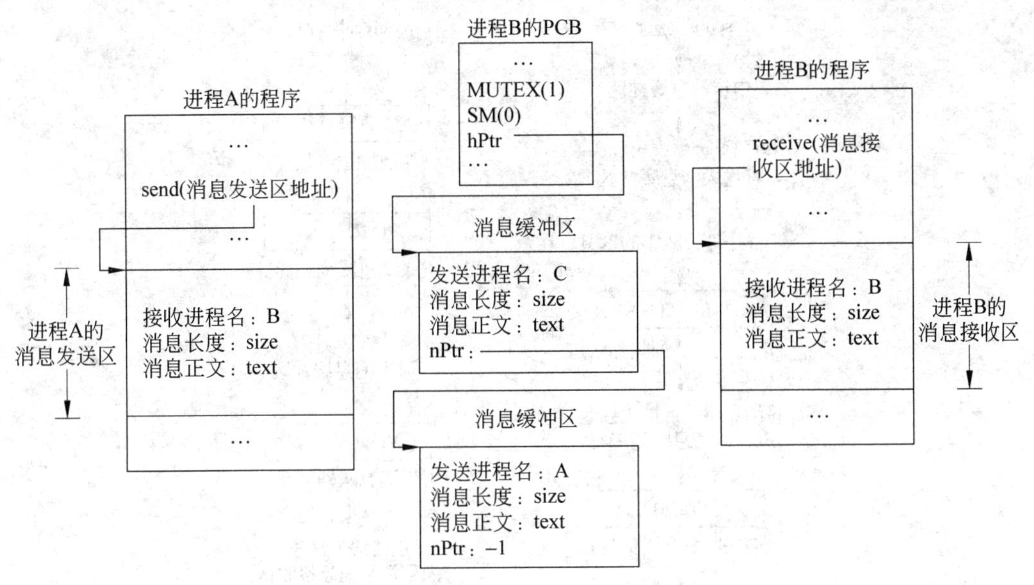

图 4-21　消息缓冲通信的工作示意图

消息正文从发送方的发送区传送到该消息缓冲区中；根据接收进程名 B，找到它的 PCB，把消息缓冲区挂到它的消息队列末尾。注意，把缓冲区链入 B 的消息队列之前，必须做 P(MUTEX)操作，保证与 receive 互斥地对 B 的消息队列进行操作。另外，在把缓冲区链接 B 的消息队列后，还要做 V(SM)、V(MUTEX)操作。前者是告诉进程 B，消息队列上有消息缓冲区，可以接收消息。后者是释放对临界区的占用，如图 4-22(a)所示。

进程 B 接收消息的过程为：先在自己的存储区里开辟一个消息接收区，然后调用接收命令 receive。

receive 的主要工作为：从消息队列上摘下第一个消息缓冲区；将消息缓冲区里的内容送入消息接收区；释放所占用的消息缓冲区。注意，在摘下第一个消息缓冲区前，必须做 P(SM)、P(MUTEX)操作。前者为了判断消息队列上是否有消息缓冲区，即取得与发送者的同步；后者是保证与 send 互斥地对 B 的消息队列进行操作。摘下第一个消息缓冲区后，还要做 V(MUTEX)操作，以释放对临界区的占用，如图 4-22(b)所示。

2. 信箱通信

信箱通信是一种通过被称为“信箱”的中间实体进行通信。所谓信箱，是一种公用的数据结构。当一个进程(发送进程)要与另一个进程(接收进程)通信时，可由发送进程创建一个链接两进程的信箱。通信时，发送进程把要传递的消息组成一封“信件”投入信箱，接收进程可在任何时候从信箱中读取信件。

逻辑上，信箱分成信箱头和信箱体两部分。如图 4-23 所示，信箱体由若干格子组成，每格存放一个信件，格子的数目和大小在创建信箱时确定。信箱头中一般包括以下信息。

信箱大小 size——格子的个数及格子的尺寸。

存信件指针 inPrt——发送者按此指针往信箱体的格子里存放信件。

图 4-22　消息缓冲通信发送与接收流程

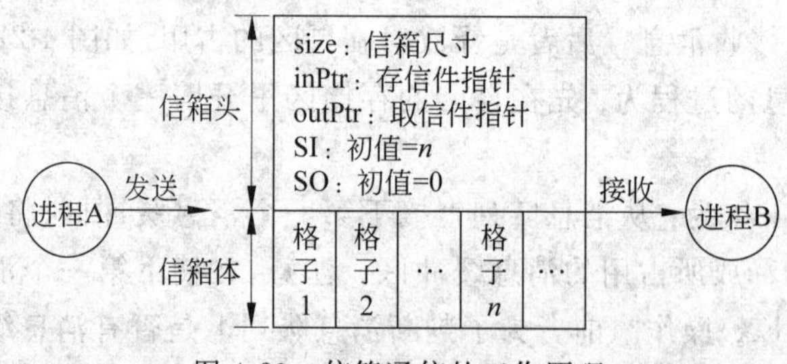

图 4-23　信箱通信的工作原理

取信件指针 outPrt——接收者按此指针从信箱体的格子里取出信件。

空闲格子信号量 SI——存信件时通过它申请格子，初值为格子的个数 n。

信件格子信号量 SO——取信件时通过它记录信件数，初值为 0。

信箱可以由操作系统创建，也可以由用户创建。创建者是信箱的拥有者。信箱可分为三类。

(1) 私有信箱。用户进程为自己创建一个新信箱，并作为进程的一部分。信箱的拥有者有权从信箱中读取信件，其他用户只能将自己的信件发送到该信箱中。当拥有该信箱的进程终止时，信箱也随之消失。

(2) 公用信箱。它由操作系统创建，并提供给系统中所有核准的用户进程使用。核准的进程既可以把信件发送到该信箱，又可以从信箱中取出发送给自己的信件。通常，公用信箱在系统运行期间始终存在。

(3) 共享信箱。它实际上是某种进程创建的私有信箱。在创建时或创建后，又指明它是可以共享的，同时指出共享进程(用户)的名字，此时就成为共享信箱。信箱的拥有者和共享者都有权从信箱中取走发送给自己的信件。

4.4.3 管道通信机制

管道是指用于连接两个进程，以实现它们之间通信的共享文件。管道专用于进程之间进行数据通信。如图4-24所示，向管道提供输入的发送进程(写进程)，以字符流的形式将大量数据送入管道，而接收管道输出的接收进程(读进程)从管道中接收数据。由于发送进程和接收进程是利用管道进行通信的，所以称为管道通信。

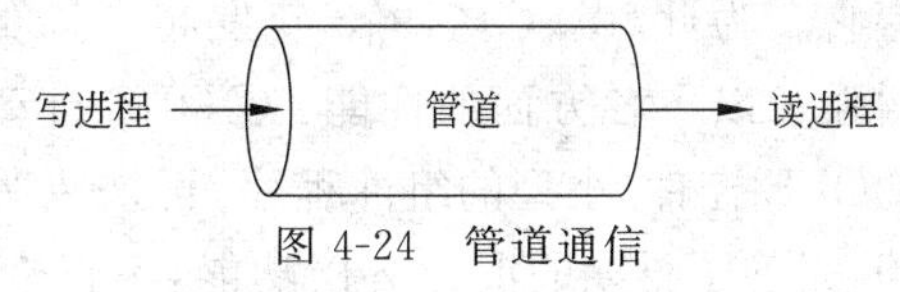

图4-24 管道通信

管道通信在进程之间传输的信息量受缓冲区大小的限制。当管道写满时，发送进程被阻塞。只有当接收进程从管道中读出一部分或全部信息后，发送进程才能继续向管道写信息。反之，当接收进程读空管道时，接收进程被阻塞。

管道有两种类型，一种是有名管道，是一个按名存取的文件，可在文件中长期存在，任一进程都可按通常的文件存取方法存取有名管道。另一种是无名管道，是系统调用管道创建命令建立起来的临时文件，该文件在逻辑上看作是管道文件，在物理上则由文件系统的高速缓冲区构成，很少启动外设，只允许创建管道的进程以比特流方式传送消息。

4.5 Windows 中的进程通信

Windows 操作系统中进程之间的通信，采用消息、共享内存、匿名(命名)管道、邮件槽、套接字等多种技术。Win32 API(应用编程接口)提供了专门用于进程通信的函数，使我们能够控制不同进程间的数据共享和交换，方便高效地进行进程间的通信。

4.5.1 微软标准进程间通信技术的发展

微软标准进程间通信技术的发展过程如下。

1. 进程间通信初期

自从有 Windows 操作系统后，剪贴板(Clipboard)首先解决了不同程序间的通信问题(由剪贴板作为数据交换中心，进行复制、粘贴的操作)。但是剪贴板传递的都是“死”数据，应用程序开发者需要自己编写、解析数据格式的代码。于是动态数据交换(Dynamic Data Exchange，DDE)的通信协定应运而生，它可以让应用程序之间自动获取彼此的最新数据。但是，解决彼此之间的数据格式转换仍然是程序员沉重的负担。对象的链接和嵌入(Object Linking and Embedded，OLE)的诞生把原来应用程序的数据交换提高到“对象交换”,这样程序间不仅获得数据,而且也可以获得彼此的对象,并且可以直接使用彼此数据内容。

2. OLE(对象链接与嵌入)

1991年制定的OLE 1.0规范主要解决多个应用程序之间的通信和消息传递问题,微软希望第三方开发商能够遵守这个规范,以便在当时的Windows平台上的应用程序能够相互协调工作,更大地提高工作效率。然而事与愿违,只有很少的软件开发商支持它。为此,微软于1993年发布了新的规范——OLE 2.0,它在原来的基础上完善并增强了以下各方面的性能:①OLE自动化,一个程序有计划地控制另一个程序的能力;②OLE控件,小型的组件程序,可嵌入另外的程序中,提供自己的专有功能;③OLE文档,完善了早期的混合文档功能,不仅支持简单的链接和嵌入,还支持在位激活、拖放等功能。

3. ActiveX战略

同OLE 1.0相比,OLE 2.0得到了很多软件厂商的支持。许多程序设计人员编写了大量的实现OLE自动化服务器功能的组件,这些组件一般不求功能齐全强大,只是实现专门的功能,被其他程序编程控制,由此承袭OLE的名字,称为OLE控件。它们在文件名中的扩展名一般为OCX(OLE Control Extension)。国际互联网的超速发展让微软始料未及,加上早期的OLE 1.0不得人心,导致后来的人们总把在Word中插入一个图形当作OLE技术的全部,各类资料在介绍新OLE技术时命名也不统一,造成很大的混乱。针对这些情况,微软在1996年重新制订了一个关于OLE的规范——OLE 96。这个规范扩展了OLE控件的能力,并贯彻微软的Internet战略使它更易于在网络环境中使用,还考虑命名混淆的问题,重新给OLE控件贴上一个标签——ActiveX控件。总之,为了满足Internet战略,微软把OLE换成了ActiveX,希望人们重新看待新的OLE——ActiveX,把它看成网络上的解决软件组件问题的标准。

4. OLE/ActiveX与COM/DCOM比较

OLE/ActiveX名称比COM/DCOM更为我们熟悉,其实OLE和ActiveX是商业名称,它们的发展过程为OLE→ActiveX(网络OLE)。COM和DCOM是纯技术名词,它们是OLE/ActiveX的基础,其发展过程为COM→DCOM(网络COM)。其中COM(Component Object Model,组件对象模式)是在OLE 2.0中建立的规范。OLE/ActiveX不仅可以实现进程之间的通信,而且可以创建进程。

4.5.2 Windows Server 2008的通信技术

Windows的进程通信方法大部分移植于UNIX。Windows Server 2008进程间的通信技术主要有以下几种。

1. 使用 WM_COPYDATA 消息实现进程通信

WM_COPYDATA 是一种非常强大的消息。当进程之间需要传送数据时，发送方只需调用 SendMessage 函数，参数是目的窗口的句柄、传递数据的起始地址、WM_COPYDATA 消息。接收方只需像处理其他消息那样处理 WM_COPYDATA 消息，这样收发双方就实现了数据共享。该方法适用于少量数据的通信，主要通过 SendMessage 函数来实现，由于 SendMessage 是阻塞的，只有接收方响应了消息，SendMessage 才能返回，否则一直阻塞。所以，传送大量数据时，用 SendMessage 就容易造成窗口"假死"。

该方法只能用于 Windows 平台的单机环境下。利用消息机制实现通信，虽然有交换的数据量小等缺点，但由于其实现方便、应用灵活而广泛应用于无须大量、频繁交换数据的进程通信系统之中。

2. 使用文件映射实现进程通信

文件映射能使进程把文件内容当作进程地址空间的一部分来对待。因此，进程不必使用文件 I/O 操作，只需简单的指针操作就可读取和修改文件的内容。Windows Server 2008 允许多个进程访问同一文件映射对象，各个进程在它自己的地址空间里接收内存的指针。通过使用这些指针，不同进程就可以读或修改文件的内容，实现对文件中数据的共享。有三种方法来使多个进程共享一个文件映射对象。

(1) 继承，第一个进程建立文件映射对象，它的子进程继承对该对象的句柄。

(2) 命名文件映射。第一个进程在建立文件映射对象时可以给该对象指定一个名字，第二个进程可通过这个名字打开此文件映射对象。另外，第一个进程也可以通过其他 IPC 机制(命名通道、邮槽等)把名字传给第二个进程。

(3) 句柄复制，第一个进程建立文件映射对象，然后通过其他 IPC 机制(命名通道、邮槽等)把对象句柄传递给第二个进程。第二个进程复制该句柄就取得对该文件映射对象的访问权限。

文件映射是在多个进程间共享数据的非常有效的方法，有较好的安全性。但文件映射只能用于本地机器的进程之间，不能用于网络中，开发者还必须控制进程间的同步。

3. 通过共享内存实现进程通信

共享内存实际就是文件映射的一种特殊情况。进程在创建文件映射对象时用 0xFFFFFFFF 来代替文件句柄，表示对应的文件映射对象是从操作系统页面文件访问内存，其他进程打开该文件映射对象就可以访问该内存块。由于共享内存是用文件映射实现的，所以它有较好的安全性，但只能运行于同一计算机上的进程之间。

4. 使用匿名管道实现进程通信

管道(Pipe)是一种具有两个端点的通信通道：有一端句柄的进程可以和有另一端句柄的进程通信。管道可以是单向的：一端是只读的，另一端点是只写的；也可以是双向的：管道的两端点既可读也可写。

匿名管道是在父进程和子进程之间，或同一父进程的两个子进程之间传输数据的无名字的单向管道。通常由父进程创建管道，然后由要通信的子进程继承通道的读端点句柄或写端点句柄，然后实现通信。父进程还可以建立两个或更多个继承匿名管道读和写句柄的子进程。这些子进程可以使用管道直接通信，不需要通过父进程。

匿名管道是单机上实现子进程标准 I/O 重定向的有效方法，它不能在网上使用，也不能用于两个不相关的进程之间。

5. 使用命名管道实现进程通信

命名管道是服务器进程和一个或多个客户进程之间通信的单向或双向管道。不同于匿名管道的是命名管道可以在不相关的进程之间和不同计算机之间使用，服务器建立命名管道时给它指定一个名字，任何进程都可以通过该名字打开管道的另一端，根据给定的权限和服务器进程通信。

命名管道提供了相对简单的编程接口，使通过网络传输数据并不比同一计算机上两进程之间通信更困难，不过如果要同时和多个进程通信它就力不从心了。

6. 使用邮件槽实现进程通信

邮件槽(Mailslots)提供进程间单向通信能力。任何进程都能建立邮件槽，称为邮件槽服务器。其他进程，称为邮件槽客户，可以通过邮件槽的名字给邮件槽服务器进程发送消息，进来的消息一直放在邮件槽中，直到服务器进程读取它为止。一个进程既可以是邮件槽服务器也可以是邮件槽客户，因此可建立多个邮件槽实现进程间的双向通信。

通过邮件槽可以给本地计算机上的邮件槽、其他计算机上的邮件槽或指定网络区域中所有计算机上有同样名字的邮件槽发送消息。广播通信的消息长度不能超过 400 字节，非广播消息的长度则受邮件槽服务器指定的最大消息长度的限制。

邮件槽与命名管道相似，不同之处是：邮件槽是通过不可靠的数据包(如 TCP/IP 协议中的 UDP 包)传输数据的，一旦网络发生错误则无法保证消息正确地接收；而命名管道传输数据则是建立在可靠连接基础上的。不过邮件槽有简化的编程接口和给指定网络区域内的所有计算机广播消息的能力，所以邮件槽不失为应用程序发送和接收消息的另一种选择。

7. 使用 Windows Server 2008 的剪贴板实现进程通信

Windows Server 2008 的剪贴板是一种比较简单，同时也是开销比较小的进程通信机制。剪贴板是系统预留的一块全局共享内存，用来暂存各个进程间进行交换的数据。提供数据的进程创建一个全局内存块，并将要传送的数据移到或复制到该内存块；而接收数据的进程(也可以是提供数据的进程本身)获取此内存块的句柄，并完成对该内存块数据的读取。剪贴板为不同应用程序之间共享数据提供了一条捷径，但它只能在基于 Windows 的程序中使用，不能在网络中使用。

8. 使用动态数据交换(DDE)实现进程通信

动态数据交换是使用共享内存在应用程序之间进行数据交换的一种进程间通信形式。应用程序可以使用DDE进行一次性数据传输,也可以当出现新数据时,通过发送更新值在应用程序间动态交换数据。

DDE和剪贴板一样,既支持标准数据格式,又可以支持自己定义的数据格式。但它们的数据传输机制却不同,一个明显区别是剪贴板操作几乎总是用作对用户指定操作的一次性应答(如从菜单中选择"粘贴"命令)。尽管DDE也可以由用户启动,但启动后一般不用用户进一步干预。

DDE交换可以发生在单机或网络中不同计算机的应用程序之间。大多数基于Windows的应用程序都支持DDE。

9. 使用对象链接与嵌入(OLE)技术实现进程通信

应用程序利用OLE技术管理复合文档(由多种数据格式组成的文档),OLE提供使某进程更容易调用其他进程进行数据编辑的服务。例如,OLE支持的字处理器可以嵌套电子表格,当用户要编辑电子表格时,OLE自动启动电子表格编辑器。当用户退出电子表格编辑器时,该表格已在原始字处理器文档中得到更新。在这里,电子表格编辑器变成了字处理器的扩展,而如果使用DDE,用户要显式地启动电子表格编辑器。

同DDE技术相同,大多数基于Windows的应用程序都支持OLE技术。

10. 使用动态链接库(DLL)实现进程通信

Windows Server 2008动态链接库中的全局数据可以被调用DLL的所有进程共享,这就又给进程间通信开辟了一条新的途径,访问时要注意同步问题。

虽然可以通过DLL进行进程间数据共享,但从数据安全的角度考虑,并不提倡这种方法,使用带有访问权限控制的共享内存的方法更好一些。

11. 使用远程过程调用(RPC)实现进程通信

RPC使应用程序可以使用远程调用函数,使得在网络上用RPC进行进程通信就像函数调用那样简单。RPC既可以在单机不同进程间使用,也可以在网络中使用。

由于Win32 API提供的RPC服从OSF-DCE(Open Software Foundation Distributed Computing Environment)标准。所以通过Win32 API编写的RPC应用程序能与其他操作系统上支持DEC的RPC应用程序通信。

12. 使用NetBios函数实现进程通信

Win32 API提供NetBios函数用于处理低级网络控制,这主要是为IBM NetBios系统编写与Windows的接口。除非那些有特殊低级网络功能要求的应用程序,其他应用程序最好不要使用NetBios函数来进行进程间通信。

13. 使用套接字(Sockets)实现进程通信

Windows Sockets 规范是以 U. C. Berkeley 大学 BSD UNIX 中流行的 Socket 接口为范例定义的一套 Windows 下的网络编程接口。除了 Berkeley Socket 原有的库函数以外,还扩展了一组针对 Windows 的函数,使程序员可以充分利用 Windows 的消息机制进行编程。

现在通过 Sockets 实现进程通信的网络应用越来越多,主要是因为 Sockets 的跨平台性要比其他通信机制好得多,另外 WinSock 2.0 不仅支持 TCP/IP 协议,还支持其他协议(如 IPX)。Sockets 的唯一缺点是它支持的是底层通信操作,这使得在单机的进程间进行简单数据传递不太方便。Sockets 主要用于网络通信。

4.6 Linux 中的进程通信

Linux 下的进程通信方法基本上是从 UNIX 平台继承而来的,有信号量、消息队列、共享内存、管道、有名管道、套接字等多种机制。

1. 使用信号量实现进程通信

信号量用于通知接收进程有某种事件发生。除了用于进程间通信外,进程还可以发送信号给进程本身。Linux 除了支持 UNIX 早期信号语义函数 sigal 外,还支持语义符合 Posix.1 标准的信号函数 sigaction。

信号量方式主要作为进程间以及同一进程不同线程之间的同步手段。Linux 内核对每一个信号量集都会设置一个 shmid_ds 结构,同时用一个无名结构来标识一个信号量。当请求一个使用信号量来表示的资源时,进程需要先读取信号量的值,以判断相应的资源是否可用。当信号量的值大于 0 时,表明有资源可以请求。等于 0 时,说明现在无可用资源,所以进程会进入睡眠状态直至有可用资源时。当进程不再使用一个信号量控制的共享资源时,此信号量的值增 1,对信号量的值进行增减操作均为原子操作,这是由于信号量主要的作用是维护资源的互斥或多进程的同步访问。

Linux 操作系统需要为信号量定制一系列专有的操作函数(semget,semctl 等)。

2. 使用消息队列实现进程通信

消息队列是一种以链表式结构组织的一组数据,存放在内核中,是由各进程通过消息队列标识符来引用的一种数据传送方式。消息队列由 Linux 内核进行维护及存储。有足够权限的进程可以向队列中添加消息,被赋予读权限的进程则可以读走队列中的消息。消息队列克服了信号量方式中承载信息量少等缺点。

消息队列相比其他的通信方式对数据进行更细致的组织,在消息队列中可以随意根据特定的数据类型值来检索消息。当然,其缺点也显而易见,为了维护该数据链表,需要更多的内存资源,数据读写复杂,时间开销大。

在进程间通信之前，首先要建立消息队列，用户进程通过调用函数 msgget 建立或打开一个消息队列，得到该消息队列的标志符。然后，利用此消息队列标志符调用函数 msgsnd 或 msgrcv 来写或读消息队列。可以调用函数 msgctl 来设置或获取消息队列的属性，或删除该消息队列(在消息队列使用完毕后)。

3. 使用共享内存实现进程通信

共享内存就是多个进程可以把一段内存映射到自己的进程空间，使得多个进程可以访问同一块内存空间，以此来实现数据的共享以及传输。该方式是所有进程间通信方式中最快的一种，是针对其他通信机制运行效率较低而设计的。往往与其他通信机制，如信号量结合使用，来达到进程间的同步及互斥。

共享内存是一个双向过程，共享区域内的任何进程都可以读写内存。Linux 提供了专门的函数，调用函数 shmat 将一个存在的共享内存段连接到本进程空间；当对共享内存段操作结束时，调用 shmdt 函数将指定的共享内存段从当前进程空间中脱离出去。使用函数 shmctl 可以对共享内存段进行多种操作。

共享内存相比其他几种方式有着更方便的数据控制能力，数据在读写过程中会更透明。当成功导入一块共享内存后，它只是相当于一个字符串指针来指向一块内存，在当前进程下用户可以随意的访问。

4. 使用内存映射实现进程通信

内存映射允许任何多个进程间通信。需要通信的进程把一个共享的文件映射到自己的进程地址空间，来实现相互之间的通信。利用内存映射实现进程通信，不需要处理句柄，只要打开文件并把它映射在合适的位置就可以了。可以在两个不相关的进程间使用内存映射文件。使用内存映射的缺点是速度不如共享内存快。如果文件很大，所需要的虚拟内存就会很大，这样会造成整体性能下降。

5. 使用管道和命名管道实现进程通信

Linux 继承了 UNIX 管道机制。管道用于具有亲缘关系进程间的通信，允许一个进程和另一个与它有共同祖先的进程之间进行通信。

管道是 Linux/UNIX 系统中比较原始的进程间通信形式，它实现数据以一种数据流的方式，在多进程间流动。在系统中其相当于文件系统上的一个文件，来缓存所要传输的数据。在某些特性上又不同于文件，例如，当数据读出后，则管道中就没有数据，但文件没有这个特性。

管道可以是单向的，也可以是双向的。管道在系统中是没有实名的，并不可以在文件系统中以任何方式看到该管道。它只是进程的一种资源，会随着进程的结束而被系统清除。通过调用函数 pipe 建立管道，返回两个文件描述字，一个用于读，一个用于写，使用 read 和 write 函数对管道进行读写操作。如果要建立一个父进程到子进程的数据通道，首先父进程调用 pipe 函数紧接着调用 fork 函数，由于子进程自动继承父进程的数据段，则父子进程同时拥有管道的操作权。

System Ⅲ UNIX 版本中引入了命名管道，又称为 FIFO，克服了管道没有名字的限制，除具有管道所具有的功能外，它还允许无关系进程间的通信。命名管道一种文件类型，在文件系统中有对应的文件名，在文件系统中可以看到。命名管道由函数 mkfifo 创建，可以在创建和使用它的进程终止后继续存在。

命名管道可以很好地解决无关进程间数据交换的要求，并且由于它们存在于文件系统中，也提供了一种比匿名管道更持久稳定的通信办法。

6. 使用套接口实现进程通信

更为一般的进程间通信机制，可用于不同机器之间的进程间通信。起初是由 UNIX 系统的 BSD 分支开发出来的，但现在一般可以移植到其他类 UNIX 系统上。Linux 和 System Ⅴ的变种都支持套接字。

练　习　题

一、填空题

1. 进程的同步和互斥反映了进程间________和________的关系。

2. 操作系统中信号量的值与________的使用情况有关，它的值仅能由________来改变。

3. 每执行一次 P 操作，信号量的数值 S 减 1。若 S≥0，则调用进程________；若 S<0，则调用进程________。

4. 每执行一次 V 操作，信号量的数值 S 加 1。若________，则调用进程继续执行；否则，先从对应的________队列中移出一个进程并赋予其________状态，然后调用进程继续运行。

5. 利用信号量实现进程的________，应为临界区设置一个信号量 mutex，其初值为 1，表示该资源尚未使用，临界区应置于________和________之间。

6. 高级进程通信方式大致分为三大类：________、________和________。

7. 临界区是指________________。

8. 设有 M 个进程共享一个临界资源，若使用信号量机制实现对临界资源的互斥访问，则该信号量的取值范围是________。

9. 如果信号量的当前值为−4，则表示系统中在该信号量上有________个阻塞进程。

10. 死锁产生的 4 个必要条件是________、________、________和________。

二、选择题

1. 进程间的基本关系为(　　)。

　A. 相互独立与相互制约　　　　B. 同步与互斥

　C. 并行执行与资源共享　　　　D. 信息传递与信息缓冲

2. 进程间的同步与互斥，分别表示了各进程间的(　　)。

　A. 相互独立与相互制约　　　　B. 协调与竞争

C. 不同状态　　D. 动态性与独立性

3. 两个进程合作完成一个任务,在并发执行中,一个进程要等待其合作伙伴发来信息,或者建立某个条件后再向前执行,这种关系是进程间的(　　)关系。

A. 同步　　B. 互斥　　C. 竞争　　D. 合作

4. 在一段时间内,只允许一个进程访问的资源称为(　　)。

A. 共享资源　　B. 临界区　　C. 临界资源　　D. 共享区

5. 在操作系统中,对信号量 S 的 P 操作定义中,使进程进入相应阻塞队列等待的条件是(　　)。

A. S>0　　B. S=0　　C. S<0　　D. S=10

6. 在下列有关进程管理的叙述中,正确的两条叙述是(　　)。

A. 进程之间同步,主要源于进程之间的资源竞争,是指对多个相关进程在执行次序上的协调

B. 临界资源是指每次仅允许一个进程访问的资源

C. 信号量机制是一种有效地实现进程同步与互斥的工具。信号量只能由 P、V 操作来改变

D. V 操作是对信号量执行加 1 操作,意味着释放一个单位资源,加 1 后如果信号量的值小于等于零,则从等待队列中唤醒一个进程,调用进程变为等待状态,否则调用进程继续进行

7. 在系统中采用按序分配资源的策略,将破坏发生死锁的(　　)条件。

A. 互斥　　B. 资源不剥夺　　C. 资源部分分配　　D. 循环等待

8. 某系统中有 3 个并发进程,都需要 4 个同类资源。试问该系统不会发生死锁的最少资源总数应该是(　　)。

A. 9　　B. 10　　C. 11　　D. 12

9. 银行家算法是一种(　　)算法。

A. 死锁避免　　B. 死锁防止　　C. 死锁检测　　D. 死锁解除

10. 信箱通信是进程间的一种(　　)通信方式。

A. 直接　　B. 间接　　C. 低级　　D. 信号量

三、简答题

1. 什么是临界资源？什么是临界区？

2. 试说明进程互斥、同步和通信三者之间的关系。

3. 什么是死锁？死锁预防的措施有哪些？为什么？

4. 从实现方式和资源利用率上分析比较解决死锁的几种方法。

5. 若系统中某资源数为 4,进程数为 3,每个进程最多需要 2 个资源,系统会发生死锁吗？如果资源数为 6,进程数为 2,每个进程最多需要 4 个资源,会发生死锁吗？

6. 进程 A 和 B 共享一个变量,因此在各自的程序里都有自己的临界区。现在进程 A 在临界区里,试问进程 A 的执行能够被别的进程打断吗？能够被进程 B 打断吗？("打断"是指调度新进程运行,使进程 A 暂停执行。)

7. 信号量上的 P、V 操作只是对信号量的值进行加 1 或减 1 操作吗？在信号量上还

能够执行除 P、V 操作外的其他操作吗？

8. 一个计算机有 5 台磁带机，有 n 个进程竞争使用，每个进程最多需要两台。那么 n 为多少时，系统才不存在死锁的危险？

9. 在一个系统中，若进程之间除了信号量之外不能共享任何变量，进程之间能互相通信吗？

10. 进程之间有哪些基本的通信方式？它们分别有什么特点？适用于哪些场合？

四、计算题

1. 有 4 位哲学家围着一个圆桌在讨论问题和进餐。讨论时每人手中什么都不拿，当需要进餐时，每人需要用刀和叉各一把。餐桌上的布置如图 4-25 所示，共有 2 把刀和 2 把叉，每把刀或叉供相邻的两个人使用。请用信号量及 P、V 操作说明 4 位哲学家的同步过程。

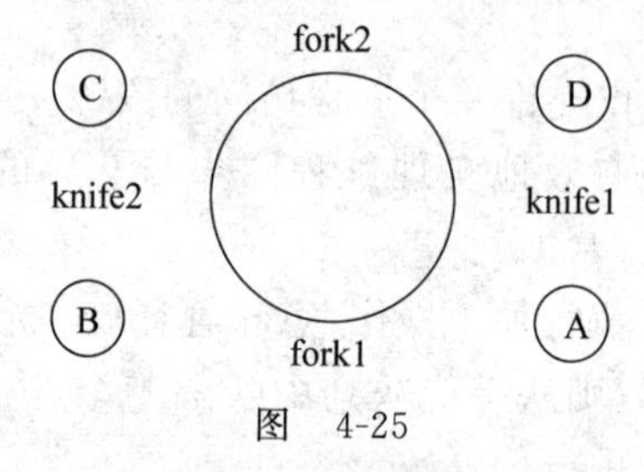

图 4-25

2. 公共汽车上，司机的活动为：启动汽车→正常行驶→到站停车；售票员的活动为：关车门→售票→开车门。为了确保行车安全，试用信号量及其 P、V 操作来协调司机和售票员的工作。

3. 有一个阅览室，共有 100 个座位，读者进入时必须先在一张登记表上登记，该表为每一座位列一表目，包括座号和读者姓名等，读者离开时要注销登记。试用信号量 P、V 操作描述读者“进入”和“注销”工作之间的同步关系。

4. 通过双缓冲区复制文件。把文件 F 中的 n 条记录依次复制到文件 G 中，如图 4-26 所示，GET 负责从文件 F 中按顺序读出一个记录并送入输入缓冲区 R 中；COPY 负责把输入缓冲区 R 中的记录拷贝到输出缓冲区 T 中；PUT 负责把输出缓冲区 T 中读出一个记录，并按顺序写入文件 G 中。假定 R 和 T 的大小正好存放一个记录。试用信号量 P、V 操作描述三者工作之间的关系。

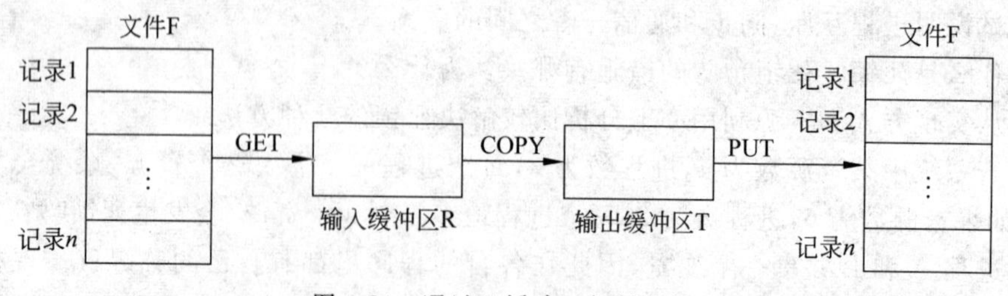

图 4-26 通过双缓冲区复制文件

5. 假定有 3 个进程 R、W1、W2 共享一个缓冲区 B，B 中每次只能存放一个数。进程

R 从输入设备读入一个数，把它存放到缓冲区 B 里。如果存入的是奇数，则由进程 W1 取出打印；如果存入的是偶数，则由进程 W2 取出打印。规定进程 R 只有在缓冲区 B 为空或内容已经被打印后才能进行存放；进程 W1 和 W2 不能从空缓冲区里取数，也不能重复打印。试用信号量及其 P、V 操作管理这 3 个进程，让它们能够协调地正确工作。

6. 在飞机订票系统中，假定公共数据区的单元 A_i（$i=1,2,3,\cdots$）里存放着某月某日第 i 次航班现有票数。在第 j 个售票处，利用变量 R_j 暂存 A_i 里的内容。现在为第 j 个售票处编写代码如图 4-27 所示。试问它的安排对吗？如果正确，试说明理由；如果不对，指出错误，并做出修改。

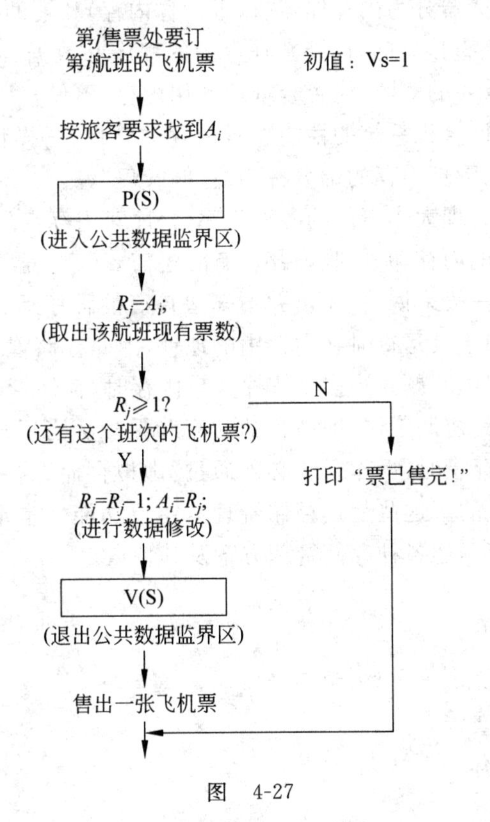

图 4-27

第5章 存储管理

计算机系统中的存储器分为内存储器(以下简称内存)和辅助存储器(以下简称辅存)两种。内存可以被CPU直接访问,而装在辅存中的程序和数据必须读入内存才能运行。可见,内存是一种极为重要的资源,能否合理地使用内存,不仅直接影响内存的利用率,还在很大程度上影响整个计算机系统的性能。对内存的管理,是操作系统的一个重要组成部分。在操作系统中,把管理内存的部分称为“存储管理”。

计算机系统常常要处理大小不同的各种程序,程序对内存空间的要求各不相同,系统必须给各程序正确地分配内存,并回收内存。有时还需要调整程序在内存中的位置,以腾出空间装入其他程序。一般来说,程序员并不知道自己的程序运行时放在内存的什么位置,程序中的地址并不同于其运行时在内存中的地址,因此存储管理必须解决这两种地址之间的转换,即地址重定位问题。当多个程序共享内存时,存储管理既要保证它们彼此隔离、互不干扰,又要保证其协调工作,即内存的共享和保护。当用户程序需要的内存量超过系统当前可提供的内存量时,操作系统必须通过“虚拟存储”这一技术手段,达到“大作业可运行于小内存”的目的。这些就是存储管理的主要功能。本章遵循存储技术的发展轨迹,紧紧围绕以上内容阐述各种存储管理方案及其特点。

本章学习要点

- ✧ 地址的重定位:静态重定位、动态重定位。
- ✧ 不同的存储管理方案。
- ✧ 存储共享和存储保护。
- ✧ 虚拟存储技术。

5.1 存储管理概述

存储管理的主要任务是为用户作业分配内存空间,提高内存的使用效率,并从逻辑上扩充内存空间,使内存在成本、速度和规模之间获得较好的平衡。

5.1.1 存储管理的功能

存储管理的功能一般可以概括为以下几个方面。

1. 内存的分配和回收

当有多个程序申请进入有限的内存空间时，选择哪些程序进入内存？进入内存的什么位置？各程序分配多大的存储空间？什么时候以什么方式收回存储空间以便再次分配？如何记录存储空间的使用情况？等等，这些都涉及存储管理的一项主要功能——内存的分配与回收。内存分配是指按照一定的算法将有限的内存空间分配给多个程序，保证多道程序的并发执行。内存回收是指在用户或系统释放所占用的存储区域时，及时回收存储空间。

2. 地址重定位

用户使用高级程序设计语言编写出源程序，经过编译，产生出相对于0编址的目标程序。目标程序连同系统库函数等一起，经过链接装配，产生出一个相对于0编址的、更大的地址空间。这个地址空间称为是用户程序的"相对地址空间"或"逻辑地址空间"，其地址被称为"相对地址"或"逻辑地址"。

通过前面的学习已经知道，内存可被CPU直接访问，辅存中的程序、数据要被执行或调用必须首先进入内存。内存由一个个存储单元组成，每个存储单元都有一个唯一的单元地址。操作系统中，把单元地址称为内存的"绝对地址"或"物理地址"。从任何一个绝对地址开始的一段连续的内存空间，称为"绝对地址空间"或"物理地址空间"。

在多道程序设计环境下，用户无法事先指定要占用内存的哪个区域，也不知道自己的程序将会放在内存的什么地方。当程序装入内存时，操作系统要为该程序分配一个合适的绝对地址空间。通常，程序的相对地址与分配到的绝对地址是不一致的，而CPU执行指令时是按照绝对地址进行的，所以要进行这两种地址的转换。在操作系统中，将用户程序指令中的相对地址转换为运行时的绝对地址的过程称为"地址重定位"或"地址映射"。

3. 存储共享和保护

在多道程序设计系统中，同时进入内存执行的作业可能需要调用相同的程序或数据，这就是内存的共享。例如，调用编译程序进行编译，把这个编译程序存放在某个区域中，各作业要调用时就访问这个区域，因此这个区域是共享的。

由于内存中同时存放多道程序，为避免内存中各程序互相干扰，必须对内存中的程序和数据进行保护。保证每个用户程序都只能在自己的内存空间运行，互相不干扰。存储保护一般由硬件和软件配合实现。

4. 内存扩充

在计算机系统中，虽然内存的容量随着硬件的发展得到很大的扩充，但有时仍然无法满足实际的需要，通过"虚拟存储"技术达到"扩充"内存的目的。虚拟存储的基本思想是：在软硬件技术的支持下，利用大容量的辅存来扩充内存，产生一个比实际内存空间大得多的虚拟内存空间，以便运行较多和较大的程序。

5.1.2 存储管理的方式

对内存的存储管理方式，根据是否把作业全部装入，全部装入后是否装入一个连续的存储区域，可以分为如图 5-1 所示的几种管理方式。

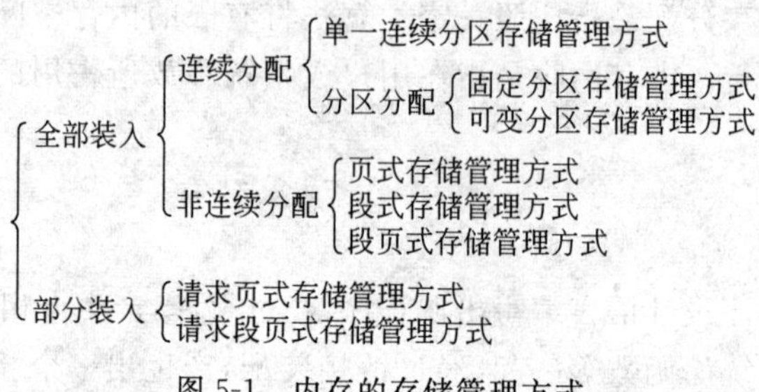

图 5-1 内存的存储管理方式

本章主要介绍以上各种存储管理方式。对于每种存储管理方式，紧紧围绕以下四个方面讲解：一是基本原理，即用户作业是否全部装入、是否装入一个连续的存储区等。二是内存空间的分配与回收，即内存的分配过程、回收过程以及记录内存使用情况的数据结构等；三是地址转换及存储保护，即地址重定位的方式以及转换过程，如何实现各存储区互不干扰等；四是管理特点，分析该管理方式的优、缺点。

5.1.3 地址重定位

前面已经讲过，用户作业装入内存后，要将其用户作业空间中的相对地址转换为内存中的绝对地址，即必须进行地址重定位，才能保证程序的正确执行。按照地址转换时间的不同，地址重定位可分为静态重定位和动态重定位两种方式。

1. 静态重定位

静态重定位是在作业装入内存的过程中，一次性完成相对地址到绝对地址的转换。一般地，静态重定位工作是由操作系统中的重定位装入程序来完成的。用户把自己的作业链接装配成一个相对于 0 编址的目标程序，它就是重定位装入程序的输入，即加工对象。重定位装入程序根据当前内存的分配情况，按照绝对地址空间的起始地址逐一调整用户程序指令中的地址，将其修正为绝对地址，反映出用户程序在内存中的存储位置，从而保证程序的正确运行。

地址重定位与用户程序占用的绝对地址空间的起始地址有关。当操作系统为程序分配了一个以 M 为起始地址的连续内存区域后，重定位时只需将程序中的相对地址加上 M 就得到了绝对地址。举例说，假定用户程序 A 的相对地址空间为 0～2KB(0～2047B)，在地址 2000 处有一条调用子程序(其入口地址为 300)的指令：call 300。显然，用户程序指令中出现的都是相对地址，即都是相对于 0 的地址，如图 5-2(a)所示。如果把程序 A 装入内存中 10～12KB 的区域，则指令 call 300 对应的绝对地址为 10KB＋2000＝

12 240；子程序入口地址 300 对应的绝对地址为 10KB＋300＝10 540，如图 5-2(b)所示。如果把程序 A 装入 20～22KB 的区域，则指令 call 300 对应的绝对地址为 20KB＋2000＝22 480；子程序入口地址 300 对应的绝对地址为 20KB＋300＝20 780，如图 5-2(c)所示。

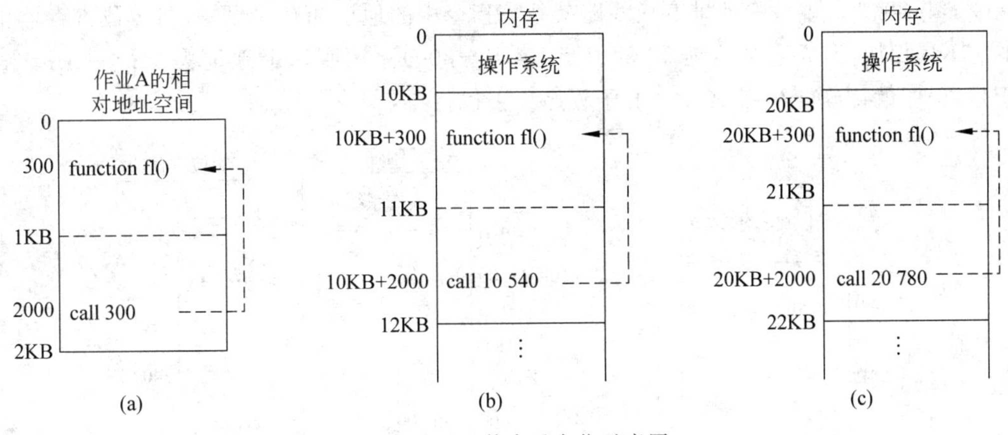

图 5-2　地址静态重定位示意图

静态重定位有以下特点。

(1) 静态重定位是在程序装入内存时、运行之前完成地址转换的。

(2) 静态重定位由软件实现。

(3) 地址重定位工作是在程序装入时被一次性集中完成的。

(4) 由于进行了地址调整，绝对地址空间里的目标程序与原相对地址空间里的目标程序已不相同。

(5) 静态重定位后，如果用户程序在内存中做了移动，那么程序指令中的地址就不再反映所在的存储位置，除非重新进行地址重定位。

2. 动态重定位

用户程序经过地址的静态重定位之后，就不能做任何移动。因为它在内存中一动，其指令中的地址就不能正确地反映其所在位置，程序执行时必定出现混乱。但有些情况下，为了对存储区域进行合并，要求用户程序在内存中移动。显然，这时不能对用户程序施行静态重定位，而是应该把相对地址空间中的用户程序“原封不动”地装入分配给它的绝对地址空间中。等到真正执行某一条指令时，再根据当前程序所在区域，对指令中的地址进行重定位。由于这种方式的地址转换是在程序执行时动态完成的，故称为地址的“动态重定位”。

地址的动态重定位需要硬件的支持。硬件中要有一个地址转换机构负责完成该任务，它一般由地址转换线路和一个“定位寄存器”(也称“基址寄存器”)组成，用户程序则不做任何修改地装入分配给它的存储分区中。当调度到用户程序运行时，就把它所在分区的起始地址置入定位寄存器中。CPU 每执行一条指令，就把指令中的相对地址与定位寄存器中的值相加，得到绝对地址；然后按照这个绝对地址去执行该指令，访问所需要的存储位置。

还是以用户程序 A 为例来说明,假定按照当前内存的分配情况,把程序 A 原封不动地装入 10～12KB 的分区里。当调度到程序 A 运行时,操作系统就把它所占用的分区的起始地址 10KB 装入定位寄存器中,如图 5-3(b)所示。当执行到位于 10KB＋2000 中的指令 call 300 时,硬件的地址变换线路就把该指令中的地址 300 取出来,与定位寄存器中的 10KB 相加,形成绝对地址 10 540(＝10KB＋300)。按照这个地址去执行 call 指令。于是,程序就正确转移到 10 540 的子程序处去执行。

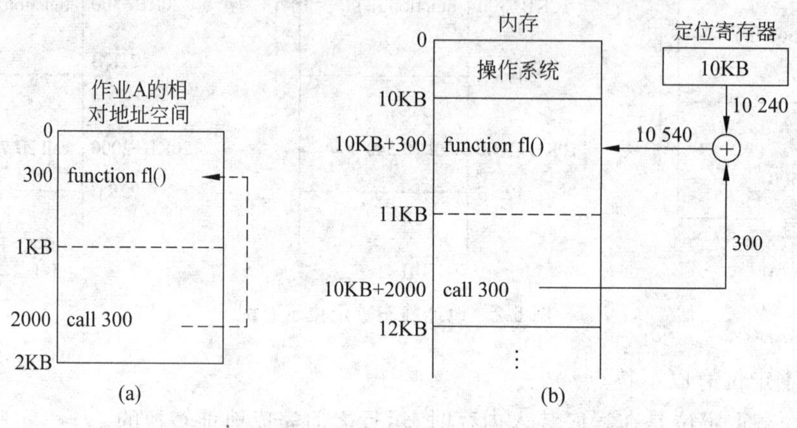

图 5-3　地址动态重定位示意图

静态重定位和动态重定位都能实现从相对地址到绝对地址的转换,但它们又有很大的区别,主要表现在以下几个方面。

(1) 地址转换时刻: 静态重定位是在程序运行之前完成地址转换的;动态重定位却是将地址转换的时刻推迟到指令执行时进行。

(2) 谁来完成任务: 静态重定位是由软件完成地址转换工作的;动态重定位则由一套硬件提供的地址转换机构来完成。

(3) 完成的形式: 静态重定位是在装入时一次性集中地把程序指令中要转换的地址全部加以转换;而动态重定位则是执行一条指令时,对其地址加以转换。

(4) 完成的结果: 实行静态重定位,原来的指令地址部分被修改;实行动态重定位,只是按照所形成的地址去执行这条指令,并不对指令本身做任何修改。

5.2　固定分区存储管理

连续分配方式是将作业作为一个不可分割的整体装入内存中的连续区域。根据内存分区的不同方式,分为以下三种: 单一连续分区存储管理方式、固定分区存储管理方式、可变分区存储管理方式。本节先介绍单一连续分区存储管理方式和固定分区存储管理方式。

5.2.1 单一连续分区存储管理

这是最早出现的一种存储管理方式，也是一种最简单的存储管理方式。在这种管理方式下，操作系统和用户作业各占有一部分内存空间。这种分配方式曾被广泛应用于20世纪60～70年代的操作系统中。

1. 基本原理

内存分为两个分区，一个分区固定分配给操作系统使用，称为“系统区”；另一个分配给用户使用，称为“用户区”，如图5-4(a)所示。

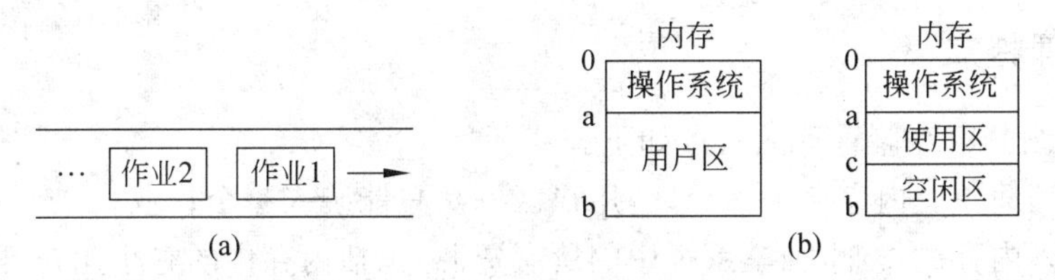

图5-4 单一连续分区存储管理

系统区仅提供给操作系统使用，可以驻留在内存的低地址部分，也可以驻留在内存的高地址部分。由于中断向量通常驻留在低地址部分，所以操作系统通常也驻留在内存的低地址部分。

用户区是除系统区以外的内存空间，提供给用户使用。整个用户区被一个用户独占，当用户作业大于用户区时，该作业不能装入。用户区又被分为“使用区”和“空闲区”两部分，如图5-4(b)所示。使用区是用户作业程序真正占用的那个连续存储区域；空闲区是分配给了用户但未被使用的区域。在操作系统中，把分配给了用户但未被使用的区域称为“内部碎片”。内部碎片的存在是对内存资源的一种浪费。

由于任何时刻内存用户区中只有一个作业运行，因此这种管理方式仅能用于单用户单任务的操作系统中。

2. 内存空间的分配与回收

等待装入内存的作业排成一个作业队列，当内存中无作业或一个作业执行结束时，允许作业队列中的一个作业装入内存。具体分配过程为：从作业队列中取出队首作业；判断作业相对地址空间与用户区的大小，若作业相对地址空间小于用户区，则把作业装入用户区。否则不能装入。

在这个管理方式下，作业一旦进入内存，直到执行结束后才释放内存。回收内存空间不需要做任何操作，直接装入第二个作业即可。

3. 地址转换与存储保护

因为主存所有空间归一个用户作业使用，所以它采用静态分配方式，即在作业被装入主存时，一次性完成地址转换。采用这种管理方式时，处理器设置两个寄存器：界限寄存器和重定位寄存器。界限寄存器存放用户区的长度，重定位寄存器存放用户区的起始地址。一般情况下，这两个寄存器的内容是不变的，只有当操作系统占有的存储区域改变时才会改变。

当 CPU 在管态下工作时，允许访问内存中的任何地址；当 CPU 在目态下工作时，对内存的每一次访问，都要在硬件的控制下，与界限寄存器中的内容进行比较。CPU 获得的相对地址首先与界限寄存器的值比较，若不大于界限寄存器的值.就与重定位寄存器中的基址相加，得到绝对地址，到内存中去执行；若大于界限寄存器的值，就产生"地址越界"中断信号，阻止这次访问，从而将作业限制在规定的存储区域内运行，达到存储保护的目的。

4. 管理特点

单一连续分区存储管理的特点如下。

(1) 管理简单。内存分为两个区，用户区一次只能装入一个作业。

(2) 进入内存的作业，独享系统中的所有资源，包括内存中的整个用户区。

(3) 对用户程序实行静态重定位。因为整个用户区都分配给了一个用户使用，作业程序进入用户区后，没有移动的必要。

单一连续分区存储管理有如下缺点。

(1) 由于每次只能有一个作业进入内存，故它不适用于多道程序设计，整个系统的工作效率不高，资源利用率低下。

(2) 只要作业比用户区小，那么在用户区里就会形成碎片，造成内存储器资源的浪费。如果用户作业很小，那么这种浪费是巨大的。

(3) 若用户作业的相对地址空间比用户区大，那么该作业就无法运行。即大作业无法在小内存上运行。

5. 改进

(1) 覆盖

为了克服单一连续分区存储管理的不足，可以采用覆盖技术"扩充"内存。所谓"覆盖"是早期为程序设计人员提供的一种扩充内存的技术，其中心思想是允许一个作业的若干个程序段或数据段使用同一个存储区，被共用的存储区称为"覆盖区"。

例如，有一个用户作业程序的调用关系如图 5-5(a)所示。程序段 A 需要存储量 20KB，它要调用程序段 B(需 50KB 存储量)或 C(需 30KB 存储量)。程序段 B 要调用程序段 D(需 30KB 存储量)。程序段 C 要调用程序段 E(需 20KB 存储量)或程序 F(需 40KB 存储量)，通过连接装配的处理，该作业将形成一个需要存储量 190KB 的相对地址空间，如图 5-5(b)所示。这表明，只有系统分配给它 190KB 的绝对地址空间时，它才能够全部装入并运行。

其实不难看出，该程序中的程序段 B 和 C 不可能同时调用，即 A 调用程序段 B，就肯定不会调用程序段 C，反之亦然。程序段 D、E 和 F 也不可能同时被调用。所以，除了程

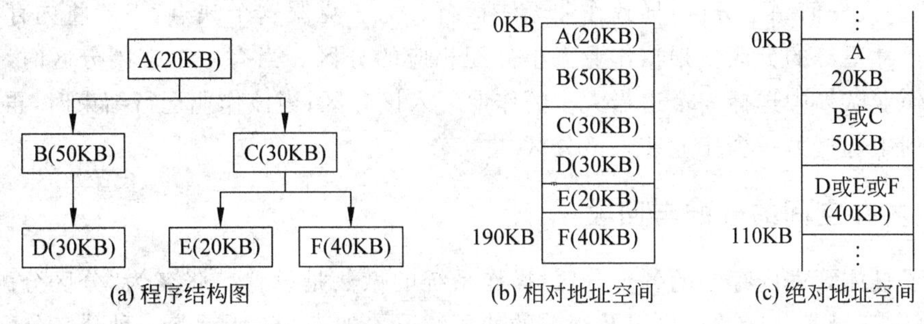

(a) 程序结构图　(b) 相对地址空间　(c) 绝对地址空间

图 5-5　覆盖技术示意图

序段 A 必须占用内存中的 20KB 外，B 和 C 可以共用一个存储量为 50KB 的存储区，D、E 和 F 可以共用一个存储量为 40KB 的存储区，如图 5-5(c)所示。只要分给该程序 110KB 的存储量，它就能够运行。B 和 C 共用的存储区、D、E 和 F 共用的存储区，为覆盖区。覆盖技术并不能彻底解决大作业与小内存的矛盾。

(2) 交换

为了让单一连续分区存储管理能具有“多道”的效果，在一定条件下，可以采用“交换”技术来实现。“交换”的中心思想是：将作业信息都存放在辅助存储器上，根据单一连续分区存储管理的分配策略，每次只让其中的一个进入内存投入运行。当运行中提出输入/输出请求或分配给的时间片用完时，就把这个程序从内存储器“换出”到辅助存储器，把辅助存储器里的另一个作业“换入”内存储器运行。从宏观上看，系统中同时有多个作业处在运行之中。“交换”是以辅存作为内存的后援而得以实现的，没有辅存的支持，就谈不上“交换”。

5.2.2　固定分区存储管理

单一连续分区存储方式的一大不足是资源利用率低，这是因为该方式下内存中只能有一个用户区，每次只能运行一个作业。为了解决这个问题，可以把内存划分为若干分区，除操作系统占用一个分区外，其余的每一个分区里装入一个作业，从而实现多个作业同时运行。根据分区数目及各分区尺寸是否可变，分为固定分区存储管理方式和可变分区存储管理方式。前者的分区数目及各分区尺寸一旦划分好，就是固定的、不可改变；后者的分区数目及各分区大小是按照进入作业的情况来确定的，是可变的。本节介绍固定分区存储管理方式。

1. 基本原理

固定分区存储管理，是指预先把内存中的用户区划分成若干个分区，各分区的尺寸可以相同，也可以不同。划分后，分区的个数以及每个分区的尺寸将保持不变。每个分区中只允许装入一个作业，一个作业也只能装入一个分区中。这样就可以装入多个作业，使它们并发执行。

如果将各分区划分为相同尺寸，当作业太小时，会造成内存空间的浪费；当作业太大时，无法进入任何一个分区，导致作业无法运行。为了克服这个缺点，一般将内存划分为若干个尺寸不等的分区。根据作业大小分配相应的分区。当有一个空闲分区时，便可以从后备作业队列中选择一个适当大小的作业装入该分区；当该作业运行结束时，再从后备作业队列中选择另一个作业装入该分区。

2. 内存空间的分配与回收

为了具体管理内存中的各个分区，操作系统的做法是设置一张名为“分区分配表”的表格，用它记录各分区的信息以及当前的使用情况。如表 5-1 所示为一种分区分配表。

表 5-1　分区分配表

分区号	起始地址	长　度	状　态
1	10KB	30KB	作业 5
2	40KB	7KB	0
3	47KB	50KB	作业 2

分区分配表中至少包含每个分区的分区序号、起始地址、长度和状态。状态为 0 时，表示该分区当前是空闲的，可以分配；装入作业后，其值改为作业名，表示该分区已经被该作业占用。从表 5-1 可以看出，该系统共有 3 个分区。第 1 分区已经分配给作业 5 使用，第 3 分区分配给了作业 2 使用。当前只有第 2 分区是空闲的。

当有作业申请内存空间时，分配步骤为：按照分区号扫视分区分配表，找到使用标志为 0 的分区，比较作业尺寸与该分区的长度。若能够容纳该作业，就把该分区分配给这个作业，同时修改分区分配表中该分区的状态(即把该作业的名字填入)，从而完成分区的分配工作。

当一个作业运行结束时，只需根据作业名，在分区分配表里找到它对应的记录，将该记录的状态改为 0，表示该分区当前为空闲分区，从而完成该分区的释放工作。

3. 地址重定位与存储保护

固定分区存储管理中，每一个分区只允许装入一个作业，作业在运行期间没有必要移动自己的位置，因此，对程序实行静态重定位。具体地，当决定将某一个分区分配给一个作业时，重定位装入程序就把该作业程序指令中的相对地址与该分区的起始地址相加，得到相应的绝对地址，完成对指令地址的重定位以及对程序的装入。

在固定分区存储管理中，不仅要防止用户程序对操作系统形成的侵扰，也要防止用户程序与用户程序之间形成的侵扰。因此必须在 CPU 中设置一对专用的寄存器，用于存储保护。两个专用寄存器分别起名为“低界限寄存器”和“高界限寄存器”，如图 5-6 所示。

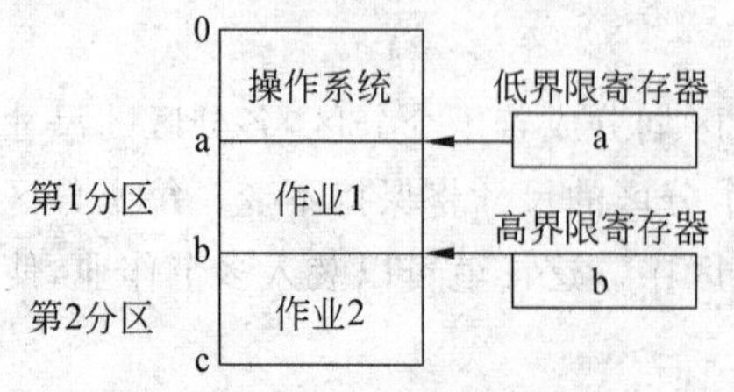

图 5-6　固定分区存储管理中的存储保护

当进程调度程序调度某个作业进程运行时，就把该作业所在分区的低边界地址装入低界限寄存器，把高边界地址装入高界限寄存器。比如现在调度到分区 1 里的作业 1 运行，于是就把第

1 分区的低地址 a 装入低界限寄存器中，把第 1 分区的高地址 b 装入高界限寄存器中。作业 1 运行时，硬件会自动检测指令中的地址，如果超出 a 或 b，那么就产生越界中断，从而限定作业 1 只在自己的区域里运行。

例 5-1　设有一程序装入内存的起始地址是 500，末地址是 1500。判断访问逻辑地址 345、1010 是否合法。

解：高界限寄存器放 1500，低界限寄存器放 500。

物理地址＝逻辑地址＋装入内存的起始地址

345＋500＝845；因为 500＜845＜1500，所以逻辑地址 345 是合法地址。

1010＋500＝1510；因为 1510＞1500，所以逻辑地址 1010 是非法地址，产生越界中断。

4. 管理特点

固定分区存储管理的特点如下。

(1) 它是最简单的、多道的存储管理方案。对比单一连续分区，它提高了系统资源的利用率。

(2) 当把一个分区分配给某个作业时，该作业的程序将被一次性地全部装入分配给它的分区里。

(3) 对进入分区的作业程序，实行的是静态重定位。在分区内的程序不能随意移动，否则运行就会出错。

(4) 进入分区的作业尺寸，往往与分区的大小不一致，势必产生内部碎片，引起内存资源的浪费。

(5) 如果作业的尺寸比任何一个分区的长度都大，那么它就无法运行。

5.3　可变分区存储管理

固定分区存储管理中，由于进入分区的作业大小，不可能刚好等于该分区的尺寸。所以，分配出去的分区总会有一部分成为内部碎片而浪费掉。如果各分区不是事先划分好的，而是根据进入作业的大小来划分，就可以避免固定式分区所产生的存储浪费，这就是可变分区存储管理的基本思想。

5.3.1　基本思想

可变分区存储管理的基本思想是：在作业要求装入内存时，如果内存中有足够的存储空间满足该作业的需求，那么就划分出一个与作业相对地址空间同样大小的分区，并分配给该作业。分区的数目随进入作业的多少而变，各分区的尺寸随进入作业的大小而变。

如图 5-7 所示是可变分区存储管理思想的示意图。图 5-7(a)是系统的后备作业队列：作业 A(需内存 5KB)、作业 B(需内存 12KB)。图 5-7(b)是系统初启时的情形，系统里没有作业运行，所以用户区是一个空闲分区；图 5-7(c)表示作业 A 装入内存时的情形，为它划分了一个尺寸为 5KB 的分区，此时用户区被分为两个分区，一个分配给作业 A，一个是空闲区；图 5-7(d)表示将作业 B 装入内存时，为它划分了一个尺寸为 12KB 的分区，此时用户区被分为三个分区，一个分配给作业 A，一个分配给作业 B，一个是空闲区。可见，分区的数目及各分区的尺寸取决于进入作业的数目和大小。

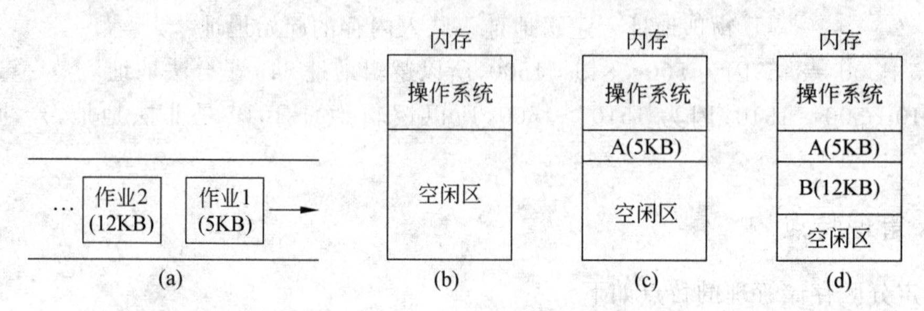

图 5-7　可变分区存储管理示意图

可变分区存储管理中，分区的划分是按照作业大小进行的，所以在分区里不会出现内部碎片。也就是说，可变分区存储管理消灭了内部碎片，不会出现由于内部碎片而引起的存储浪费。

5.3.2　内存空间的分配与回收

可变分区存储管理中，内存中的使用区和空闲区在不断地变化着。对内存空间进行分配与回收时，必须知道哪些分区是已分配的，哪些分区是空闲的，以及各个分区的尺寸等信息。常用表格法、链表法来记录这些信息。

1. 表格法与链表法

操作系统设置两张表格来记录各分区信息，它们是“已分配表”和“空闲区表”，如图 5-8 所示。已分配表记录当前已分配作业的分区的情况；空闲区表记录当前空闲分区的情况。表格中的每条记录项对应一个分区，至少包含序号(记录项的顺序号)、起始地址、尺寸和状态等属性。状态有三种取值：“空闲”表示该记录对应的分区为空闲分区，可以分配；“空”表示该记录暂时不用，也就是不记录任何分区信息；对于已分配分区，此处为装入该分区的作业名。

当有作业提出存储需求时，查询空闲区表里状态为“空闲”的记录项。如果该项的尺寸能满足需求并且符合分配算法，就将它一分为二：分配出去的那一部分在已分配表中找一个状态为“空”的记录项进行登记；剩下的部分(如果有)仍在空闲区表中占据一个表目项。

当一个作业运行结束时，根据作业名到已分配表中找到它对应的记录项，将该项的“状态”改为“空”；在空闲区表中寻找一个状态为“空”的记录项，把释放分区的信息填入，并将记录项状态改为“空闲”。

(a) 内存的分配

序号	起始地址	尺寸	状态
1	70KB	5KB	作业B
2	—	—	空
3	75KB	30KB	作业E
4	—	—	空
…	…	…	…

(b) 已分配表

序号	起始地址	尺寸	状态
1	—	—	空
2	20KB	50KB	空闲
3	105KB	15KB	空闲
…	…	…	…

(c) 空闲区表

图5-8 可变分区管理方式中的表格

例如,在图5-8的基础上,到达一个作业F,存储请求是20KB。先去查图5-8(c)所示的空闲区表,从表中可以看出,现在内存中有两个空闲分区,尺寸分别为50KB、15KB。前一个空闲区可以满足F的存储请求。该分区一分为二:20～40KB被分配给作业F,形成一个新的已分配区;40～70KB形成一个新的空闲区。此时内存分区如图5-9(a)所示。为了把新的已分配区(20～40KB)的信息填入已分配表,要在表中寻找一个状态为“空”的记录项,比如将信息填入序号为2的记录项,图5-8(b)就变为图5-9(b)。原来的空闲区也发生了变化,需要修改其对应的记录项,图5-8(c)变为图5-9(c)。

内存
0
操作系统
20KB
作业F(20KB)
40KB
空闲区(30KB)
70KB
作业B(5KB)
75KB
作业E(30KB)
105KB
空闲区(15KB)
120KB

(a) 内存分配

序号	起始地址	尺寸	状态
1	70KB	5KB	作业B
2	20KB	20KB	作业F
3	75KB	30KB	作业E
4	—	—	空
…	…	…	…

(b) 已分配表

序号	起始地址	尺寸	状态
1	—	—	空
2	40KB	30KB	空闲
3	105KB	15KB	空闲
…	…	…	…

(c) 空闲区表

图5-9 分区分配后表格的变化

从本例的分析过程可以看到,随着作业不断地申请存储区域,分区的数目逐渐增加,每个分区的尺寸逐渐减小,空闲分区能够满足作业存储要求的可能性在下降。甚至有些分区因为尺寸太小,不能满足任何作业的需求而分配不出去。在存储管理中,把那些无法满足作业存储请求的空闲区称为“外部碎片”。内部碎片是分配给了用户而用户未用的存储区;外部碎片是无法分配给用户使用的存储区。

链表法又分为单链表法和双链表法。单链表法是在每个空闲分区中开辟出两个单元,一个用于存放该分区的长度(size),一个用于存放它下一个空闲分区的起始地址(next),如图5-10(a)所示。操作系统开辟一个单元,专门存放第一个空闲分区的起始地址,称为“链首指针”。最后一个空闲分区的next存放NULL,表明它是最后一个。这样,系统中的所有空闲分区被连接成一个链表。从链首指针出发,顺着各个空闲分区的next

就能到达所有的空闲分区。这种管理方式下，无论分配存储分区还是释放存储分区，都要涉及 next 的调整。

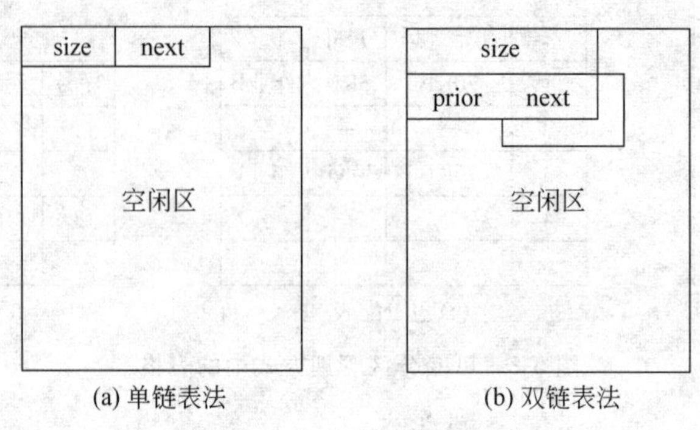

(a) 单链表法　　(b) 双链表法

图 5-10　链表法

双链表法，除了存放本分区的长度 size 和下一个空闲区起始地址 next 外，还存放它的上一个空闲分区的起始地址 prior，如图 5-10(b)所示。既可以方便地由 next 找到下一个空闲分区，又可以由 prior 找到上一个空闲分区。这种管理方式下，无论分配存储分区还是释放存储分区，都要涉及 prior 和 next 的调整。

单链表法和双链表法中空闲区的排列顺序有两种方法。一种是地址法，每个空闲分区按照其起始地址由小到大排列在链表中，当有一个空闲区要进入链表时，依据它的起始地址找到它在链表中的正确位置，然后调整指针进行插入。另一种是尺寸法，每个空闲分区按照其长度由小到大排列在链表中，当有一个空闲区要进入链表时，依据它的尺寸，在链表中找到它的合适位置调整指针进行插入。

2. 空闲分区的分配算法

当系统中有多个空闲的存储分区能够满足作业提出的存储请求时，究竟将谁分配出去，这属于分配算法问题。在可变分区存储管理中，常用的分区分配算法有：最先适应算法、最佳适应算法以及最坏适应算法。

(1) 最先适应算法

把最先找到的、满足存储需求的那个空闲分区作为分配的对象。这种方案的优点是查找时间短，实现简单；缺点是把大的空闲分区分割成许多小的分区，对大作业不利。

(2) 最佳适应算法

从当前所有空闲区中找出一个能够满足存储需求的、最小的空闲分区作为分配的对象。这种方案的出发点是尽可能地不把大的空闲区分割成为小的分区，以保证大作业的需要。该算法实现起来比较费时、麻烦。

(3) 最坏适应算法

从当前所有空闲区中找出一个能够满足存储需求的、最大的空闲分区作为分配的对象，分割一部分给作业使用，使剩下的部分不至于太小而成为碎片。这种方案的优点是不会产生过多的碎片；缺点是影响大作业的分配。

比较三种分配算法，从搜索速度和回收过程看最先适应算法具有最好的性能。从空间利用上看最佳适应算法找到的空闲去最合适，但容易形成碎片。最坏适应算法不容易形成碎片，但会过多地分割大的空闲区。在实际系统中，最先适应算法用得较多。

当到达一个作业需要进行内存分配时，从空闲分区表首开始顺序查找，找到第一个满足作业尺寸要求且符合分配算法的空闲分区就进行分配。同时分割这个空闲区，一部分分配给作业，余下的形成一个新的空闲分区。

例 5-2 如图 5-11(a)所示，现有 3 个空闲分区，一个是 30～76KB，一个是 102～140KB，一个是 180～256KB。现在要到达一个 30KB 的作业 F。试问，分别实行最先适应算法、最佳适应算法、最坏适应算法，应该把哪个空闲分区分配给它？

解：

(1) 最先适应算法

3 个空闲分区都能满足作业 F 的存储请求。至于分配哪一个，由系统采用的空闲区组织方式来决定。如果采用的是地址法，空闲区 30～76KB 排在前面，被分配给作业 F，其中 30～60KB 装入作业 F，60～76KB 成为新的空闲分区，如图 5-11(b)所示。如果采用的是尺寸法，空闲区 102～140KB 排在前面，被分配给作业 F，其中 102～132KB 装入作业 F，133～140KB 成为新的空闲分区，如图 5-11(c)所示。

(2) 最佳适应算法

最佳适应算法总是从当前空闲区中找出一个能满足存储需求的、最小的空闲分区作为分配对象，分配对象与空闲分区的组织方式无关。根据题意，选择空闲区 102～140KB 分配给作业 F，其中 102～132KB 装入作业 F，132～140KB 成为新的空闲分区，如图 5-11(c)所示。

(3) 最坏适应算法

最佳适应算法总是从当前空闲区中找出一个能满足存储需求的、最大的空闲分区作为分配对象，分配对象也与空闲分区的组织方式无关。根据题意，选择空闲区 180～256KB 分配给作业 F，其中 180～210KB 装入作业 F，210～256KB 成为新的空闲分区，如图 5-11(d)所示。

3. 空闲分区的合并

如果在图 5-9 的基础上到达一个作业 G，存储请求是 35KB。从图 5-9(c)可以看出，现有的两个空闲分区，一个为 15KB，另一个为 30KB，都不能满足作业 G 提出的请求，但它们的和 45KB 却比 35KB 大。如果能将两个分区合并，就可以满足作业 G 的存储请求。

空闲分区的合并，也称为“存储紧凑”。何时进行合并，操作系统有两种方案：一是调度到某个作业时，系统中的每一个空闲分区的尺寸都比该作业需要的存储量小，但空闲分区的总存储量却大于该作业的存储请求，此时可以进行空闲分区的合并，以满足该作业的存储需要；二是只要有作业运行完毕归还它所占用的存储分区，系统就进行空闲分区的合并。前者要花费较多的精力去管理空闲区，但空闲区合并的频率低，系统在合并上的开销少；后者总是在系统里保持一个大的空闲分区，因此对空闲分区谈不上更多的管理，但是空闲分区合并的频率高，系统在合并上的开销大。

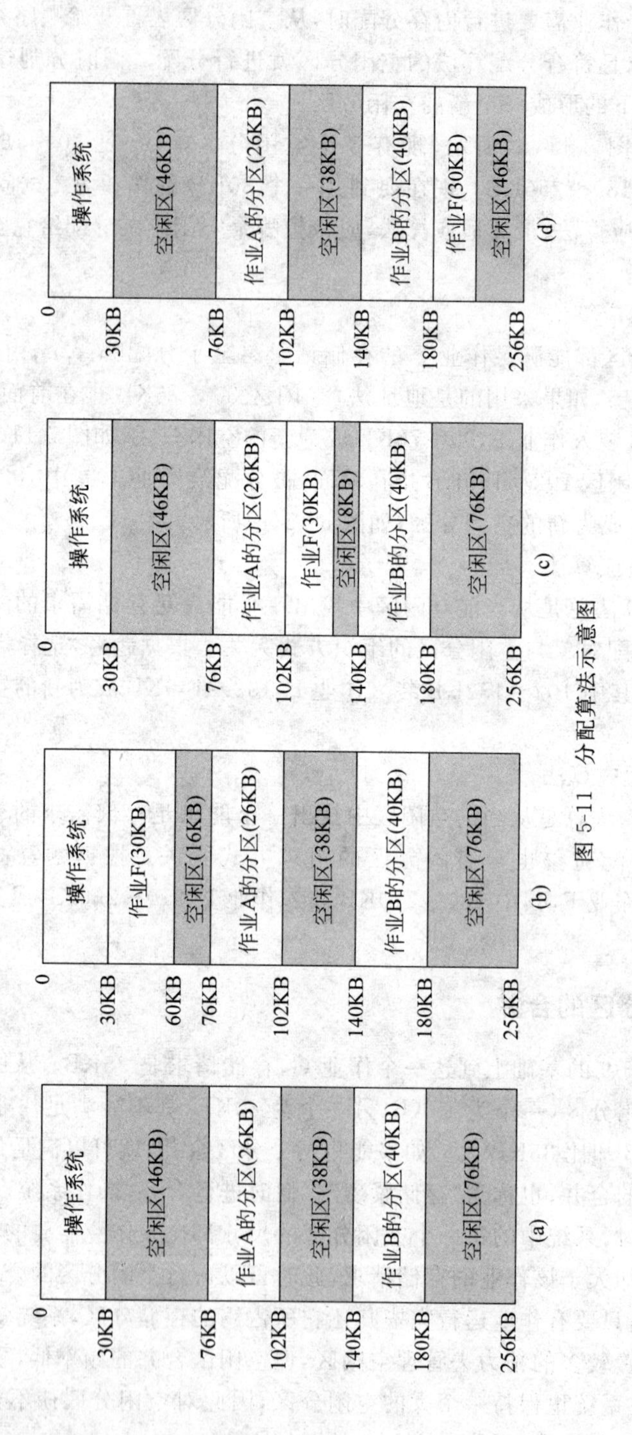

图 5-11 分配算法示意图

5.3.3 地址重定位与存储保护

为了形成大的空闲分区，需要进行空闲分区的合并，这常需要移动已装入内存的作业。所以可变分区存储管理一般采用动态重定位方式装入作业。

系统设置了一对寄存器——基址寄存器和限长寄存器，用来记录当前正在运行的作业所占分区的起始地址和终止地址。作业执行过程中，将指令中的相对地址与基址寄存器中的内容相加得到绝对地址，并比较该绝对地址与限长寄存器中的值。如果绝对地址小于或等于限长寄存器的值，允许访问该地址；否则产生"地址越界"中断，不允许访问，停止执行该指令。

当作业运行结束让出处理器时，调度程序将选择另一个可以运行的作业，并将其所在分区的起始地址和终止地址分别送入基址寄存器和限长寄存器中。

5.3.4 管理特点

可变分区存储管理有如下特点。

(1) 作业一次性地全部装入一个连续的存储分区中。

(2) 分区是按照作业对存储的需求划分的，因此不会出现内部碎片这样的存储浪费。

(3) 为了确保作业能够在内存中移动，要由硬件支持，实行地址的动态重定位。

(4) 仍然没有解决小内存运行大作业的问题，只要作业的存储需求大于系统提供的整个用户区，该作业就无法投入运行。

(5) 虽然避免了内部碎片造成的存储浪费，但有可能出现极小的分区暂时分配不出去的情形，引起外部碎片。

(6) 为了形成大的分区，可变分区存储管理通过移动程序来达到分区合并的目的，增加了系统在这方面的投入与开销。

5.4 页式存储管理

前面介绍的连续存储分配方式，要求用户作业必须被装入一个连续的存储区域，才能正确运行。为了得到大的连续分区分配给用户作业，需要通过移动技术将碎片拼接成可用的空闲区，系统为此付出了很大的开销。如果允许将一个作业直接分散地分配到不相邻的分区中，仍然能保证它正确运行，就不必再进行移动了。基于这一思想产生了内存的离散分配方式，打破了"连续"的禁锢，把对存储器的管理大大向前推进了一步。

根据离散分配时所用基本单位的不同，分为页式存储管理方式、段式存储管理方式、段页式存储管理方式。本节首先介绍页式存储管理方式。

5.4.1 基本思想

页式存储管理是将固定分区方法与动态重定位技术结合在一起提出的一种存储管理方案，它需要硬件的支持。其基本思想如下。

(1) 把内存空间划分成大小相等、位置固定的若干小分区，每个小分区称为一“块”，依次编号为 0、1、2、…每个存储块的大小由系统决定，一般为 2 的 n 次幂，如 1KB、2KB、4KB 等。块是存储分配的单位。

(2) 相应地，把用户作业的相对地址空间也划分成与“块”大小相等的若干小分区，每个小分区被称为一“页”，依次编号为 0、1、2、…用户相对地址空间中的每一个相对地址，都可以用数对(页号，页内位移)来表示。例如，当页尺寸为 2K 时，相对地址 3000 对应数对(1,952)，1 是所在页的页号，952 是与所在页起始位置(2KB＝2048B)之间的位移。相对地址与数对一一对应。

(3) 由于“页”的尺寸与“块”的尺寸相同，所以作业中的一页可以存放在内存的任意一个空闲块中。作业提出存储请求时，只要内存中有足够多的空闲块，作业就以“页”为单位原封不动地装入空闲块中，这些空闲块可以连续，也可以不连续。根据装入情况，建立起“页”与“块”之间的对应关系(称为该作业的“页表”)，作业执行时根据指令中的相对地址(数对(页号，页内位移))的页号找到对应的块号，再由块起始地址和页内位移确定指令要访问的绝对地址。此时再去执行所需要的指令。

综上所述，页式存储管理是将内存分块、作业分页，这就需要解决两个问题：一是怎样知道内存中哪些块已被占用，哪些块是空闲的，这涉及内存空间的管理。二是作业信息被分散存放后如何保证作业的正确执行，这涉及地址转换过程。

5.4.2 内存空间的分配与回收

分页式存储管理是以块为单位进行存储分配的，并且每块的尺寸相同。因此，在有存储请求时，只要系统中有足够的空闲块存在，就可以进行存储分配。可以采用“存储分配表”、“位示图”等方法记录内存块的使用情况。

1. 存储分配表

操作系统维持一张表格，它的一个表项与内存中的一块相对应，用来记录该块的使用情况。比如图 5-12(a)表示，内存总容量是 64KB，每块 4KB，共分 16 块。相应的存储分配表有 16 个表项，记录每一块当前的使用情况，如图 5-12(b)所示。

当作业有存储请求时，首先查询存储分块表；只要表中“空闲块总数”大于请求的存储量，就进行分配，并把表中对应块的状态改为“已分配”，将页号、块号的对应关系记录到该作业的页表中；当作业完成释放存储块时，把表中对应块的状态改为“空闲”。

内存

内存	
操作系统	第0块
空闲块	第1块
作业A第2页	第2块
作业A第0页	第3块
空闲块	第4块
作业D第2页	第5块
作业C第0页	第6块
作业C第1页	第7块
作业A第1页	第8块
空闲块	第9块
空闲块	第10块
作业D第0页	第11块
空闲块	第12块
空闲块	第13块
空闲块	第14块
作业D第1页	第15块

(a) 内存使用情况

块号	状态
0	已分配
1	空闲
2	已分配
3	已分配
4	空闲
5	已分配
6	已分配
7	已分配
8	已分配
9	空闲
10	空闲
11	已分配
12	空闲
13	空闲
14	空闲
15	已分配
空闲块总数：7	

(b) 存储分配表

位号	0	1	2	3	4	5	6	7	字号
	1	0	1	1	0	1	1	1	0
	1	0	0	1	0	0	0	1	1
	空闲块总数：7								

(c) 位示图

图 5-12　内存块的管理方法

2. 位示图

位示图中的每一位与一个内存块相对应，每一位的值可以是 0 或 1，0 表示对应的块空闲；1 表示对应的块已分配。这些二进制位的整体，就称为“位示图”。图 5-12(c)所示就是由 3 个字组成的位图，前两个字是真正的位图(共 16 个二进制位)，第三个字用来记录当前的空闲块总数。

当作业有存储请求时，首先查看当前空闲块总数能否满足作业提出的存储需求。若不能满足，则该作业不能装入内存。若满足，则在位示图中找出若干个当前取值为 0 的位，把它们的值改为 1，把作业相对空间中的“页”装入这些位对应的内存块中，并把页号、块号的对应关系记录到该作业的页表中；修改“空闲块总数”，这样就完成了空闲块的分配。

当作业完成释放内存块时，根据块号找到对应的“位”，将其状态由 1 改为 0，实现块的回收。

位示图中的字号、位号与块号的对应关系如下。

内存分配时：　　　　块号＝字号×字长＋位号

内存回收时：　　　　字号＝块号/字长　（“/”表示整除）

　　　　　　　　　　位号＝块号%字长　（“%”表示求余）

3. 页面尺寸

在页式存储管理中，页面尺寸是必须考虑的一个因素。因为任何一个作业的长度不可能总是页面尺寸的整数倍，所以平均来说，分配给作业的最后一个内存块会有一半空间是浪费掉的，成为内部碎片。如果现在内存中共有 n 个作业，页面尺寸为 p 个字节，那么内存中就会有 $n \times p/2$ 个字节被浪费掉。从这个角度出发，应该把页面尺寸定得小一些。

如果页面尺寸小，用户作业相对地址空间划分的页面数必然增加，作业的页表就会随之加大，存放页表所需的内存空间必然增大。从这个角度出发，页面尺寸应该定大一些。

可见，选择最佳的页面尺寸，需要在几个相互矛盾的因素之间平衡。通常，页面尺寸选在 512B 到 64KB 之间。

5.4.3 地址重定位与存储保护

如上所述，在分页式存储管理中，用户程序是原封不动地进入各个内存块的。指令中相对地址的重定位工作，是在指令执行时进行，因此属于动态重定位。其过程如下。

(1) 将相对地址转换成数对(页号，页内位移)；

(2) 建立一张作业的页与块对应表；

(3) 按页号去查页、块对应表，找到所在的块号；

(4) 由块的起始地址与页内位移形成绝对地址。

下面以图例来说明作业进入不连续存储块后能够正常运行。假定块的尺寸为 2KB，作业 A 的相对地址空间为 3KB 大小，在相对地址 100 处有一条调用指令 call 3000。作业 A 进入系统后被划分成 2 页，如图 5-13(a)所示。假定把第 0、1 页分别装入内存的第 2、5 块中(因为块是分配单位，所以即使最后一页不满一块，也占用一块)，如图 5-13(b)所示。系统记录作业 A 的页、块对应关系，如图 5-13(c)所示，它表示作业 A 的第 0 页放在内存中的第 2 块，第 1 页放在内存中的第 5 块。

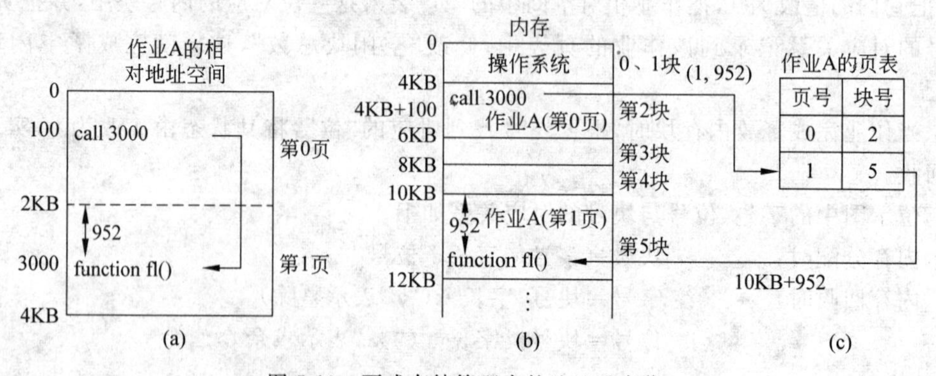

图 5-13　页式存储管理中的地址重定位

当运行到指令 call 3000 时，把相对地址 3000 转换成数对(1，952)，表示该地址在作业相对地址空间里位于第 1 页，距该页起始位置的位移是 952。具体的计算公式是：

页号＝相对地址/块尺寸　(“/”表示整除)

页内位移＝相对地址％块尺寸　(“％”表示求余)

用数对中的页号 1 去查作业 A 的页表，得知作业空间中的第 1 页在内存的第 5 块中。把内存第 5 块的起始地址与页内位移相加，就得到了相对地址 3000 的绝对地址，即 10KB＋952。指令变为 call 11192，从而得到了正确执行。

可见，即使作业分配到不连续的内存块中，只要根据该作业页表中记录的页、块对应关系，进行地址转换，用户程序完全可以正确执行。

在上例中，地址转换的第一步就是要将相对地址转换成数对，这是利用计算公式完成的。除了这个方法，还可以利用地址结构本身的特点将地址转成数对。

1. 利用地址结构将地址转成数对

如果系统地址长度为 n 位，块尺寸为 2^xB，则地址的 $0 \sim x-1$ 位表示页内位移，$x \sim n-1$ 位表示页号。页内地址占低位部分，页号占高位部分。

还是以相对地址 3000 为例来说明该方法。在上例中，块尺寸为 2KB(2^{11})，利用公式法算出了 3000 对应的数对是(1，952)。现在用地址结构法将其转换成数对，假定系统的地址长度为 16 位，则 0～10 位(01110111000)表示页内位移 952，11～15 位(00001)表示页号 1，如图 5-14(a)所示。

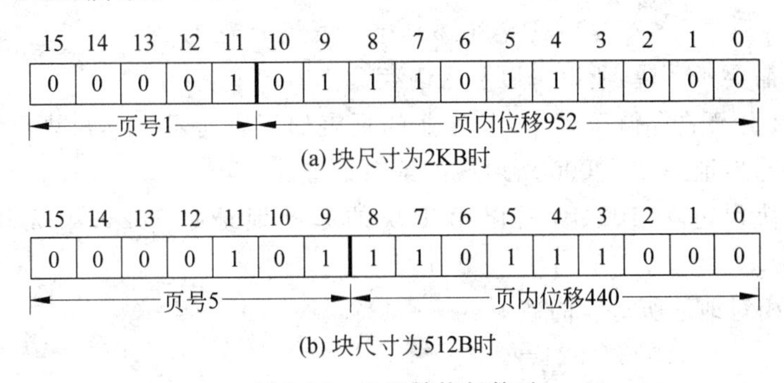

图 5-14　地址结构与数对

下面来分析一下其原因。页尺寸为 2KB，表明每一页中有 2048 个字节，需要用 11 个二进制位来表示。第 0 位到第 10 位这 11 个二进制位就表示一页中 0～2047 这 2048 个字节。如果超过 2048 个字节表示该页已满，需要另一页，就进位。于是，前面的第 11 位到第 15 位就表示第几页。

若把块尺寸设置为 512B(2^9)，则其高 7 位(9～15 位，0000101)表示页号 5，低 9 位(0～8 位，110111000)表示页内位移 440，如图 5-14(b)所示。即相对地址 3000 对应的数对为(5，440)。

例 5-3　一个实行分页式存储管理的系统，内存块尺寸为 2KB/块。现有一个用户，其相对地址空间为 0～5129B。若将此作业装入内存，系统分配给它的存储总量为多少字节？

解：作业总的存储需求为5130B，内存块尺寸为2048B。

5130/2048=2.50

由于分页式存储管理是以块为单位进行存储分配的，所以必须分配给它3个内存块。即该作业进入内存后，要占据2048×3=6144B的存储区。在分给该作业第2页的存储块中，将会出现1015B的内部碎片。

例5-4 某机器内存总量为65 536B，块尺寸是4096B。有一个用户程序，其代码段长32 768B，数据段长16 386B，栈段长15 870B。该程序适合该机器的内存空间吗？如果把块尺寸改为512B呢？（不允许一块里包含两个段的内容）

解：(1) 块尺寸为4096B时：

65 536B/4096B=16　　内存共有16块

32 768B/4096B=8　　代码段需8块

16 386/4096B=4.0005　　数据段需5块

15 870/4096B=3.87　　栈段需4块

该作业共需要17块，大于16块，所以无法装入内存。

(2) 块尺寸为512B时：

65 536B/512B=128　　内存共有128块

32 768B/512B=64　　代码段需64块

16 386/512B=32.004　　数据段需33块

15 870/512B=30.996　　栈段需31块

该作业共需要128块，所以可以装入内存。

例5-5 在分页式存储管理中，某作业的页表如下表所示。已知块尺寸为1KB。试用公式法求相对地址1023、3000所对应的绝对地址。

解：由于块尺寸为1024B，所以第1块的起始地址是1024；第2块的起始地址为2048。

(1) 求出相对地址所对应的数对。

1023/1024=0

1023%1024=1023　　1023对应数对(0,1023)

3000/1024=2

3000/1024=952　　3000对应数对(2,952)

(2) 用页号去查页表，得到所在的块号。

用页号0、2去查页表，可知第0页放在第2块，第2页放在第1块，如图5-15所示。

(3) 由块起始地址、页内位移计算出绝对地址。

绝对地址=所在块起始地址+页内位移

1023对应的绝对地址为

2048+1023=3071

3000对应的绝对地址为

1024+952=1976

页号	块号
0	2
1	4
2	1

图5-15　页号与块号的关系

2. 页表

如前所述，系统为了知道一个作业的某一页存放在内存的哪一块中，需要建立起它的页、块对应关系表（即页表）。在页式存储管理中，每一个作业都有自己的页表。用户作业相对地址空间划分成多少页，其页表就有多少个记录项，记录项按页号顺序排列。记录项的数目称为页表长度。

可以利用内存构成页表。在这种方式下，需要设置一个专用寄存器——页表控制寄存器，用来存放目前被调度到的作业的页表起始地址和页表长度。

地址转换过程为：先把 CPU 指令中的相对地址分解成数对（页号，页内位移）；由页表寄存器中的页表起始地址得到该作业的页表起始地址，再由数对中的页号确定该页在页表中对应的记录项，从而查到相应的块号，再由块号与页内位移相加得到绝对地址。此时才去执行所需要的指令，如图 5-16 所示。

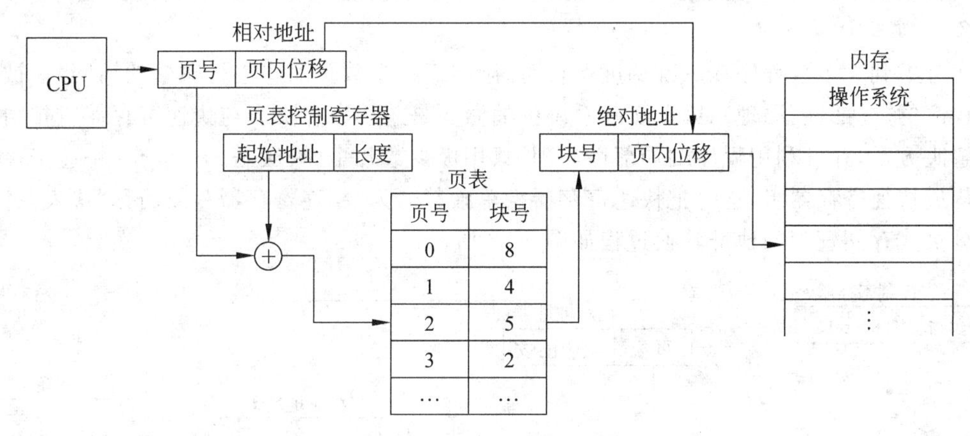

图 5-16　页表式地址转换机构

页表控制寄存器中的“长度”起到存储保护的作用，每一个相对地址分解为数对后的页号都不能大于该长度，否则出错。

3. 快表

页表存放在内存中，对某一地址的访问，首先要访问内存中的页表，形成绝对地址后，才能进行所需要的真正访问。也就是说，以前只需一次访问就能实现的操作，现在要两次访问内存才能实现。可见，这种方法不仅增加了系统在存储上的花销，更重要的是降低了 CPU 的访问速度。

为了提高地址的转换速度，还可以用一组快速寄存器构成页表。调度到谁时，就把谁在内存的页表内容装入该组寄存器中。这组硬件寄存器是这样工作的：硬件把页号与寄存器组中所有的表项同时并行比较，立即输出与该页号匹配的块号，如图 5-17 所示。这种做法无须访问内存，并且通过并行匹配直接完成地址的变换，速度是极快的。

由于快速寄存器价格昂贵，完全由它来组成页表的方案是不可取的。比如，当地址结构为 32 个二进制位、块尺寸定为 4KB 时，地址空间最多可以有 100 万个页面。由于一个

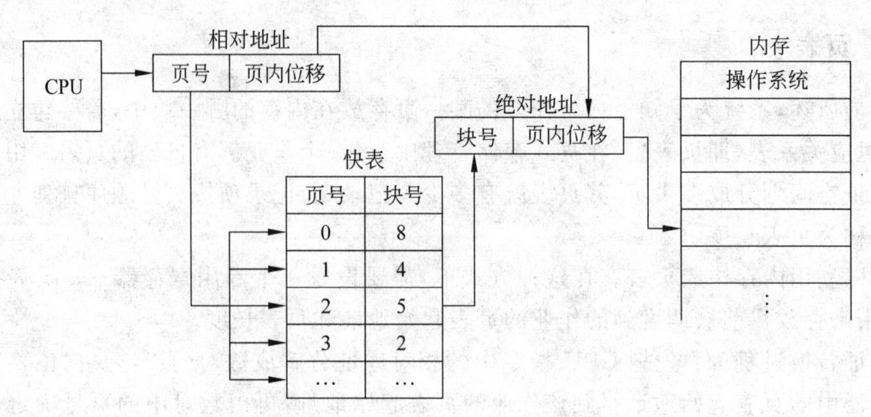

图 5-17 快表式地址转换机构

页面在页表中要有一个记录项，于是要有 100 万个快速寄存器组构成页表，实在无法想象。

考虑到大多数程序在一次调度运行时，倾向于在少数页面中进行频繁的访问(这被称为程序的“局部性”原理)，因此实际系统中的做法是采用内存页表与快速寄存器组相结合的解决方案，并且利用程序的局部性原理，只用极少数几个(一般是 8～16 个)快速寄存器来构成快速寄存器组，这时把快速寄存器组单独起名为“相连寄存器”，或简称“快表”。这时分页式存储管理的地址转换过程如图 5-18 所示。

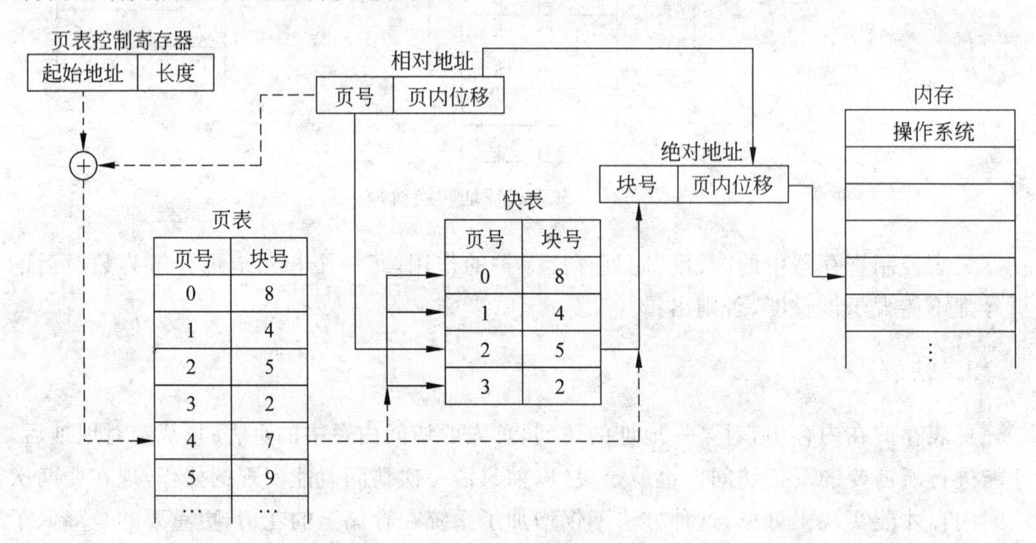

图 5-18 页表/快表地址转换机构

快表中存放的是页表内容的一部分。在得到一个相对地址并划分出数对(页号，页内位移)后，系统总是先通过页号与快表中的所有表项进行并行比较。如果发现了匹配的页，则将块号直接从快表中取出，而不必通过页表。于是该块号与页内位移拼接，形成所需要的绝对地址。只有当快表中没有匹配的页号时，地址转换机构一方面按照普通的访问页表的方式工作，以获得所需要的绝对地址；另一方面，把这个页号与块号的对应关系送入快表保存，以便下一次进行地址转换时能够命中。如果快表里没有空的记录项，则要先删除快表中的一个记录项，然后将新的页表记录替换进去。

通过查快表就能实现内存访问的成功率为“命中率”，命中率越高，平均访问速度就越快。表5-2给出了平均命中率与相连寄存器个数的关系。

表5-2　快表命中率统计

相连寄存器个数	平均命中率	相连寄存器个数	平均命中率	相连寄存器个数	平均命中率
8	85%	12	93%	16	97%

例5-6　假定CPU访问一次内存的时间为300ns，访问一次快表的时间为50ns。若快表的命中率为90%，试问现在进行一次内存存取的平均时间是多少？比只采用页表下降了多少？

解：通过快表进行一次内存存取的时间是300＋50＝350(ns)；不采用快表，只通过页表进行一次内存存取的时间是：

$$300+300=600(\text{ns})$$

由于快表的命中率为90%，因此采用快表进行一次内存存取的平均时间是：

$$(300+50)\times 90\%+(300+300)\times 10\%=350\times 90\%+600\times 10\%=375(\text{ns})$$

采用快表比只采用页表节省了600－375＝225(ns)。225/600×100%＝37.5%，即下降了37.5%。

例5-7　假定访问页表的时间为200ns，访问相连存储器的时间为60ns。希望把进行一次内存访问的平均时间控制在270ns内。试问要求相连存储器的命中率为多少？

解：只通过页表进行一次内存存取的时间为200＋200＝400(ns)；通过相连存储器进行一次内存存取的时间是200＋60＝260(ns)。设命中率为p。

$$(200+200)\times(1-p)+(200+60)\times p\leqslant 270$$

通过整理后可以得到命中率大于或等于93%。

5.4.4　管理特点

页式存储管理有如下特点。

(1) 内存被划分成相等尺寸的块，它是进行存储分配的单位。

(2) 用户作业的相对地址空间按照块的尺寸划分成页。

(3) 相对地址空间中的页可以进入内存中的任何一个空闲块，并且页式存储管理实行的是动态重定位，因此它打破了一个作业必须占据连续存储空间的限制，作业在不连续的存储区里，也能够得到正确的运行。

(4) 平均每一个作业要浪费半页大小的存储块。

(5) 作业虽然可以不占据连续的存储区，但是每次仍然要求一次全部进入内存。因此，如果作业很大，其存储需求大于内存，仍然存在小内存不能运行大作业的问题。

5.5 段式和段页式存储管理

用户作业程序往往是由主程序段、子程序段、数据段和工作区组成的，每个段都具有完整的逻辑意义，容易实现按段共享。但是在页式存储管理中，各段都被划分成“页”，离散地存放在内存块中。不仅破坏了段的完整性，还使“共享”变得困难。段式存储管理正是为了满足用户的使用习惯，按照用户的逻辑段进行存储分配的。

5.5.1 段式存储管理

1. 基本思想

在段式存储管理方式中，作业的地址空间被划分为若干个“逻辑段”，从0开始对段进行编号，该编号称为“段号”。各段的逻辑空间长度是不同的，段内的逻辑地址从0开始顺序编址，称为段内地址(偏移量)。这样，整个进程所涉及的每一个逻辑地址都由“段号”和“段内地址”两部分组成。

在段式存储管理方式中，内存空间被动态地划分为若干个长度不等的区域，每个区域内的地址是连续的。在装入作业时，系统以段为单位分配内存，每一个逻辑段占用一个连续的内存区域，段与段之间可以离散存放。系统为每个进程建立一张“段表”，用来记录段在内存中的存放位置和长度。若作业的段找不到足够大的空闲分区，可以采用移动技术合并分散的空闲区。内存的分配和回收类似于可变分区管理方式，地址转换采用动态重定位。

段式存储管理的地址结构与页式存储管理的地址结构有实质区别。页式存储管理中用户提供连续的一维逻辑地址，分页是由系统自动进行的，对用户是透明的。段式存储管理中作业或进程的分段是由用户决定的，每段独立编程，段内地址连续而段间地址可以不连续，用户必须提供二维的逻辑地址。

2. 内存空间的分配与回收

为了记录内存中空闲分区的起始地址和大小，以及作业中每个段分配内存的情况，在段式存储管理方式下，设置了空闲分区表、内存分配表和段表。

空闲分区表用于记录内存中空闲分区的序号、起始地址和大小。整个系统设置一张。在分配第一个作业之前，内存的空闲区只有一个，即为整个用户区。但是，随着内存的分配与回收，空闲分区的个数会增加或减少，其记录个数是不定的。

内存分配表用于记录内存中各作业的作业名、段表起始地址和段表长度，段表长度为作业的总段数。整个系统设置一张内存分配表，如图5-19(a)所示。

系统为每个作业建立一张段表。段表用于记录作业的每个段在内存中所占分区的起始地址和大小，如图5-19(b)所示。

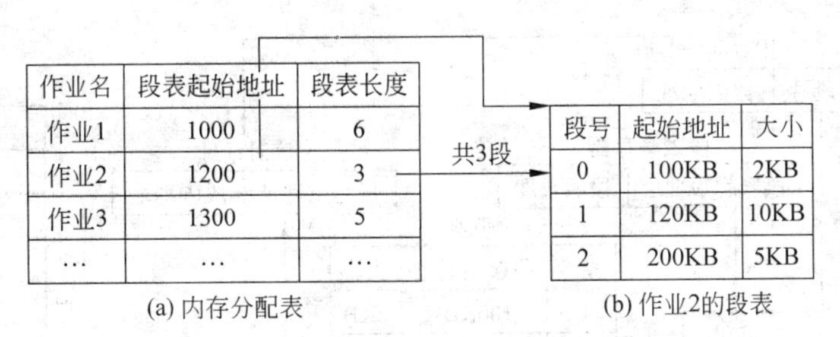

作业名	段表起始地址	段表长度
作业1	1000	6
作业2	1200	3
作业3	1300	5
…	…	…

(a) 内存分配表

段号	起始地址	大小
0	100KB	2KB
1	120KB	10KB
2	200KB	5KB

(b) 作业2的段表

图 5-19　内存分配表与段表

在段式存储管理中是以段为单位分配内存的。用户作业的每一段分配在一个连续的内存空间中(内存随机分割,需要多少分配多少),但是各段之间可以不连续。在装入作业时,系统建立一张表记录每段在内存中的起始地址和大小。

作业分配时,比较作业长度是否大于空闲分区表中所有记录的长度之和,若大于则不能装入;否则,可以装入。首先为该作业创建一张段表;然后根据作业段的大小,在空闲分区中查找满足其尺寸的空闲块,把该段装入(若该空闲块未全部占用,则剩余部分仍作为空闲块记录在空闲分区表中),并在段表中填入该段的段长和起始地址等信息,直至所有段分配完毕。若找不到足够大的空闲分区,可以采用移动技术,合并分散的空闲区后,再装入该作业段。最后,在内存分配表中,登记该作业段表的起始地址和段表长度。

当作业运行结束时,首先,根据该作业段表的每一条记录去修改空闲分区表(修改方式与可变分区回收内存空闲相同);然后删除该作业的段表,以及该作业在内存分配表中的记录。

3. 地址重定位与存储保护

系统设置了段表寄存器,用来存放当前正在运行的作业的段表起始地址和段表长度。装入作业时,段表寄存器从内存分配表中获取该作业段表的起始地址和段表长度。

作业的相对地址包括两部分:段号和段内地址。在进行地址转换时,首先,系统将相对地址中的段号与该作业的段表长度进行比较,若不小于段表长度则表示段号越界,产生“地址越界”中断信号。若未越界,则根据该作业的段表起始地址和段号得到该段在内存中的起始地址(记录在该作业的段表中)。然后,检查段内地址是否超过该段的段长(记录在该作业的段表中)。若超过,则发出“越界”中断信号。若未越界,则把段起始地址加上段内地址就得到了绝对地址,如图 5-20 所示。

4. 管理特点

段式存储管理有如下特点。

(1) 相对地址由段号、段内地址两部分组成,是二维地址。

(2) 作业按照用户观点,即按程序段、数据段等有明确逻辑含义的“段”划分,克服了页式的、硬性的、非逻辑划分带来的不自然性,更符合用户的使用习惯。

(3) 由于程序和数据的共享和保护是以信息的逻辑单位为基础的,作业段的划分与信息的逻辑单位相对应,内存的分配又与作业段相一致,容易实现共享和保护。

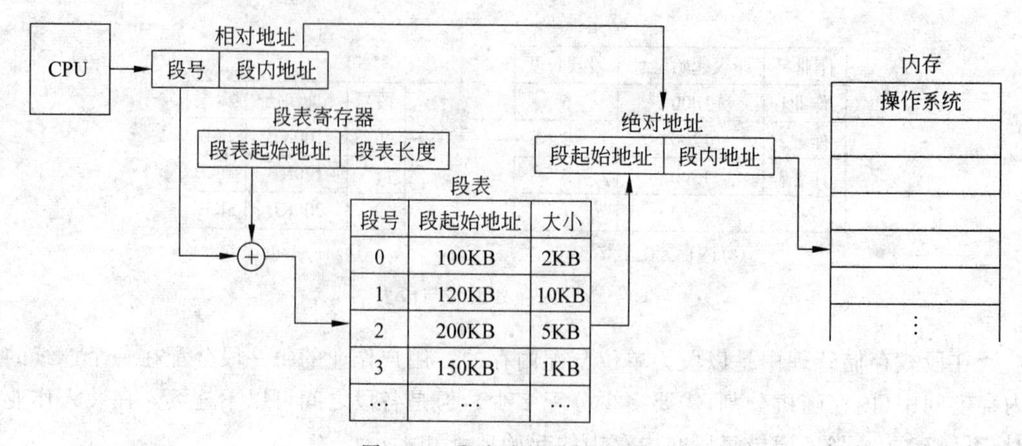

图 5-20　段表式地址转换机构

(4) 系统根据作业段的长度为各段划分一块连续的内存空间，消除了内部碎片。段与段之间可以不连续。便于实现逻辑段的动态增长。

(5) 存在外部碎片，可以采用移动技术合并空闲区，但增加了系统开销。

(6) 要求作业一次全部进入内存。因此，如果作业很大，其存储需求大于内存，仍然存在小内存不能运行大作业的问题。

5.5.2　段页式存储管理

段式和页式存储管理方式各有所长。段式存储管理为用户提供了一个二维的地址空间，满足程序和信息的逻辑分段要求，有利于段的动态增长以及共享和保护等。而页式存储管理等分内存，有效地克服了碎片，提高了内存的利用率。为了保持页式在存储管理上的优点和段式在逻辑上的优点，把二者结合起来，形成了段页式存储管理。

段页式存储管理方式的基本思想是：首先，内存划分成大小相等的若干个块；其次，用户程序按信息的逻辑关系分成若干个段，再按照内存块的尺寸把各段划分成若干个页。系统以块为单位分配内存，给每段分配与该段总页数相同的内存块，各段内的块可以连续，也可以不连续。

系统设置内存分配表、段表、页表来记录作业的分配情况。

整个系统设置一张内存分配表，记录内存中各作业的作业名、段表起始地址和段表长度，段表长度为作业中段的个数，如图 5-21(a)所示。可以看出，当前有 3 个作业进入内存运行，它们的段表各放在内存的 1000、1200、1300 处。作业 1 有 6 段，作业 2 有 3 段，作业 3 有 5 段。

系统为每个作业创建一张段表，记录作业各段的段号、该段的页表起始地址、页表长度(该段的总页数)等信息，如图 5-21(b)所示。可以看出，作业 2 有 3 段，它们各包含 5、4、6 页，它们的页表各放在内存的 1400、1500、2300 处。

系统为作业的每个段创建一张页表，记录段内各页的页号、所分配的内存块号等信

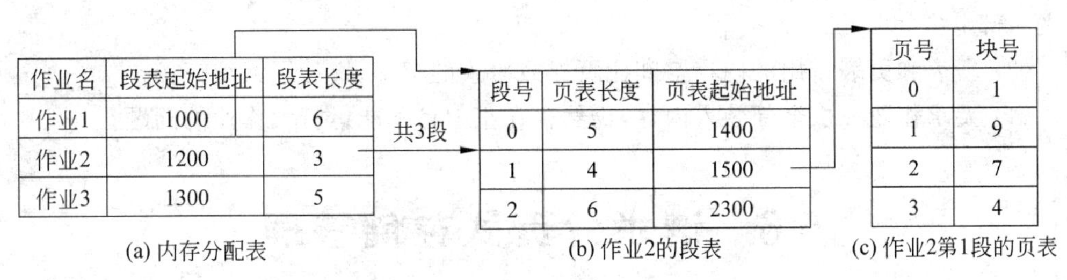

作业名	段表起始地址	段表长度
作业1	1000	6
作业2	1200	3
作业3	1300	5

(a) 内存分配表

共3段

段号	页表长度	页表起始地址
0	5	1400
1	4	1500
2	6	2300

(b) 作业2的段表

页号	块号
0	1
1	9
2	7
3	4

(c) 作业2第1段的页表

图 5-21　段页式存储管理的内存分配示意图

息，如图 5-21(c)所示。

内存空间的分配过程为：首先根据逻辑关系把作业划分成段，各段再划分为若干页，计算该作业的总页数。其次，用作业的总页数与位示图中的空闲块数进行比较。若大于空闲块数，则不能装入；否则，可以装入。装入时，为该作业创建一张段表，再为每段创建一张页表，将所分配的内存块号填入页表中相应记录内，直至所有段的所有页分配完毕。最后，将该作业的段表起始地址和段表长度记录在内存分配表中。

在段页式存储管理中，作业的相对地址是二维地址，由段号、段内地址组成，段内地址又分解为页号和页内位移。分解方法为

页号＝段内地址/块尺寸　（“/”表示整除）

页内位移＝段内地址％块尺寸　（“％”表示求余）

相对地址的组成如图 5-22 所示。

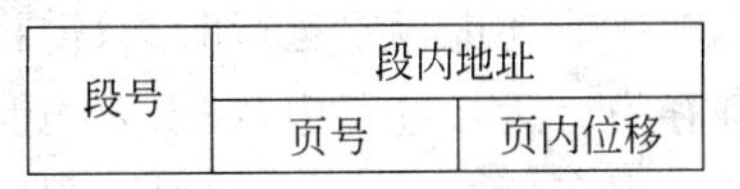

图 5-22　相对地址的组成

在进行地址重定位时，首先将逻辑地址（段号，段内地址的形式）中的段内地址分解为页号和页内位移；然后根据段表起始地址和段号查找段表，得到该段的页表起始地址；访问页表，根据页号查找该页对应的块号，再由块的起始地址与相对地址中的页内位移相加得到绝对地址，如图 5-23 所示。

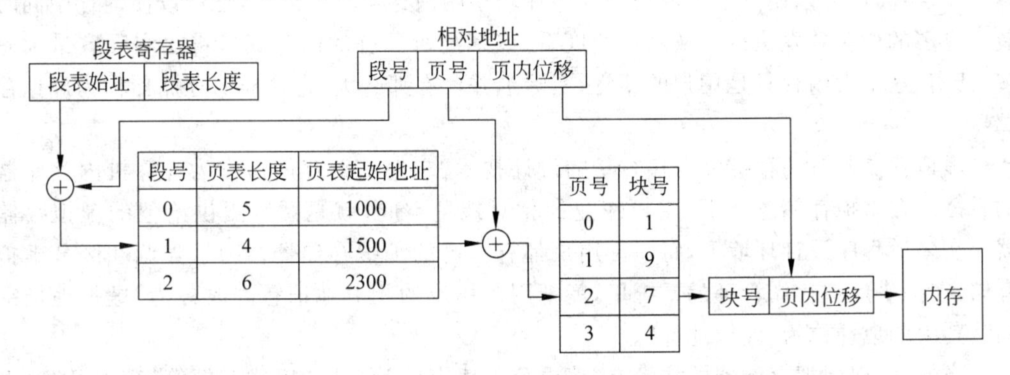

图 5-23　段页式存储管理的地址重定位示意图

段页式存储管理有如下特点。

(1) 既照顾了用户共享和使用方便的需求，又考虑到了内存的利用率，提高了系统性能。

(2) 这种分配方式造成的空间浪费比页式管理的多。作业各段的最后一页都有可能

浪费一部分空间。

(3) 段表和页表占用的内存空间比页式或段式的都多,增加了系统开销。

(4) 要求作业一次全部装入内存,仍然存在小内存不能运行大作业的问题。

5.6 请求分页式存储管理

前面介绍的各种存储器管理方式,都不能解决小内存与大作业的矛盾。本节介绍的虚拟存储技术,可以解决这一矛盾。

5.6.1 虚拟存储器

之所以存在小内存与大作业的矛盾,是因为要把作业"一次全部装入内存"才能运行。如果装入部分信息后程序就能够运行,作业就可以不受内存容量的限制了。作业在运行过程中,程序的有些部分是彼此互斥的。在某次运行中并不会用到全部程序。此外,程序的执行具有"局部性",比如在一段时间里可能循环执行某些指令或多次访问某一部分数据,其他程序段一时用不到。可见,实际运行时没有必要把作业的全部信息放在内存里。

作业在内存中运行时,只需将当前运行所需要的页(段)装入内存,其余部分仍保存在辅存中。运行过程中,如果要访问的页(段)已调入内存,便可以继续执行下去;如果尚未调入内存(称为缺页或缺段),程序应利用操作系统所提供的请求调页(段)功能,将它们调入内存。如果此时内存已满,无法再装入新的页(段),则还需要再利用页(段)的置换功能,将内存中暂时不用的页(段)调出到辅存上,腾出内存空间后再将所需要的页(段)调入内存。这样,便可以使一个大的用户程序在较小的内存空间中运行,也可以使内存中同时装入更多的作业并发执行。从用户角度看,该系统所具有的内存容量将比实际容量大得多,其实,这个大内存只是用户的感觉,实际上并没有那么大,把这样的存储器称为虚拟存储器。

虚拟存储器是一种扩大内存容量的设计技术,它把辅助存储器作为计算机内存储器的后援。在虚拟存储意义下,用户作业的相对地址空间,就是系统提供给他的虚拟存储器。在多道程序设计环境下,每一个用户都有自己的虚拟存储器。为了强调和区分虚拟存储,在提供虚拟存储管理的系统里,就把用户作业的相对地址空间改称为"虚拟地址空间",其中的地址称为"虚拟地址"。

当前,实现虚拟存储器的技术有"请求分页式存储管理"、"段式存储管理"以及"段页式存储管理"。下面将只介绍请求分页式存储管理的虚拟存储实现技术。

5.6.2 请求分页式存储管理的基本思想

请求分页式是在页式存储管理的基础上,增加了请求调页功能和页面置换功能所形成的一种虚拟存储系统。在请求分页式存储管理中，把内存空间分成大小相等的若干块，把作业分成与内存块大小相等的若干页；先把作业的部分页装入内存中，在作业运行时再装入所需要的其他页。“请求分页式”，是指程序运行过程中需要的某一页不在内存时，利用操作系统提供的请求调入功能把它从辅存调入内存，以使程序执行下去。

它与页式存储管理相同的是：先把内存空间划分成尺寸相同、位置固定的块，然后按照内存块的大小，把作业的虚拟地址空间（就是以前的相对地址空间）划分成页。由于页的尺寸与块一样，因此虚拟地址空间中的一页，可以装入内存中的任何一块中。

它与页式存储管理不同的是：作业全部进入辅存，运行时，并不把整个作业程序一次都装入内存，而只装入目前要用的若干页，其他页仍然保存在辅助存储器里。运行过程中，虚拟地址被转换成数对（页号，页内位移）。根据页号查页表时，如果该页已经在内存，那么就有真实的块号与之对应，运行就能够进行下去；如果该页不在内存，那么就没有具体的块号与之对应，表明为“缺页”，运行就无法继续下去。此时，要根据页号把它从辅存里调入内存，以保证程序的运行。

5.6.3 缺页中断

作业执行过程中，要访问的页不在内存（即缺页）时，会产生缺页中断，请求操作系统进行中断处理。

1. 缺页中断的处理过程

在请求分页式存储管理中，是通过页表记录项中的“缺页中断位”来判断某页是否在内存中的。页表表项内容大致如图5-24所示。

页号	块号	缺页中断位	辅存地址

图5-24 页表表项内容

- 页号：虚拟地址空间中的页号。
- 块号：该页所占用的内存块号。
- 缺页中断位：1表示此页已在内存；0表示该页不在内存。当此位为0时，会发出缺页中断信号，以求得系统的处理。
- 辅存地址：该页内容在辅存的地址。缺页时，缺页中断处理程序就会根据它的指点，把所需要的页调入内存。

系统设置存储分块表、作业表、页表来记录内存和作业的分配情况。整个系统设置一张存储分块表，记录当前系统各块的使用状态，是已分配还是空闲。作业表记录着当前进入内存运行的各作业的有关数据，例如作业号、作业尺寸、作业的页表在内存的起始地址、页表长度（该作业含的总页数）等信息。每个作业设置一张页表，记录该作业所有页的相关信息。

如图5-25所示，缺页中断的处理过程如下。

(1) 根据当前指令中的虚拟地址，形成数对（页号，页内位移）。用页号去查页表，判断该页是否在内存储器中。

(2) 若该页的缺页中断位为0，表示当前该页不在内存，于是产生缺页中断，让操作系统的中断处理程序进行中断处理。

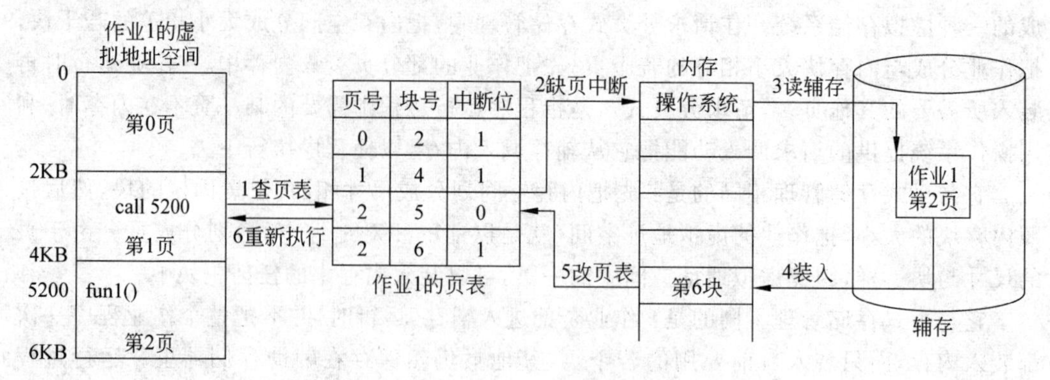

图 5-25　缺页中断的处理过程

(3) 中断处理程序查存储分块表,寻找一个空闲的内存块,并将该空闲块分配给该页;查页表,得到该页在辅存上的位置,并启动磁盘读信息。

(4) 把从磁盘上读出的信息装入分配的内存块中。

(5) 根据分配内存块的信息,修改页表该页对应的记录内容,即将记录中的"缺页中断位"置成1,表示该页已在内存中;在"块号"位填入所分配的块号。另外,还要修改存储分块表里该内存块对应记录的状态,由"空闲"改为"已分配"。

(6) 由于产生缺页中断的那条指令并没有执行,在完成所需页面的装入工作后,应该返回原指令重新执行。这时所需页面已在内存,因此可以顺利执行下去。

由上面的讲述可以看出,缺页中断与一般中断的区别如下。

(1) 缺页中断是在执行一条指令中间时产生的中断,并立即转去处理。而一般中断则是在一条指令执行完毕后,当发现有中断请求时才去响应和处理。

(2) 缺页中断处理完成后,仍返回到原指令去重新执行,因为那条指令并未执行。而一般中断则是返回到下一条指令去执行,因为上一条指令已经执行完毕。

2. 缺页中断率

作业运行时,程序中涉及的虚拟地址随时在发生变化,它是程序的执行轨迹,是程序的一种动态特征。由于每一个虚拟地址都与一个数对(页号,页内位移)相对应,这种动态特征也可以用程序执行时页号的变化来描述。通常,称一个程序执行过程中页号的变化序列为"页面走向"。

假定一个作业运行的页面走向中涉及的页面总数为 A(注意页面总数的计算方法,只要从一页变成另一页,就要计数一次),其中有 F 次缺页,必须通过缺页中断把它们调入内存。定义:

$$f = F/A \times 100\%$$

称 f 为"缺页中断率"。

分配给作业的内存块数、页面尺寸、程序的编写方法等因素,都会影响缺页中断产生的次数。一般地,当分配给作业的内存块数多时,同时能够装入内存的作业页面就多,缺页的可能性下降,发生缺页中断的可能性也就下降;页面增大时,同样的块数,容纳的作业信息就多,缺页的可能性下降,发生缺页中断的可能性也就下降。

5.6.4 页面淘汰算法

发生缺页时,要从辅存上把所需要的页调入内存。如果当时内存已无空闲块,那么就必须从内存中选择一页调出,以便让出内存空间。应将哪个页面调出呢?需要根据页面淘汰算法来确定。

页面淘汰算法用来确定选择哪一页作为淘汰对象,其优劣直接影响系统的效率。如果选择的算法不合适,可能会出现这样的情况:刚被淘汰出内存的页面,很快又要访问它,又把它从辅存调入。调入后不久再一次被淘汰,再访问,再调入。如此反复进行,系统一直陷于页面的调入、调出,大部分CPU时间用于处理缺页中断和页面淘汰,很少顾及用户作业的实际运算。这种导致系统效率急剧下降的内存和辅存之间频繁的页面置换现象称为"抖动"。很显然,抖动使得整个系统效率低下,甚至趋于崩溃,是应该极力避免和排除的。

页面淘汰是由缺页中断引起的,但缺页中断不见得一定引起页面淘汰。只有当内存中没有空闲块时,缺页中断才会引起页面淘汰。选中要淘汰的页面后,首先要根据页表项中的"改变位"判断该页在内存时是否被修改过。如果没被修改过,可以直接用调入的新页面将其覆盖掉;否则,必须把它先回写到磁盘上。页表项如图5-26所示。

页号	块号	缺页中断位	辅存地址	引用位	改变位

图5-26　页表项

前4项已介绍过,后2项含义如下。

- 引用位:在系统规定的时间间隔内,该页是否被引用过的标志(该位在页面淘汰算法中会用到)。
- 改变位:0表示当此页面在内存时数据未被修改过;1表示被修改过。当此页面被选中为淘汰对象时,根据此位的取值来确定是否要将该页的内容回写到磁盘。

选择淘汰对象的常用方法有"先进先出页面淘汰算法"、"最久未使用页面淘汰算法"、"最优页面淘汰算法"以及"异常现象"等。

1. 先进先出页面淘汰算法(FIFO)

先进先出算法是把最早进入内存的页面予以淘汰,即先进入内存的页面先退出内存。这种算法的指导思想是:随着时间的推移,在内存中存放时间最长的页面,被访问的可能性最小。

例5-8　某作业运行时的页面走向为6、0、1、2、0、3、0、4、2、3,即该作业运行时,先用到第6页,再用到第0页、第1页等,页面总数为10。设分配给该作业3个内存块。开始时作业程序全部存放在辅存,3个内存块为空。运行后,通过3次缺页中断把第6、0、1页装入3个内存块中。当需要第2页时,再次发生缺页中断,由于分配给该作业的3个内存块已经分配完毕,必须选择内存中的一页淘汰才能调入第2页。根据FIFO算法,最早进入内存的第 6 页被淘汰，装入第 2 页；接着，需要第 0 页，已在内存，可直接使用；接着，需要第 3 块，因其不在内存产生缺页中断，又因 3 个内存块都已分配，需要淘汰页面才能装入。根据 FIFO 算法，显然要淘汰第 0 页，等等。图 5-27 描述了运行时的页面置换过程。

页面走向	6	0	1	2	0	3	0	4	2	3
			1	1	1	1	0	0	0	3
3个内存块		0	0	0	0	3	3	3	2	2
	6	6	6	2	2	2	2	4	4	4
是否缺页	1	1	1	1		1	1	1	1	1

注：最先面一行中的1表示缺页。阴影表示要淘汰的页面，后同此。

图 5-27　FIFO 算法

缺页中断率：

$$f=F/A\times100\%=9/10\times100\%=90\%$$

2. 最久未使用页面淘汰算法(LRU)

最久未使用算法是把最长时间未被访问过的页面淘汰出去。这种算法的指导思想是：如果一个页面刚被访问过，它再次被访问的可能性就大；反之，如果某页面长时间未被访问，则它最近也不会被访问。

例 5-9　仍然以 FIFO 中的例子(例 5-8)来说明采用 LRU 算法时的缺页中断率，页面置换情况如图 5-28 所示。

页面走向	6	0	1	2	0	3	0	4	2	3
			1	1	1	3	3	3	2	2
3个内存块		0	0	0	0	0	0	0	0	3
	6	6	6	2	2	2	2	4	4	4
是否缺页	1	1	1	1		1		1	1	1

图 5-28　LRU 算法

缺页中断率：

$$f=F/A\times100\%=8/10\times100\%=80\%$$

FIFO 算法关心的是页面进入内存的先后次序，先进入内存的先被淘汰；LRU 算法关心的是页面被访问的先后次序，最久未被访问的先被淘汰。

3. 最优页面淘汰算法(OPT)

最优淘汰算法是把以后不再使用或以后相当长的时间内不会使用的页面淘汰出去。其前提是要已知程序运行时的页面走向。事实上，这种算法难以实现。因为页面访问的未来顺序是很难精确预测的，所以 OPT 算法不具有实用性。但是，它可以作为一个尺度，用于对其他算法性能进行衡量比较。某个淘汰算法的缺页中断次数越接近 OPT 算法就越好。

例 5-10　还是以例 5-8 中的作业来说明采用 OPT 算法时的缺页中断率，页面置换情况如图 5-29 所示。

页面走向	6	0	1	2	0	3	0	4	2	3
			1	1	1	3	3	3	3	3
3个内存块		0	0	0	0	0	0	4	4	4
	6	6	6	2	2	2	2	2	2	2
是否缺页	1	1	1	1		1		1		

图 5-29　OPT 算法

缺页中断率：

$$f=F/A\times 100\%=6/10\times 100\%=60\%$$

4. 异常现象

前面讲过，分配给作业的内存块数影响发生缺页中断的次数。一般地，分配给作业的内存块越多，发生缺页中断的可能性就下降。对于 FIFO 算法，有时会出现异常。对于某些页面走向，增加分配给作业的内存块数时，它的缺页次数反而上升，这种情况称为异常现象。

以页面走向 1、2、3、4、1、2、5、1、2、3、4、5 为例，实行 FIFO 算法，分给作业 3 个内存块时，页面置换情况如图 5-30 所示。

页面走向	1	2	3	4	1	2	5	1	2	3	4	5
			3	3	3	2	2	2	2	2	4	4
3个内存块		2	2	2	1	1	1	1	1	3	3	3
	1	1	1	4	4	4	5	5	5	5	5	5
是否缺页	1	1	1	1	1	1	1			1	1	

图 5-30　FIFO 算法(1)

缺页中断率：

$$f=F/A\times 100\%=9/12\times 100\%=75\%$$

分给作业 4 个内存块时，页面置换情况如图 5-31 所示。

页面走向	1	2	3	4	1	2	5	1	2	3	4	5
				4	4	4	4	4	4	3	3	3
			3	3	3	3	3	3	2	2	2	2
4个内存块		2	2	2	2	2	2	1	1	1	1	5
	1	1	1	1	1	1	5	5	5	5	4	4
是否缺页	1	1	1	1			1	1	1	1	1	1

图 5-31　FIFO 算法(2)

缺页中断率：

$$f=F/A\times 100\%=10/12\times 100\%=83\%$$

如上述分析，分配给该作业 3 个内存块时，缺页中断率为 75%；分给其 4 个内存块时，缺页中断率为 83%，反而上升了。这就是异常现象。

5.6.5 管理特点

请求页式存储管理有如下特点。

(1) 它具有页式存储管理的所有特点。

(2) 它不仅打破了占据连续存储区的禁锢，而且打破了要求作业全部进入内存的禁锢。可以向用户作业提供虚拟存储器，从而解决了小内存与大作业的矛盾。

(3) 平均每一个作业浪费半页大小的存储块，即会产生内部碎片。

5.7 Windows 中的存储管理

在 Windows Server 2008 操作系统中，采用虚拟存储技术，每个用户进程都有自己的虚拟地址空间。内存管理器是执行体中虚存管理程序 VMM(Virtual Memory Manager)的一个组件，是 Windows 的基本存储管理系统。

Windows Server 2008 操作系统采用请求页式虚拟存储管理技术。在 32 位的 Windows Server 2008 操作系统中，虚拟地址的长度是 32 位，每个进程都有多达 4GB(2^{32} B)的虚地址空间。通常，进程 4GB 的地址空间被默认分成两部分：高地址的 2GB 给操作系统使用；低地址的 2GB 是用户存储区，可被用户态和核心态线程访问，如图 5-32(a)所示。Windows Server 2008 Advanced Server 和 DataCenter 提供一个引导选项(通过在 boot.ini 中添加选项来启用)，允许用户拥有 3GB 虚地址空间，仅留给系统 1GB，以改善大型应用程序运行的性能，如图 5-32(b)所示。

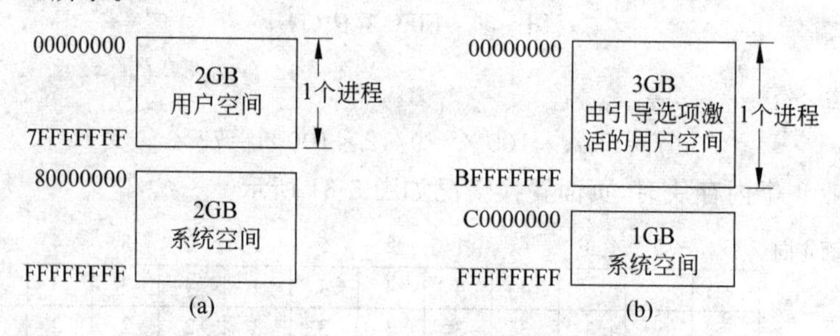

图 5-32 Windows Server 2008 虚拟地址空间的两种布局

5.7.1 Windows Server 2008 的地址重定位

在 Windows Server 2008 中，物理内存以 4KB 为单位进行划分，称为页框(也称为页帧)。同样，虚拟地址空间也以 4KB 为单位进行划分，即每页的尺寸为 4KB(2^{12} B)。因此，可以用 32 位虚拟地址中的低 12 位表示页内位移量；高 20 位表示页号，每个进程最多

可以拥有 2^{20}＝1M 个页面。也就是说，一个页表中有 1M 个页表记录。Windows Server 2008 中每个页表记录用 4 个字节描述，1M 个页表记录需要 4M 个字节描述，即一个页表需要 4MB 的连续存储空间去存放。这不利于提高内存利用率和页表索引效率。

Windows Server 2008 中利用二级页表结构来解决这个问题，即把大的页表(4MB)划分成若干个小的页表，每个页表的尺寸与页框尺寸相同(4KB)。这样，一个大的页表可以被划分为 1K(2^{10})个小的页表。要检索这些页表，需要用 10 个二进制位来形成这些页表的索引，即页目录索引。在每个页表里，最多有 4KB/4B＝1K 个页表记录，需要用 10 个二进制位来形成这些页表记录的索引，即页表索引。

在二级页表结构中，32 位的虚拟地址被划分成三部分：页目录索引(10 位)、页表索引(10 位)、页内位移量(12 位)，如图 5-33 所示。

	31　　　　22	21　　　　12	11　　　　0
32位虚拟地址	页目录索引(10位)	页表索引(10位)	页内位移量(12位)

图 5-33　Windows Server 2008 虚拟地址的构成

1. 页目录与页目录索引

Windows Server 2008 中，每个进程都拥有一个单独的页目录，这是由操作系统创建的特殊页，用于映射进程所有页表的位置。页目录的物理地址被保存在进程控制块中。CPU 通过专用寄存器(x86 系统中的 CR3)来找到页目录存放位置。每次进程切换时，由操作系统负责把运行进程的页目录地址放入该寄存器中。可见，进程切换时，该寄存器内容会被刷新。而同一进程的不同线程切换时，不会被刷新，因为同一进程的不同线程共享同一个地址空间，使用同一个页目录。

页目录由一个个页目录项(即页目录索引，简称 PDE)组成。每个页目录项 4 个字节长，记录一个页表的位置、状态信息。Windows Server 2008 中最多有 11 024(2^{10})个页表，对应地，页目录中有 1024 个页目录项，所以页目录索引需要有 10 位。

2. 页表与页表索引

Windows Server 2008 中，每个进程都有一个页表集合，包括进程页表和系统页表。进程页表用于完成用户空间的地址变换，系统页表用于完成系统空间的地址变换。

页表由一个个页表项(即页表索引，简称 PTE)组成。每个页表项 4 个字节长，用来记录该页对应的页框号以及该页框的使用状态和保护限制等信息。在页框的状态位中，有一位称为“有效位”，可取 1 或 0。取值为 1 时，表示该页框号为有效；取值为 0 时，表示该页框号无效，引起缺页中断。

3. 页内位移量

页内位移指出数据在页内的偏移量。由页目录和页表找到对应的物理页后，要根据页内位移量才能找到所需的数据。

4. 快表

每次地址转换都需要经过两次查询：一次是在页目录中找到对应的页表，即确定查询哪个页表来进行地址变换；另一次是在页表中找到对应的页表项，即确定使用页表中的哪一条记录来完成由虚拟地址的页号到物理地址的页框号的转换。这样严重影响了地址转换的效率。为了解决该问题，引入了快表。其原理类似于5.4.3小节中介绍的快表，此处不再赘述。

5. 地址重定位过程

虚拟地址转换为物理地址的基本过程如下。

(1) 进程切换时，操作系统负责将运行进程的页目录地址装入专用寄存器CR3中。

(2) 由虚拟地址中的页目录索引，找到页目录项(PDE)的位置，从该PDE中得到当前所需页表的地址。即从进程的页表集合中，挑选出进行地址转换所需要的页表。

(3) 由虚拟地址中的页表索引，在所选页表里找到当前所需要的页表项(PTE)的位置。

(4) 如果页表项的有效位取值为1，则其中记录的页框号是有效的；如果有效位取值为0，那么其中的页框号无效，引起缺页中断，从磁盘中调入所需要的页框，并更新页表内容。

(5) 由虚拟地址中的页内位移量，确定所需数据在页框中的位置，完成地址重定位。

该过程如图5-34所示。

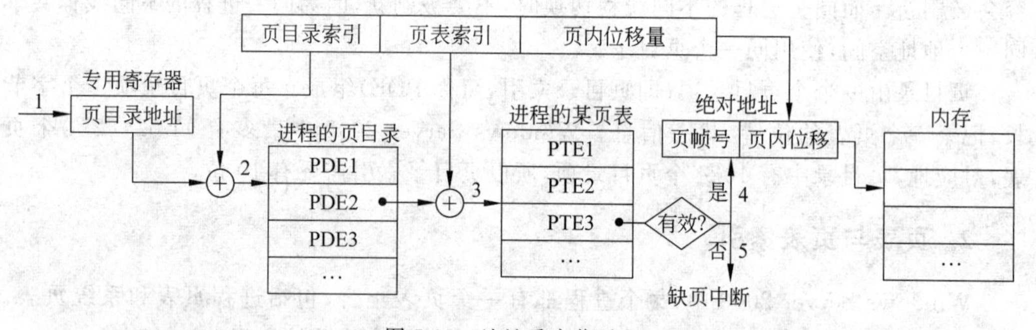

图5-34 地址重定位过程

5.7.2 Windows Server 2008 的内存管理

Windows Server 2008中，操作系统正是通过页框数据库来管理内存中的各个页框。物理内存中有多少个页框，该数据库中就有多少个条目。每个条目对应一个页框，记录该页框的状态、被谁占用等信息。页框状态有如下六种。

(1) 有效：一个进程正在使用该页框，它在某个进程的工作集中。

(2) 零初始化：页框处于空闲，并被初始化。

(3) 空闲：页框处于空闲，但未被初始化。

(4) 后备：页框已从进程的工作集中撤除。对应的页表项已被置为无效，但其中的页框号仍然指向该页框。该页框中的内容在写入磁盘后未再被修改过。可以被原先的进程使用，也可以将其分配给其他进程使用。

(5) 修改：和后备状态相似，只是该页框中的内容在写入磁盘后又被修改过，在分配给其他进程使用前要先将它写回磁盘。

(6) 坏死：页框产生错误，不能使用。

在页框数据库中，由指针将处于不同状态的页框条目组成链表，分别为零初始化链表、空闲链表、后备链表、修改链表、坏死链表。

操作系统在分配页框时，按照以下次序从非空链表中取得页面进行分配：零初始化链表→空闲链表→后备链表→修改链表。发生缺页中断时，首先查看所需页是否在后备链表或修改链表中，若在，则将此页从链表中移出，收回到进程的工作集中去，不必再分配新的页框。若不在，如果需要一个零初始化页，则内存管理程序总试图在零初始化链表中取出第一页，若零初始化链表为空，则从空闲链表中取出一页并对它进行零初始化。若需要的不是零初始化页，就从空闲链表中取出第一页。如果空闲链表为空，就从零初始化链表中取一页。如果以上任一情况中零初始化链表和空闲链表均为空，那么，使用后备链表；若后备链表为空，则使用修改链表。

Windows Server 2008 在创建一个进程时，根据该进程的应用类型、程序要求等，在内存中分配给它一定数量的页框，作为该进程的工作集。在进程执行过程中，操作系统可对工作集的大小进行动态调整。Windows Server 2008 根据物理内存的大小，为进程规定了最小工作集和最大工作集的规模。表 5-3 列出了默认的进程工作集的最小值和最大值。

表 5-3　进程工作集的默认最小值和最大值

内存尺寸	进程工作集的默认最小值	进程工作集的默认最小值
小于 19MB	20	45
19～32MB	30	145
大于 32MB	50	345

系统初始化时，每个进程默认的工作集最小值和最大值被认定为相同。缺页中断发生时，先检查该进程的工作集大小和系统当前空闲内存的数量。如果有可能，系统就允许进程把自己的工作集规模增加到最大值，如果有足够多的空闲页帧，也可以超过这个最大值。如果内存紧张，就只能从工作集中淘汰页面以腾出空间。在单处理机系统中，Windows Server 2008 采用的置换策略类似于最近最久未使用策略(LRU)，即选择到目前为止被访问次数最少的页面置换出去。

Windows Server 2008 采用请求页式和簇化调页技术，即当进程发生缺页中断时，内存管理器将引发中断的页面及其后续的少量页面一起装入内存。根据局部性原理，这种簇化策略能减少缺页中断次数，从而减少调页 I/O 的数量。簇化调页时，页面读取的数量取决于物理内存的大小以及读取页面的性质。通常，当内存大于 19MB 时，代码页的数量为 8 页、数据页的数量为 4 页、其他页的数量为 8 页。

若进程中的某页框被淘汰时未被修改过，就将该页链入后备链表中；如果被修改过，则链入修改链表中。当撤销一个进程时，它的所有私用页框都被链入到空闲链表中。

5.8 Linux中的存储管理

Linux是为多用户、多任务设计的操作系统，所有存储资源由多个进程共享。Linux内存管理的设计充分利用了计算机操作系统所提供的虚拟存储技术，真正实现了虚拟存储器管理。

5.8.1 Linux操作系统中的虚拟存储空间

运行在32位平台x86上的Linux操作系统，虚拟地址空间是4GB。Linux内核将这4GB的空间划分为两部分：较低的3GB供各个进程使用，称为"用户空间"；较高的1GB供内核使用，称为"内核空间"。内核空间由操作系统内的所有进程共享，因为每个进程都可以通过操作系统调用进入内核，如图5-35所示。每个进程拥有自己3GB的私有地址空间，这个空间对操作系统中的其他进程而言是不可见的。进程只有在运行时，其虚拟地址空间才被CPU所知，因为任一时刻CPU上只有一个进程在运行，对于CPU而言，整个操作系统只存在一个4GB的虚拟地址空间，面向当前进程。当进程发生切换时虚拟地址空间也随着切换。

创建一个新进程时，就为进程创建了一个完整的用户空间。用户进程3GB的虚拟地址空间被划分成4个部分，如图5-36所示。其中代码段、数据段是用户程序经过编译、连接后形成的二进制映像文件，堆栈段是必需的空间，空洞（堆）是进程一个特殊的地址区间，是进程运行时可以进行动态分配的空间，也称为动态内存。

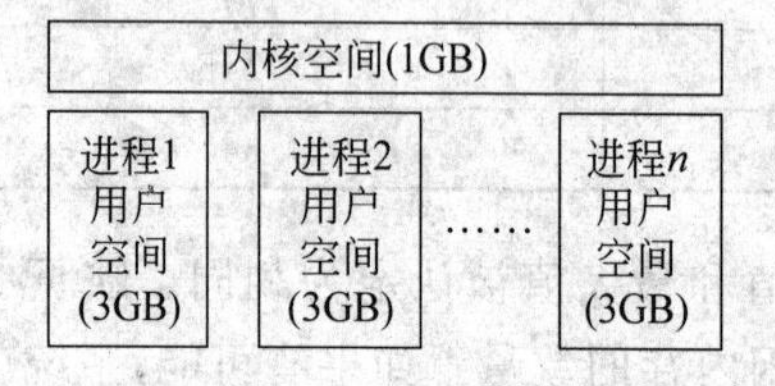

图5-35 Linux的虚拟存储空间

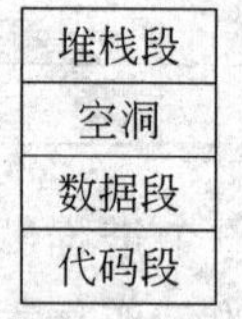

图5-36 进程用户空间(3GB)的划分

程序最终要运行在物理内存中，虚拟地址必须转换成物理地址，虚拟地址到物理地址主要通过页表来映射。进程运行时，内核会给进程分配若干个物理页面，并建立起映射关系。

5.8.2 Linux的页面调度策略

Linux的内存管理采用"请求调页"的动态内存分配技术。操作系统运行时，需要的内容以页面为单位调入内存，暂不执行的页面仍留在外存交换区。

1. 页面与页表

Linux把虚拟空间和物理空间都划分为同样大小的页面，在x86平台的Linux中以4KB(2^{12})为一个页面。虚页面号用VPN表示，物理空间中页帧号用PFN表示。页内位移量用低12位表示，其余高位用来表示VPN或PFN，如图5-37所示。

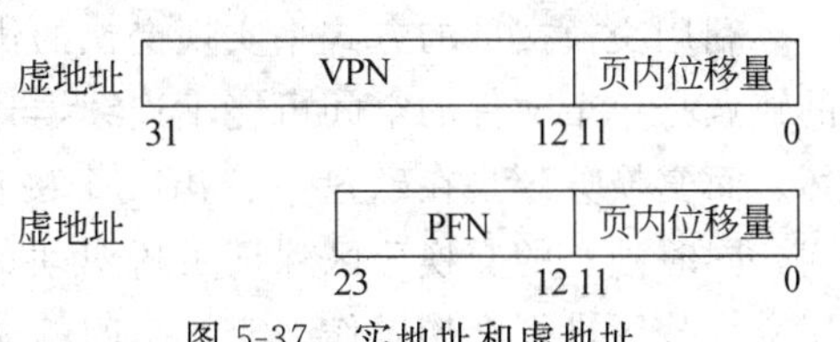

图5-37 实地址和虚地址

由VPN向PFN的映射是通过页表进行的。在页表中，每个虚页面对应一个页表的表项。虚拟地址空间的VPN有1MB个虚页面，页表太大不便管理，因此Linux采用多级页表管理机制。在x86平台上使用二级页表，将20位的VPN再划分成两个10位的一级VPN和二级VPN，如图5-38所示。

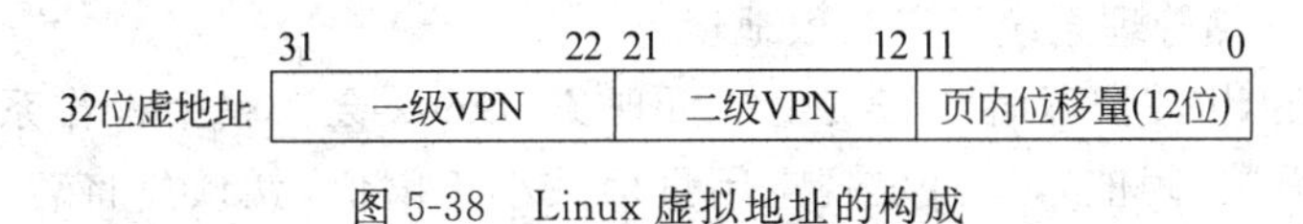

图5-38 Linux虚拟地址的构成

一级页表有1024个表项分别对应着1024个二级页表，从每个表项中可以查出一个二级页表的地址。每个二级页表页也有1024个表项分别对应着1024个完整的VPN。Linux内核还支持三级页表结构。用专门的高速缓存存放要访问的页表内容，从而提高查找页表的速度。

2. 页面的分配和回收

程序执行时，操作系统需要为相应的进程分配内存页，进程终止时需回收内存页。为了更好地解决内存碎片问题，Linux把实际内存的物理页帧按“页块”进行分配与回收。每个页块由一个或数个连续的页帧组成。页块的组建分为10组。每组中页块包含的页帧数是2的若干次幂(即1、2、4、8、…页)。第0组中的页块大小均为1个页面，第1组中的页块大小均为2个页面，第2组中的页块大小均为4个页面，其他以此类推。大小相同、物理地址连续的两个页块被称为“伙伴”。

Linux采用伙伴算法分配和回收内存，该算法尽量给进程分配连续页面组成的内存块。进程提出存储请求后，系统按照请求容量优先分配较小尺寸的空闲区域，从而避免整个物理内存空间充满大量页面碎片，同时也很容易满足对大尺寸连续空间要求的请求。

5.8.3 Linux的交换文件和交换分区

1. 交换文件和交换分区

当物理内存出现不足时，Linux内存管理需要将一部分暂时不用的物理内存页面放置到磁盘上，以释放出内存空间，把需要运行的页面调入物理内存中，这个过程称为交换。

而用于交换的磁盘空间称为交换空间。

Linux 支持两种形式的交换空间：交换分区和交换文件。交换分区是在磁盘中专门分出一个磁盘分区用于交换。交换文件是创建一个文件用于交换。

利用交换文件的方式来实现交换的优点是可方便地改变交换空间的大小。文件交换的缺点是单个文件的空间可能不连续，与用户文件同在一个文件系统中有可能会造成破坏。而交换分区是在磁盘中分出一个磁盘分区专门用于交换。用户对交换分区无法访问。同时独立的交换分区保证了磁盘块的连续，交换操作的速度较快。Linux 中广泛使用交换分区进行交换操作。交换空间的大小一般是物理内存的 1.5～2 倍。

2. 交换进程

交换进程(Kswapd)是一个运行在内核心态的系统进程，在操作系统初启时由 init 进程创建，它的任务是实现物理页帧与交换分区之间的交换工作，保证操作系统中有足够的空闲页面，以使存储管理系统可以高效地运行。

为了避免在 CPU 忙碌时频繁发生缺页现象，Linux 会在整个操作系统中维持一定数量的空闲页面数(阈值)，一旦发现空闲页面数小于阈值，就预先将若干页面换出，减轻了缺页时操作系统所承受的负担。交换进程随时监视着操作系统的空闲页帧数，隔一段时间被调用一次，检查空闲物理页面数是否短缺，如果小于阈值，交换进程预先找出若干页面，且将这些页面的映射断开，使这些物理页面转为不活跃状态，为页面的换出做好准备。

3. 交换策略

在页面交换中，页面置换算法是影响交换性能的关键指标。Linux 使用最近最少使用策略(LRU)决定将哪个页面换出。交换进程换出页面的选择依据是各个页帧的“年龄”。每个页面的年龄初始默认值为 3。该页帧每被访问一次，年龄的值增加 3，直到最大值为 20。另一方面，交换进程每隔一段时间就检查一次，将所有页帧的年龄都减 1。交换进程选择那些年龄为 0 的页面作为换出对象。显然，一个页面如果经常被访问，年龄就会维持在一个较大的数值，某页面如果有一段时间不被访问，其年龄就可能降为 0。

页帧在换出时的处理，根据页帧调入内存后是否被修改过，处理的方式是不同的。一般来说，程序段的内容在内存中不会被改写，这些没有被改写过的页面叫“干净页”。干净页面在淘汰时直接丢弃就行了。因为当再次访问这些页面时，可以像初次调页时那样在磁盘上找到。如果页面内容是数据段，有可能在内存中被改写过，对于这些内容已经被修改过的脏页，淘汰时既不能丢弃也不能简单地回写到磁盘原先的位置上。操作系统将这些脏页保存在交换区里，如果进程再次访问该页帧，可以在交换空间里找到该页调入内存。

练　习　题

一、填空题

1. 存储管理中常用 ________方式来摆脱内存容量的限制。

2. 在多道程序环境中，用户程序的相对地址与装入内存后的实际物理地址不同，把相对地址转换为物理地址，这是操作系统的________功能。

3. 请求分页式存储管理中，页表中缺页中断位的作用是________，改变位的作用是 ________。

4. 在请求分页式存储管理中，当________发现所需的页不在________时，产生中断信号，________作相应的处理。

5. 淘汰算法是在内存中没有________时被调用的，它的目的是选出一个被 ________的页面。如果内存中有足够的 ________存放所调入的页，则不必使用淘汰算法。

6. 在页式存储管理中，页表的作用是实现从________到________的地址映射，存储页表的作用是________。

7. 段式管理中，以段为单位________，每段分配一个 ________区。由于各段长度________，所以这些存储区的大小不一，而且同一进程的各段之间不要求________。

8. 在段页式存储管理系统中，面向________的地址空间是段式划分，面向________的地址空间是页式划分。

9. 存储管理中，对存储空间的浪费是以________和________两种形式表现出来的。

10. 地址重定位可分为________和________两种。

11. 静态重定位在程序________时进行，动态重定位在程序________时进行。

12. 在分页式存储管理中，如果页面置换算法选择不当，则会使系统出现________现象。

二、选择题

1. 为了实现静态和动态存储分配，需采用地址重定位，即把(　　)变成(　　)。

　A. 页面地址　　B. 段地址　　C. 相对/逻辑地址
　D. 绝对/物理地址　　E. 外存地址　　F. 设备地址

2. 静态重定位由(　　)实现，动态重定位由(　　)实现。

　A. 硬件地址变换机构　　B. 执行程序
　C. 汇编程序　　D. 装入程序
　E. 调试程序　　F. 编译程序

3. 在请求页式存储管理中，若所需页面不在内存中，则会引起(　　)。

　A. 输入输出中断　　B. 时钟中断　　C. 越界中断　　D. 缺页中断

4. 在页式存储管理中，将每个作业的(　　)分成大小相等的页，将(　　)分块，页和块的大小相等，通过页表进行管理。页表包括页号和块号两项，它们一一对应。在动态地址转换过程中，根据页号查找页表，由(　　)可知，该页是否已在主存。如不在，则产生

(　　)以装入所需的页。

A. 符号名空间　　B. 内存空间　　C. 辅存空间　　D. 地址空间
E. 改变位　　F. 缺页中断位　　G. 页长　　H. 页内位移量
I. 动态链接　　J. 缺页中断　　K. 页面置换　　L. 页面更新

5. 在请求页式系统中,LRU 算法是指(　　)。

A. 最早进入内存的页先淘汰
B. 近期最长时间以来没被访问的页先淘汰
C. 近期被访问次数最少的页先淘汰
D. 以后再也不用的页先淘汰

6. 在分段管理中,(　　)。

A. 以段为单位分配,每段是一个连续存储区
B. 段与段之间必定不连续
C. 段与段之间必定连续
D. 每段是等长的

7. 段页式存储管理汲取了页式管理和段式管理的长处,其实现原理结合了页式和段式管理的基本思想,即(　　)。

A. 用分段方法来分配和管理物理存储空间,用分页方法来管理用户地址空间
B. 用分段方法来分配和管理用户地址空间,用分页方法来管理物理存储空间
C. 用分段方法来分配和管理主存空间,用分页方法来管理辅存空间
D. 用分段方法来分配和管理辅存空间,用分页方法来管理主存空间

8. 碎片现象的存在使得(　　)。

A. 内存空间利用率降低　　B. 内存空间利用率提高
C. 内存空间利用率得以改善　　D. 内存空间利用率不影响

9. 系统抖动是指(　　)。

A. 使用机器时,屏幕闪烁的现象
B. 刚被调出的页面又立刻被调入所形成的频繁调入调出现象
C. 系统盘不干净,系统不稳定的现象
D. 由于内存分配不当,偶然造成内存不够的现象

10. 作业在执行中发生了缺页中断,那么经中断处理后,应返回执行(　　)指令。

A. 被中断的前一条　　B. 被中断的那条
C. 被中断的后一条　　D. 程序第一条

11. 在实行分页式存储管理系统中,分页是由(　　)完成的。

A. 程序员　　B. 用户　　C. 操作员　　D. 系统

三、简答题

1. 什么是内部碎片? 什么是外部碎片? 各种存储管理中都可能产生何种碎片?
2. 叙述静态重定位与动态重定位的区别。
3. 什么叫虚拟存储器?
4. 在请求分页式存储管理中,为什么既有页表,又有快表?

5. 试述缺页中断与页面淘汰之间的关系。

6. 试述缺页中断与一般中断的区别。

7. 做一个综述,说明从单一连续区存储管理到固定分区存储管理,到可变分区存储管理,到分页式存储管理,再到请求分页式存储管理,每一种存储管理的出现,都是在原有基础上的发展和提高。

四、计算题

1. 某10KB的作业,页面大小是2KB,依次装入内存的7、2、9、5、4块。分析逻辑地址2365D、093DH的物理地址是多少。

2. 假设某程序的页面走向是4、3、2、1、4、3、5、4、3、2、1、5。运行时,分别实行FIFO和LRU页面淘汰算法,试就3个内存块和4个内存块的情形,求出各自的缺页中断率,并分析对于FIFO是否会发生异常现象。

3. 在可变分区存储管理中,按地址法组织当前的空闲分区,其大小分别为:10KB、4KB、20KB、18KB、7KB、9KB、12KB和15KB。现在依次有3个存储请求为:12KB、10KB、9KB。试分析最先适应算法、最佳适应、最坏适应时的分配情形。

4. 某请求分页式存储管理系统,接收一个共7页的作业。作业运行时的页面走向如下:1,2,3,4,2,1,5,6,2,1,2,3,7,6,3,2,1,2,3,6。若采用最近最久未用(LRU)页面淘汰算法,作业在得到2块和4块内存空间时,各会产生出多少次缺页中断?如果采用先进先出(FIFO)页面淘汰算法时,结果又如何?

第6章 设备管理

设备管理中的"设备"一词泛指计算机系统中的外部设备,除了进行实际输入/输出操作的设备之外,也包括诸如设备管理器、DMA控制器、中断控制器、输入/输出处理器等支持设备。外部设备品种繁多,功能各异,能否对它们进行有效的管理,会直接影响整个系统的效率。在多道程序设计环境下,计算机系统允许多个用户作业同驻内存,并发运行,它们的运行过程中势必涉及各种设备的分配和管理问题。对于设备本身,需要尽可能提高其利用率;对于设备和CPU,要尽量发挥并行工作能力的问题;对于设备和用户,要尽量方便用户的使用。本章主要介绍设备的分类、设备管理的主要功能和方式、设备管理中的若干技术等内容。

本章学习要点

- ✧ 设备管理的任务和功能。
- ✧ 输入/输出的处理步骤。
- ✧ 设备的分配和调度算法。
- ✧ 数据传输的各种控制方式。
- ✧ 设备管理中常用的若干技术。

6.1 设备管理概述

6.1.1 设备分类

设备管理是操作系统的主要功能之一。凡是有关外设的驱动、控制、分配等技术问题都统一由设备管理程序负责。对不同的外设,设备管理利用不同的程序进行控制。有些外设由于硬件特性相近,可以归为一类,设备管理只需要用相同的程序或者改动很少就可以进行管理。因此设备管理程序按照类别进行设备管理,可以从不同的角度对外部设备进行分类。

1. 基于设备的从属关系,分为系统设备与用户设备两类

(1) 系统设备:操作系统生成时已经登记于系统中的标准设备就是系统设备,通常也称为"标准设备"。比如键盘、显示器、打印机和磁盘驱动器等。

(2) 用户设备：用户设备是在系统生成时未登记在系统中的非标准设备，通常这类设备是由用户提供的。对于用户来说，需要向系统提供使用该设备的有关程序(如设备驱动程序等)，以便操作系统对其进行统一管理。

2. 基于设备的共享特性，分为独享设备、共享设备和虚拟设备三类

(1) 独享设备：打印机、用户终端等大多数低速输入/输出设备都是所谓的“独享设备”。这种设备的特点是：一旦把它们分配给某个用户进程使用，就必须等它们使用完毕后，才能重新分配给另一个用户进程使用。否则不能保证所传送信息的连续性，可能会出现混乱不清、无法辨认的局面。也就是说，独享设备的使用具有排他性。

(2) 共享设备：磁盘等设备是所谓的“共享设备”。这种设备的特点是：可以由几个用户进程交替地对其进行信息的读或写操作。从宏观上看，它们在同时使用，因此这种设备的利用率较高。

(3) 虚拟设备：通过大容量辅助存储器的支持，利用软件技术(SPOOLing)，把独享设备“改造”成为可以共享的设备，但实际上这种共享设备是不存在的，于是把它们称为“虚拟设备”。

3. 按照设备信息交换的单位，分为字符设备和块设备

(1) 字符设备：字符设备是以字符为单位进行输入和输出的设备。即这类设备每输入/输出一个字符就需要请求 CPU 中断一次，所以也叫作低速字符设备。一般纸带机、打印机等都属于字符设备。

(2) 块设备：块设备的输入和输出是以数据块为单位的。数据块也叫做物理块，在不同的系统中，数据块的大小不同，例如可在 8～1024B 的范围内变化。磁盘和磁带都属于块设备。

4. 基于设备的工作特性，分为输入/输出设备和存储设备两类

(1) 输入/输出设备：输入设备是计算机“感知”或“接触”外部世界的设备，比如键盘。用户通过输入设备把信息送到计算机系统内部；输出设备是计算机“通知”或“控制”外部世界的设备，比如打印机。计算机系统通过输出设备把处理结果告知用户。

(2) 存储设备：存储设备是计算机用于长期保存各种信息又可以随时访问这些信息的设备，磁带和磁盘是存储设备的典型代表。

磁带是一种严格按照信息存放物理顺序进行定位与存取的存储设备。磁带机读/写一个文件时，必须从磁带的头部开始，一个记录、一个记录地顺序读/写，因此它是一种适于顺序存取的存储设备。

为了控制磁带机的工作，硬件系统提供专门用于磁带机的操作指令，以完成读、反读、写、前跳或后跳一个记录、快速反绕、卸带以及擦除等功能。比如要查找的记录号小于当前磁头所在位置的记录号时，系统就可以通过前跳一个或几个记录以及反读指令来实现，这比总是从磁带的起始端开始查找要快得多。

磁带机的启停必须考虑到物理上惯性的作用，当启动读磁带上的下一个记录时，必须

经过一段时间，才能使磁带从静止加速到额定速度；从读完一个记录后到真正停下来，又要滑过一小段距离。因此，磁带上每个记录之间要保留一段空白，称为“记录间隙(IRG)”，如图6-1(a)所示。

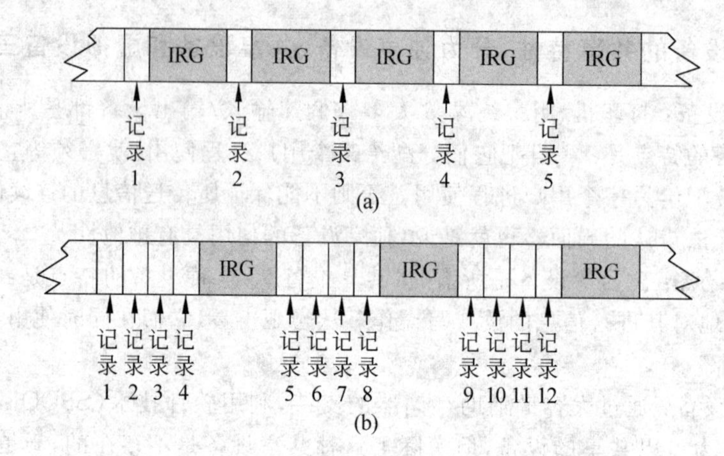

图6-1 磁带的记录与记录间隙(IRG)

记录间隙一般为0.5英寸。设磁带的数据存储密度为每英寸1600字节，一个记录长80字节，占用0.05英寸。那么图6-1(a)的磁带存储空间的有效利用率为：0.05/(0.05+0.5)=0.1。可以看出磁带的利用率是低下的。

为了减少IRG在磁带上的数量，提高磁带的存储利用率，实际应用中可以把若干个记录组成一块，集中存放在磁带上，块与块之间有一个IRG。这意味着启动一次磁带进行读/写时，其读/写单位不再是单个记录，而是一块。比如在图6-1(b)中，把四个记录组成一块，每四个记录之间有一个IRG。这样做，减少了启动设备的次数，提高了磁带存储空间的利用率。但随之带来的问题是读/写不能一次到位，中间要有内存缓冲区的支持。例如，读一个记录时，由于读出的是包含该记录的那一块，应该先把那一块读到内存缓冲区中，从里面挑选出所需要的记录，再把它送到内存的目的地；写一个记录时，首先将此记录送入内存缓冲区，等依次把缓冲区装满后，才真正启动磁带，完成写操作。由于磁带读时，是先把一块读到内存缓冲区，然后从中挑选出所需要的记录，这个过程称为“记录的分解”；由于磁带写时，是在缓冲区中把若干个记录拼装成一块，然后写出，这个过程称为“记录的成组”。

磁盘的特点是存储容量大，存取速度快，并且能够顺序或随机存取。操作系统中的很多实现技术(比如存储管理中的虚拟存储，本章将要介绍的虚拟设备等)，都是以磁盘作为后援的。因此，它越来越成为现代计算机系统中一个不可缺少的重要组成部分。

磁盘有软盘、硬盘之分，硬盘又可分为固定头和活动头两种。磁盘种类虽多，但它们基本上由两大部分构成：一是存储信息的载体，也就是通常所说的盘片；二是磁盘驱动器，它包括磁头、读/写驱动放大电路、机械支撑机构和其他电器部分。如图6-2所示给出了磁盘的结构示意图。

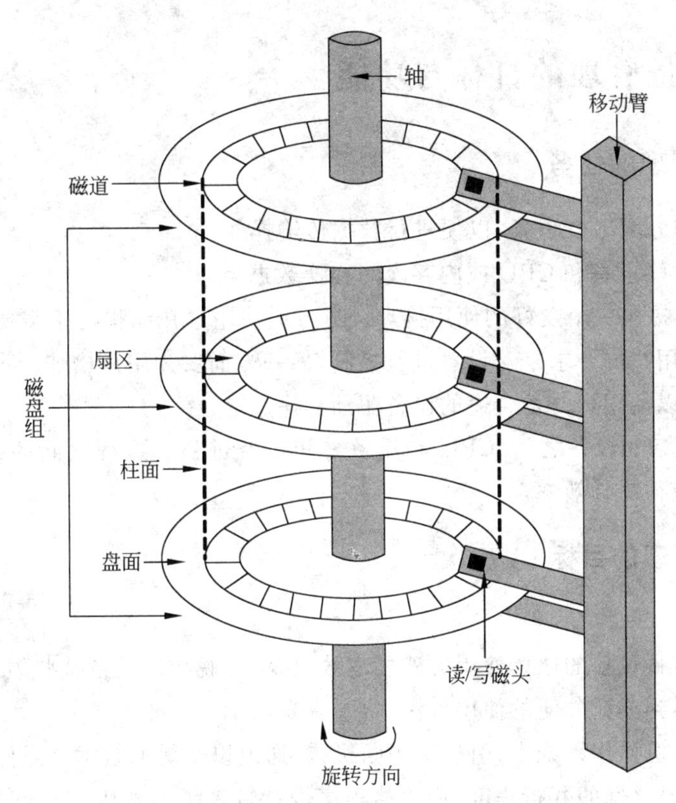

图 6-2 磁盘结构示意图

每个盘片有正反两个盘面，若干盘片组成一个磁盘组。磁盘组被固定在一个轴上，沿着一个方向高速旋转。每个盘面有一个读/写磁头，所有的读/写磁头被固定在移动臂上，同时进行内、外的运动。

要把信息存储到磁盘上，必须给出磁盘的柱面号、磁头号和扇区号；读取信息时，也必须提供这些参数。每个盘面上有许多同心圆构成的磁道，它们从 0 开始由外向里顺序编号。不同盘面上具有相同编号的磁道形成一个个柱面。于是，盘面上的磁道号就称为“柱面号”。每个盘面所对应的读/写磁头从 0 开始由上到下顺序编号，称为“磁头号”。随着移动臂的内、外运动，带动读/写磁头访问所有的柱面(即磁道)。当移动臂运动到某一位置时，所有读/写磁头都位于同一柱面。不过根据磁头号，每次只能有一个磁头可以进行读或写操作。在磁盘初始化时，把每个盘面划分成相等数量的扇区。按磁盘旋转的反向，从 0 开始为每个扇区编号，称为“扇区号”。要注意的是，每个扇区对应的磁道弧长虽然不一样，但存储的信息量是相同的(比如都是 1024 个字节)。扇区是磁盘与内存进行信息交换的基本单位，在一些操作系统中，经常一次性读/写若干个连续的扇区，把这些扇区称为磁盘的“块”。因为磁带和磁盘都是以块为单位来批量传送信息的，因此通常把它们称为“块设备”。

6.1.2 设备管理的目标与功能

1. 设备管理的任务

（1）选择和分配 I/O 设备，以便进行数据传输操作。

（2）控制 I/O 设备和 CPU 或内存之间交换数据。

（3）为用户提供一个友好的使用接口。一方面使用户在编程时不需要涉及具体的设备，由系统按照用户的要求来对设备进行控制；另一方面要为用户增加新设备提供一个统一的系统入口，以便用户开发合适的设备驱动程序。

（4）提高设备和设备之间、CPU 和设备之间以及进程和进程之间的并行操作程度，以使操作系统获得最佳效率。

2. 设备管理的目标

（1）方便性

使用户从各种设备的原始使用方式中解放出来，摆脱物理设备某些烦琐规定的束缚，形成一种用户感到灵活方便的使用方法。

在当前计算机操作系统中，引进了中断机构、通道以及缓冲技术。虽然它们能够显著提高 CPU 和外设之间的并行程度，但也给程序设计带来了一些困难和麻烦。因此，设备管理的基本目标就是按照用户的要求来控制 I/O 设备工作，方便用户使用。

（2）并行性

要求设备和 CPU 能够并行工作，设备与设备之间也能够并行工作，以便提高设备的利用率和系统效率。设备管理程序需要实现这种并行，并且尽可能发挥系统的并行能力。

（3）均衡性

在现代操作系统中，允许多个进程并发执行，但进程数量往往多于 I/O 设备数量，因此必将引起进程对设备竞争使用。设备管理程序既要使设备保持忙碌，又需要考虑设备忙碌的均衡性，才能最大限度地发挥设备的潜力。

（4）独立性

设备的独立性是指设备的无关性。用户在编程时，应避免直接使用实际设备名，因为如果使用了实际设备名，当该设备连接不正常、设备忙或该设备发生故障时，用户程序就不能使用替代设备，无法正常工作。如果用户程序不涉及实际设备而是用逻辑设备名，那么它所要求的输入/输出就与具体的物理设备无关。系统可以根据设备的当前工作情况为用户分配一个替代设备以满足用户需求。设备的实际名称和逻辑名称之间的关系类似于存储管理中的逻辑地址与物理地址。

3. 设备管理的基本功能

为了完成设备管理任务，设备管理程序一般应提供如下功能。

(1) 提供进程使用设备的接口

当进程要求使用设备时,该接口将进程的要求传达给设备管理程序。

(2) 进行设备的分配与回收

在多道程序设计环境下,多个用户进程可能会同时对某一类设备提出使用请求。设备管理程序应该根据一定的算法,决定把设备具体分配给哪个进程使用,对那些提出设备请求但暂时未分到的进程,应该进行管理(如组成设备请求队列,按一定的次序等待)。当某设备使用完毕后,设备管理程序应该及时将其回收并进行再分配。

(3) 实现设备和设备、设备和CPU等之间的并行操作

这项功能需要系统中相应的硬件支持。除了设备控制器外,对于不同的I/O控制方式,还需要有DMA控制器、I/O通道等硬件。在设备管理程序根据进程要求分配了设备、控制器和通道(或者DMA控制器)之后,通道(或DMA控制器)将自动完成设备和内存之间的数据传送工作,从而实现CPU和I/O设备的并行工作。在没有通道(或DMA控制器)的系统中,则由设备管理程序利用中断技术来完成并行操作。

(4) 对缓冲区管理

一般来说,CPU的执行速度、访问内存储器的速度都比较高,而外部设备的数据传输速度则大都较低,从而产生高速CPU与慢速I/O设备之间速度不相匹配的矛盾。为了解决这种矛盾,系统往往在内存中开辟一些区域称为"缓冲区",CPU和I/O设备都通过这种缓冲区传送数据,以达到设备与设备之间、设备与CPU之间的工作协调。设备管理程序负责对这些缓冲区进行管理、分配和回收。

(5) 设备控制和驱动

按照I/O控制方式,对不同的设备完成相应的I/O中断、设备控制、读/写等输入/输出操作,并针对不同的设备请求,通过设备驱动程序完成对设备的直接控制。

6.1.3　I/O设备所需的资源

计算机系统的各类I/O设备及其控制部件有不同的连接方式和接口,需要使用和占据系统的某些资源,这些资源是I/O设备正常工作必不可少的,也是由设备共享的。操作系统应当检测和确认哪些I/O设备使用哪些系统资源,如何分配、协调这些资源以避免冲突。下面简单介绍这些资源。

1. I/O地址

I/O地址是I/O设备或控制卡所在的位置,处理器通过该地址找到对应的I/O部件和设备寄存器,并进行控制和数据传输操作。由于很多设备共享某个I/O地址,可能产生I/O地址冲突。因此,需要在系统启动时进行正确的I/O地址设置,或在应用软件运行时进行I/O地址的重新设置。

2. I/O中断请求

每个I/O设备在工作过程中都会向处理器发出I/O中断请求,如数据就绪、数据到

达和操作出错等。处理器接收这些 I/O 请求后将转入 I/O 中断处理程序，完成相应的 I/O 处理。然而，系统拥有的 I/O 中断请求号是有限的，其中一些已用于系统的标准功能性中断，如时钟中断、除零中断和系统异常中断等。I/O 设备争用剩余的中断请求可能产生冲突。因此，这也是 I/O 资源分配的重要方面。

3. DMA 控制器

直接存储器访问(DMA)控制器提供了 I/O 设备与系统间有效的数据传输机制，实现了设备与主存储器之间直接数据传输，而无须处理器干预。由硬件组成的 DMA 控制器的数量是有限的，对争用同一个 DMA 控制器的 I/O 设备需要进行协调和重新配置。

4. I/O 缓冲区

输入输出缓冲区是加快 I/O 设备的数据传输、协调快速处理器和慢速设备间的一个有效机制。缓冲区的设置要占用主存储器一定的空间，各种 I/O 设备开设的缓冲区大小和位置可能不一样，也可能一样，这个系统资源也是 I/O 设备争用的。系统必须保证各个 I/O 设备开辟的缓冲区不会相互冲突，并且不影响主存储器的使用。

6.1.4 设备处理程序

设备处理程序又称设备驱动程序。为了使用户抛开设备硬件的复杂性而方便地使用外设，同时建立一种通用而规范的 I/O 接口，使 I/O 设备的改变和增减不会对操作系统本身产生影响，操作系统设计者把与物理设备直接有关的设备驱动程序脱离出来，由设备厂商和软硬件开发商编制，使驱动程序成为系统的选件。系统和用户可根据需要选择配置设备，灵活地选择装载驱动程序。

由于设备驱动程序直接与物理设备有关，一般用汇编语言编写，针对具体的 I/O 设备控制器进行编码或微程序操作。

设备驱动程序负责设置相应设备中相关寄存器的值，启动设备进行 I/O 操作，指定操作的类型和数据流向等。

设备驱动程序一般不由用户执行，也不能由用户进程直接执行，只能通过 I/O 请求和调用方式，经过间接转换和映射，由系统或 I/O 处理器执行。有些操作系统中，设备驱动程序分为两部分：一部分启动过程和初始化设备；另一部分完成设备中断和数据传送操作。

设备驱动程序的直接控制对象是 I/O 控制器。在控制器中有数据缓冲寄存器、控制寄存器和状态寄存器等。数据缓冲寄存器主要用于存放要传输的数据，作为数据的暂存或缓冲；控制寄存器用于控制设备的各种操作，存放设备的 I/O 地址或 I/O 端口，指出寄存器访问的基准值；状态寄存器主要用于保存设备状态，如设备就绪、设备忙和操作错误等。

6.2 输入/输出的处理步骤

当用户提出一个输入/输出请求后，系统的处理过程可以分成四个步骤来描述：用户在程序中使用系统提供的输入/输出命令发出I/O请求；“输入/输出管理程序”来接受这个请求；“设备驱动程序”来具体完成所要求的I/O操作；设备中断处理程序来处理这个请求。图6-3给出了完成一个I/O请求所涉及的主要步骤，它们之间的相互关系，以及每一步要做的主要工作。由于各个操作系统的设备管理实现技术不尽相同，因此这只能是一个粗略的框架。

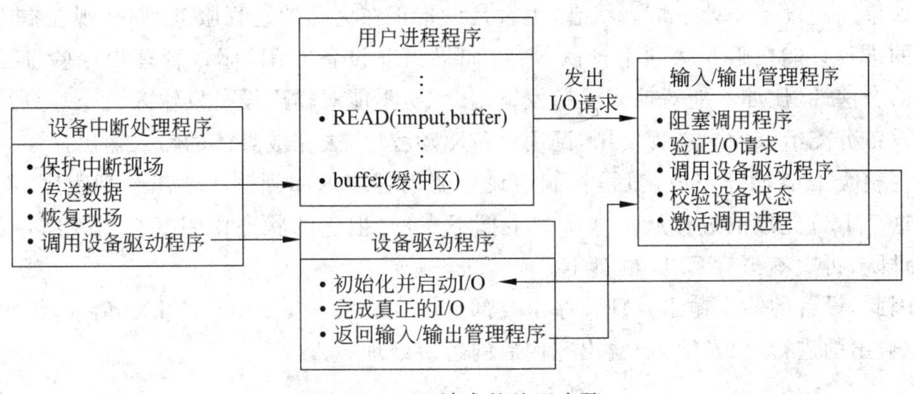

图6-3　I/O请求的处理步骤

6.2.1 I/O请求的提出

输入/输出请求来自用户作业进程。比如在某个进程的程序中使用系统提供的I/O命令形式为

```
READ(input,buffer,n);
```

它表示要求通过输入设备input，读入n个数据到由buffer指明的内存缓冲区中。编译程序会将源程序里的这一条I/O请求命令翻译成相应的硬指令，比如具有如下形式：

CALL IOCS
CONTRL
ADDRESS
NUMBER

其中IOCS为操作系统中管理I/O请求的程序入口地址，因此CALL IOCS表示对输入/输出管理程序的调用。紧接着的CONTRL、ADDRESS和NUMBER是三个指令参数，CONTRL是根据命令中的input翻译得到的，由它表示在哪个设备上有输入请求；

ADDRESS 是根据命令中的 buffer 翻译得到的，由它表示输入数据存放的缓冲区起始地址；NUMBER 是根据命令中的 n 翻译得到的，由它表示输入数据的个数。

6.2.2 对 I/O 请求的管理

输入/输出管理程序的基本功能如图 6-3 所示。该程序一方面从用户程序那里接受 I/O 请求，另一方面把 I/O 请求交给设备驱动程序去具体完成，因此起到一个桥梁的作用。输入/输出管理程序首先接受用户对设备的操作请求，并把发出请求的进程由原来的运行状态改变为阻塞状态。管理程序根据命令中 CONTRL 参数提供的信息，让该进程的 PCB 到与这个设备有关的阻塞队列中排队，等候 I/O 的完成。

如果当前设备正处于忙碌状态，也就是设备正在为别的进程服务，那么现在提出 I/O 请求的进程只能在阻塞队列中排队等待；如果当前设备空闲，那么管理程序验证了 I/O 请求的合法性(比如不能对输入设备发输出命令，不能对输出设备发输入命令等)后，就把这个设备分配给该用户进程使用，调用设备驱动程序，去完成具体的输入输出任务。

在整个 I/O 操作完成之后，控制由设备驱动程序返回到输入输出管理程序，由它把等待这个 I/O 完成的进程从阻塞队列上摘下来，并把它的状态由阻塞变为就绪，到就绪队列排队，再次参与对 CPU 的竞争。

因此，设备的输入输出管理程序由 3 部分内容组成：接受用户的 I/O 请求，组织管理输入/输出的进行，以及输入/输出完成后的善后处理。

6.2.3 I/O 请求的具体实现

在操作系统的设备管理中，I/O 请求是由设备驱动程序来具体实现的。设备驱动程序有时也称为输入输出处理程序，它必须使用有关输入/输出的特权指令来与设备硬件进行交往，以便真正实现用户的输入/输出操作要求。

在从输入/输出管理程序手中接过控制权后，设备驱动程序就读出设备状态，判定其完全可用后，就直接向设备发出 I/O 硬指令。在多道程序系统中，设备驱动程序一旦启动了一个 I/O 操作，就让出对 CPU 的控制权，以便在输入/输出设备忙于进行 I/O 时，CPU 能脱身去做其他的事情，从而提高处理机的利用率。

在设备完成一次输入/输出操作之后，是通过中断来告知 CPU 的。当 CPU 接到来自 I/O 设备的中断信号后，就去调用该设备的中断处理程序。中断处理程序首先把 CPU 的当前状态保存起来，以便在中断处理完毕后，被中断的进程能够继续运行下去。中断处理程序的第 2 个任务是按照指令参数 ADDRESS 的指点进行数据的传输。比如原来的请求是读操作，那么来自输入设备的中断，表明该设备已经为调用进程准备好了数据。于是中断处理程序就根据 ADDRESS 的指示，把数据放到缓冲区的当前位置处。然后修改 ADDRESS(指向下一个存放数据的单元)和 NUMBER(在 NUMBER 上做减法)。如果 NUMBER 不等于 0，说明还需要设备继续输入，又去调用设备驱动程序，启动设备再次输入；如果 NUMBER 等于 0，说明用户进程要求的输入数据全部输入完毕，于是从设备驱动程序转到输入/输出管理程序，进行 I/O 请求的善后工作。

6.3　设备分配与调度

6.3.1　管理设备时的数据结构

从前面的讨论中已经知道，创建一个进程时，开辟一个进程控制块 PCB，以便随时记录进程的信息；在把一个作业提交给系统时，系统也是开辟一个作业控制块 JCB，以便随时记录作业的信息。为了管理系统中的外部设备，操作系统仍然采用这种老办法：为每一台设备开辟一个存储区，随时记录系统中每一台设备的基本信息，这个存储区称为“设备控制块(Device Control Block，DCB)”。如图 6-4 所示，左侧的“DCB 表”表示系统中所有外部设备的 DCB 的集合；中间是对其中的第 i 个设备的 DCB 的放大，给出了 DCB 中可能有的一些表项。不难理解，随着系统的不同，DCB 中所含的内容也不同。

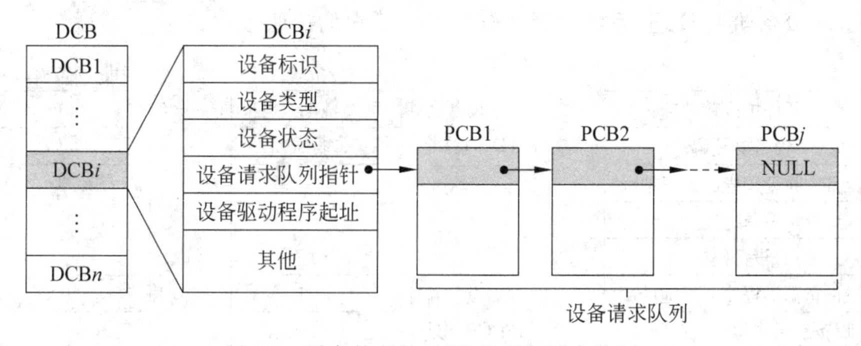

图 6-4　设备控制块 DCB 及设备请求队列

DCB 中其他表项的含义无须过多地解释，这里主要介绍一下“设备请求队列指针”。如果一个独享设备已经分配给一个进程使用，那么继续对它发出 I/O 请求的其他进程就不可能立即得到它的服务。由于这些进程都是因为暂时得不到这个设备的服务而被阻塞的，所以应该排在与该设备有关的阻塞队列上，这个阻塞队列在操作系统的设备管理中被称为“设备请求队列”。在设备的 DCB 中，表目项“设备请求队列指针”总是指向设备请求队列上的第 1 个进程的 PCB。比如图 6-4 中，进程 1，2，…，j 的 PCB 排列在该设备的请求队列中，表明这些进程都想获得该设备的服务，但该设备当前只能分配给进程 1 使用(因为是独享设备)，其他进程在队列中等待。当进程 1 的输入/输出完成后，由前面所讲的输入/输出管理程序把它的 PCB 从设备请求队列上摘下来，排到就绪队列上去，然后把该设备分配给请求队列的下一个进程使用。

因为设备控制块 DCB 中存放的是一台具体设备的有关信息，找到一个设备的 DCB，就得到了该设备的特性、各种参数、使用情况等，所以 DCB 是设备管理中最重要的一种数据结构。

为了管理设备，系统除了为每个设备设置 DCB 外，整个系统还要有一张所谓的“系统设备表(System Device Table,SDT)”。系统初启时,每一个标准的以及用户提供的外部设备,在该表中都有一个表目,表目内容可以有该外部设备的标识、所属的类型以及它的设备控制块DCB的指针(即DCB所在的起始地址),如图6-5所示。在输入/输出处理过程中,系统总是从系统设备表SDT得到一个设备的设备控制块DCB,然后从DCB中得到有关该设备的信息。

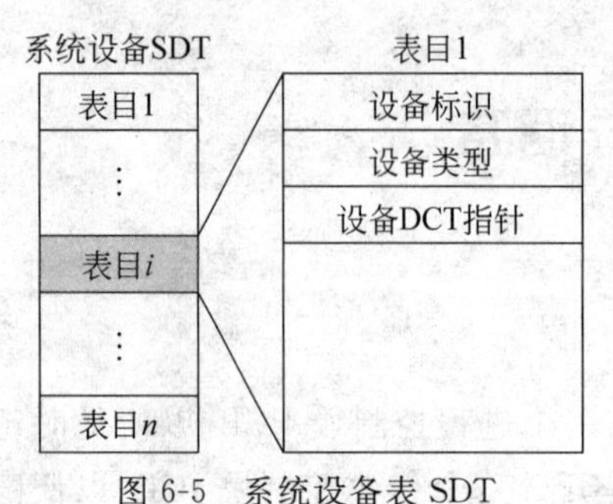

图6-5 系统设备表SDT

下面,通过一个实例来说明设备管理中各种管理表格的作用和相互间的关系,从中也能对字符设备的输入/输出过程有进一步的理解。该例选自实时控制操作系统RTOS的设备管理部分,它运行在单任务多进程的环境中。整个系统的外部设备由一个用户作业使用,只是进程间对设备产生竞争。下面通过三个方面来讲述。

1. 三张设备管理表格

为了对设备进行管理,系统设置了如图6-6所示的三张表格。

中断保护区首地址	
设备屏蔽码	
设备中断处理程序入口地址	
设备特性	
设备码	
设备驱动程序入口地址	
设备初始化程序入口地址	
设备请求队列指针	
加工单	内存起始地址
	计数器

(a)

	系统设备表SDT
设备名	TTI
设备DCB起址	TTIDC
	⋮
设备名	LPT
设备DCB起址	LPTDC
	⋮

(b)

	中断向量表IVT
0	–1
1	–1
⋮	⋮
10	TTIDC
⋮	⋮

(c)

图6-6 三张设备管理的表格

RTOS把设备分为块设备和字符设备两类,如图6-6(a)所示是字符设备的设备控制块DCB(做了必要的简略处理)。在它的里面,不仅包含有与设备特性有关的信息,如设备码、各处理程序的入口地址等,也有管理、分配以及使用该设备的信息,如设备请求队列指针、加工单等。

如图6-6(b)所示是系统设备表SDT,当前系统中允许使用的每一个外部设备在该表中都有一个表目与之对应。每个表目由两个内容组成:一个是设备的符号名称(比如终端输入机取名为TTI,打印机取名为LPT);一个是该设备控制块DCB的起始地址。这样,当用户在程序中使用设备名要求进行I/O时,系统通过设备名去查SDT表,得到该设备的DCB,进而得到该设备的一切有关信息。

如图6-6(c)所示是所谓的中断向量表IVT。计算机为每一台设备赋予一个设备码,如同是该设备的地址。IVT 表的表目以设备码为位移。初启时，如果当前系统配有该设备，则表目内容是该设备的 DCB 地址，否则填写－1。如图 6-6(c)所示，终端输入机 TTI 的设备码为 10，于是在 IVT 表地址为 10 的表目中存放着它的设备控制块起始地址 TTIDC。地址 0 和 1 的表目中目前是－1，表示当前系统中没有配备设备码为 0 和 1 的设备。

由中断概念可知，系统响应中断后，最重要的是找到发出中断请求的中断源的中断处理程序入口地址，以便进行相应的中断处理。运行 RTOS 的计算机有一条硬指令：INTA，其功能是执行它能够得到当前发出中断请求的设备的设备码。这样，根据设备码，去查中断向量表 IVT，就能够得到发出中断请求的设备的设备控制块 DCB 地址，进而从 DCB 中得到该设备的中断处理程序的入口地址。

由上面的描述可以看到，在 RTOS 中，系统设备表 SDT、设备控制块 DCB 以及中断向量表 IVT 之间关系密切，其中心是要得到设备的设备控制块 DCB。

2. RTOS 设备管理的两个部分

在系统初启时，通过人—机对话，向用户询问有关系统设备的配置问题。根据用户的回答，产生特定的 SDT 表，并填写好 IVT 表。这一方面反映出用户对设备的总需求，另一方面也意味着系统已经将这些设备分配给该用户使用。

在程序运行时，涉及的设备不能超出 SDT 表的范围，否则就会出错。当进程提出输入/输出请求、并且引起设备竞争时，RTOS 就采用先来先服务的分配策略。提出设备请求的进程的 PCB，按照先后次序在设备请求队列中排队，由“设备请求队列指针”指向队首进程的 PCB，并把设备分配给它使用。

3. I/O 请求的具体实现

当用户程序中发出顺序读命令 RDS(实际上就是一条系统调用命令)时，整个处理过程如下所述。在 RTOS 中，顺序读命令的格式是：

```
RDS(设备名,内存地址,个数)
```

其中“设备名”指出要使用的设备，比如 TTI；“内存地址”指出读入的数据存放在内存的起始地址；“个数”指出总共读入的字符个数。

执行这条命令时，控制转入操作系统，CPU 进入系统态。操作系统先把命令及其所有参数信息暂时存放在调用进程的 PCB 中，然后进行命令合法性检查。通过后，就用设备名去查系统设备表 SDT，得到设备的 DCB 起址，从而把进程的 PCB 排入该设备的设备请求队列末尾，进程状态由运行改变为阻塞。

如果该进程排在设备请求队列之首，则意味着当前设备空闲，可以立即分配给它使用。这时才去真正执行 RDS 命令处理程序。该程序把存放在进程 PCB 中的命令参数填写到设备控制块 DCB 里的加工单中，通过 DCB 中的设备驱动程序启动 TTI，等待用户从键盘输入数据。在 TTI 被启动之后，CPU 的控制转向进程调度程序，调度一个新的进程投入运行，以便 CPU 和 TTI 并行工作。

在键盘上输入一个字符后，设备发出中断请求。CPU 响应中断，并通过执行 INTA 指令，得到发出中断的设备的设备码，即 10。以它为索引顺序去查中断向量表 IVT，得到 TTI 设备控制块的起始地址 TTIDC，进而从 DCB 中得到 TTI 的中断处理程序入口地址，进行中断处理。TTI 中断处理程序的功能是根据加工单中的内存地址，把输入缓冲区中的字符存到内存指定的位置，然后调整加工单中的这两个参数。如果计数器减 1 后不为 0，表示还要继续输入。于是中断处理结束后，又一次去调用设备驱动程序，启动 TTI 工作。如果计数器减 1 后为 0，表示输入结束，这次 I/O 请求处理完毕。于是从设备请求队列上把首进程的 PCB 摘下，状态改为"就绪"，排到就绪队列参与调度。在摘下首进程的 PCB 之后，如果设备请求队列非空，表示还有进程在等待使用 TTI。于是又如前所述，把设备分配给为首的进程使用（也就是根据它的命令参数，形成加工单，然后启动设备工作）。

上面较为详细地讲述了对字符设备的管理和使用过程。它虽然是针对 RTOS 的，但并不失一般性。比如 UNIX 对其字符设备的管理过程也与此类同，只是它增加了对缓冲区的使用，显得更加复杂罢了。

6.3.2 设备分配策略

在一个系统中，请求设备为其服务的进程数往往多于设备数，因此会存在多个进程对某类设备的竞争问题。为保证系统有条不紊地工作，设备分配时应考虑以下几个因素。

1. 设备固有属性

在进行设备分配时，应根据设备的固有属性而采取不同的分配策略。

(1) 独享分配

独享设备应采用独享分配方式，即将一个设备分配给某进程后一直由其独占，直至该进程完成或释放该设备后，系统才能再将该设备分配给其他进程使用。实际上，大多数低速设备都适于采用这种分配方式，这种分配方式的主要缺点是 I/O 设备通常得不到充分利用。

(2) 共享分配

对于共享设备，可将它同时分配给多个进程使用。如磁盘是一种共享设备，因此可以分配给多个进程使用。共享分配方式显著提高了设备利用率，但对设备的访问需进行合理调度。

(3) 虚拟分配

虚拟分配是针对虚拟设备而言的，其实现过程是，当进程申请独占设备时，系统给它分配共享设备上的一部分存储空间；当进程要与设备交换信息时，系统就把要交换的信息存放在这部分存储空间中；在适当的时候，将设备上的信息传输到存储空间中或将存储空间中的信息传送到设备。

2. 设备分配算法

I/O设备的分配，除了与I/O设备的固有属性相关外，还与系统所采用的分配算法有关。设备分配主要采用先请求先服务和优先级高者优先两种算法。

(1) 先请求先服务

当有多个进程对同一设备提出I/O请求时，该算法根据这些进程发出请求的先后次序，将这些进程排成一个设备请求队列，设备分配程序总是把设备首先分配给队首进程。

(2) 优先级高者优先

按照进程优先级的高低进程设备分配。当多个进程对同一设备提出I/O请求时，哪一个进程的优先级高，就先满足哪个进程的请求，将设备分配给这个进程。对优先级相同的I/O请求，则按先请求先服务的算法排队。

3. 设备分配的安全性

所谓设备分配的安全性是指在设备分配中应防止发生进程的死锁。

在进行设备分配时，可采用静态分配和动态分配两种方式。静态分配是在进程级进行的，用户进程开始执行之前，由系统一次分配该进程所要求的全部设备、控制器和通道。一旦分配后，这些设备、控制器和通道就一直为该进程所占有，直到该进程被撤销为止。静态分配方式不会出现死锁，但设备的利用率低。

动态分配是在进程执行过程中根据执行需要进行的设备分配。当进程需要设备时，通过系统调用命令向系统提出设备请求，由系统按照事先规定的策略给进程分配所需要的设备、控制器和通道，一旦用完之后，便立即释放。动态分配方式有利于提高设备的利用率，但如果分配算法使用不当，则有可能造成进程死锁。

在进行动态分配时也分两种情况。在某些系统中，每当进程发出I/O请求后便立即进入阻塞状态，直到所提出的I/O请求完成才被唤醒。在这种情况下，设备分配是安全的，但进程推进缓慢。在有的系统中，允许进程发出I/O请求后仍继续运行，且在需要时又可发出第二个I/O请求，第三个I/O请求，……仅当进程所请求的设备已被另一进程占用时才进入阻塞状态。这样，一个进程有可能同时操作多个设备，从而使进程推进迅速，但这种设备分配有可能产生死锁。

4. 设备独立性

根据设备独立性的原则，要求用户程序对I/O设备的请求采用逻辑设备名，而在程序实际执行时使用物理设备名。所谓逻辑设备名是对某类物理设备属性的抽象，它不仅仅局限于某一个设备，而是泛指一类物理设备，如打印机的逻辑设备名是PRN。进程在执行时，虽然使用的是实际的物理设备，但用户不需要指定具体的物理设备名称，只需要指定逻辑设备名，使得用户作业和物理设备独立开来。这样可以避免因为实际设备的故障(忙碌、损坏或者无法连接)导致用户作业或者程序不可用。

为了实现从逻辑设备名到物理设备名的变换，系统采用数据结构"逻辑设备表(Logical Unit Table,LUT)"来建立逻辑设备和物理设备的映射关系。逻辑设备表的结构如表6-1所示。

表6-1 逻辑设备表(LUT)

逻辑设备名	物理设备名	驱动程序入口地址
/dev/tty	1	E123
/dev/print	2	34A6
…	…	…

逻辑设备表中包含逻辑设备名、物理设备名和驱动程序的入口地址等内容。每当进程使用逻辑设备名请求分配I/O设备时，首先在逻辑设备表中查找是否有该逻辑设备。如果有，则使用相应的物理设备和驱动程序。如果没有，操作系统将为它分配相应的物理设备，同时在逻辑设备表中建立一个表目，填好该设备的逻辑设备名和物理设备名，以及设备驱动程序的入口地址等信息。

6.3.3 设备分配步骤

某一进程提出I/O请求后，系统的设备分配程序可按以下步骤进行设备分配。

1. 分配设备

根据进程提出的物理设备名查找系统设备表，从中找到该设备的设备控制表。查看设备控制表中的设备状态字段。若该设备处于忙状态，则将进程插入设备等待队列；若设备空闲，便按照一定的算法来计算本次设备分配的安全性。若分配不会引起死锁，则进行分配；否则，仍将该进程插入设备等待队列中。

2. 分配控制器

系统把设备分配给请求I/O的进程后，再到设备控制表中找到与该设备相连的控制器的控制表，根据状态字段可知该控制器是否忙碌。若控制器忙，将进程插入等待该控制器的队列；否则将该控制器分配给进程。

3. 分配通道

从控制器控制表中找到与该控制器连接的通道控制表，根据控制字段可知该通道是否忙碌。若通道处于忙状态，将进程插入等待该通道的队列；否则将该通道分配给进程。

此时，进程本次I/O请求所需要的设备、控制器、通道等均已分配，可由设备处理程序去实现真正的I/O操作。

6.3.4 独享设备的分配

"独享设备"是指在使用上具有排他性的设备。当一个作业进程在使用某种设备时，别的作业进程只能等到该进程使用完毕才能用，那么这种设备就是独享设备。键盘输入机、磁带机和打印机等都是典型的独享设备。

独享设备的使用具有排他性，因此对这类设备只能采取“静态分配”的策略。也就是说，在一个作业运行前，就必须把这类设备分配给作业，直到作业运行结束才将它归还给系统。在作业的整个执行期间，它都独占使用该设备，即使它暂时不用，别的作业也不能用。

计算机系统中配置有各种不同类型的外部设备，每一类外部设备也可能有多台。为了管理起见，系统在内部对每一台设备进行编号，以便相互识别。设备的这种内部编号称为设备的“绝对号”。

在多道程序设计环境下，一个用户并不知道当前哪一台设备已经被其他用户占用，哪一台设备仍然空闲可用。因此一般情况下，用户在请求 I/O 时，都不是通过设备的绝对号来特别指定某一台设备，而是只能指明要使用哪一类设备。至于实际使用哪一台，应该根据当时系统设备的分配情况来定。另一方面，有时用户可能会同时要求使用几台相同类型的设备。为了便于区分，避免混乱，允许用户对自己要求使用的几台相同类型的设备进行编号。这种编号出自于用户，因此称为设备的“相对号”。用户是通过“设备类，相对号”来提出使用设备的请求的。很显然，操作系统的设备管理必须提供一种映射机制，以便建立起用户给出的“设备类，相对号”与物理设备的“绝对号”之间的对应。

为此，操作系统应该设置两种表，一是“设备类表”，如图 6-7(a)所示，整个系统就只有一张设备类表；一是“设备表”，如图 6-7(b)和图 6-7(c)所示，每一类设备有一张设备类表。

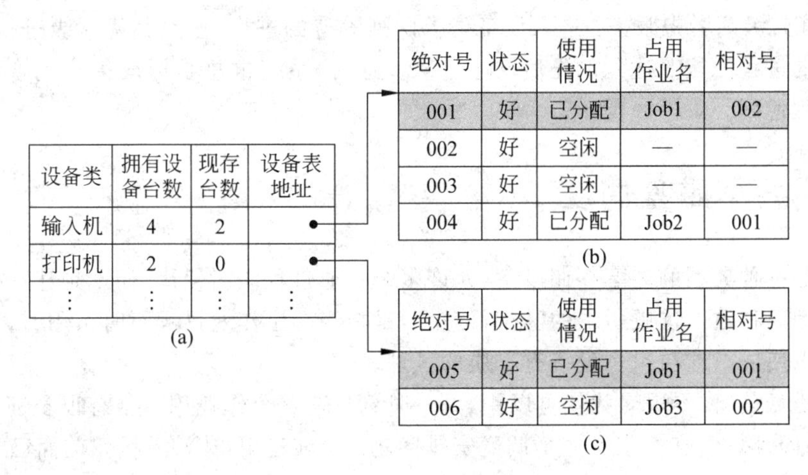

图 6-7 设备类表和设备表

系统中的每一类设备在设备类表中拥有一个表目，它指明这类设备的总数，现在还有的台数，以及该类设备设备表的起始地址。如图 6-7(a)所示记录了系统中输入机和打印机这两类设备的情况：输入机总共有 4 台，现在还有 2 台；打印机总共有 2 台，现在已经没有可以分配的了。

设备表记录了系统中某类物理设备每一台的使用情况。如图 6-7(b)所示是输入机的设备表。系统中总共有 4 台输入机，它们的绝对号分别是 001、002、003 和 004。现在

001号输入机已经分配给了Job1使用,Job1规定它的相对号为002。因此,当作业Job1在程序中使用002号输入机进行输入时,这个输入实际上是由001号输入机完成的。又如图6-7(c)所示是打印机的设备表。系统中总共有2台打印机,它们的绝对号分别是005和006。现在005号打印机分配给了Job1使用,Job1规定它的相对号为001。因此,当作业Job1在程序中使用001号打印机进行输出时,这个输出实际上是由005号打印机完成的。

当作业以"设备类,相对号"的形式申请设备时,系统先查设备类表。如果该类设备的现存台数可以满足提出的申请,就根据表目中的"设备表地址"找到该类设备的设备表,并依次查设备表中的登记项,找出状态完好的空闲设备加以分配,即把该作业的名字填入"占用作业名"栏,把用户给出的相对设备号填入"相对号"栏。这样,系统通过设备表建立起了物理设备与相对设备之间的联系,用户就可以进行所需要的输入/输出。

当作业运行完毕归还所占用的独享设备时,系统根据作业名查询该类设备的设备表,找到它所占用的设备表表目,把该表目的"使用情况"栏改为"空闲",删除占用的作业名和相对号。然后,到设备类表里把回收的设备台数加到相应的栏目中,完成设备的回收。

对于独享设备,常采用的分配算法有如下两种。

(1) 先来先服务:当若干个进程都要求某台设备提供服务时,系统按照其发出I/O请求的先后顺序,将它们的进程控制块PCB排列在设备请求队列中等待,并总是把设备分配给排在队首的作业进程使用。一个进程使用完毕归还设备时,就把它的PCB从设备请求队列上摘下来(它肯定排在第1个),然后把设备分给队列中后面的进程使用。

(2) 优先级高者先服务:进入设备请求队列等待的进程,按照其优先级进行排队,优先级相同的进程就按照达到的先后次序排队。这时,系统也总是把设备分配给请求队列的首个进程使用。

6.3.5 共享磁盘调度

磁盘是一种典型的共享存储设备,允许多个作业进程同时使用,而不是让一个作业在整个执行期间独占。这里所谓的"同时使用",是指当一个作业进程暂时不用时,其他作业进程就可以使用。这与独享设备有本质的区别。

由于磁盘是"你不用时我就可以用,每一时刻只有一个作业用",当有很多进程向磁盘提出I/O请求时,对它们就有一个调度安排问题:让谁先用,让谁后用。前面已经对磁盘的工作做了描述:为了完成一个磁盘的I/O任务,先要把移动臂移动到相应的柱面,然后等待数据所在的扇区旋转到磁头位置下,最后让指定的磁头读/写信息,完成数据的传输。因此,如图6-8所示,执行一次磁盘的输入/输出需要花费的时间有如下几种。

(1) 查找时间:在移动臂的带动下,把磁头移动到指定柱面所需要的时间。

(2) 等待时间:将指定的扇区旋转到磁头下所需要的时间。

(3) 传输时间:由磁头进行读/写,完成信息传送所需要的时间。

在此,传输时间是设备固有的特性。要提高磁盘的使用效率,只能在减少查找时间和等待时间上想办法,它们都与I/O在磁盘上的分布位置有关。从减少查找时间着手,称

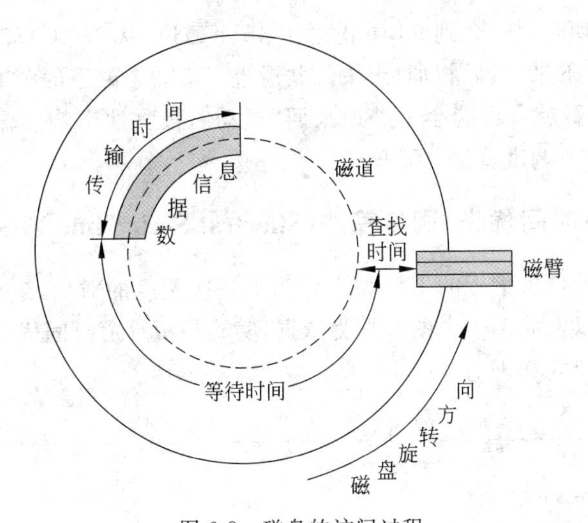

图 6-8　磁盘的访问过程

为磁盘的移臂调度；从减少等待时间着手，称为磁盘的旋转调度。由于移动臂的移动依靠控制电路驱动步进电动机来实现，它的运动速度相对于磁盘轴的旋转要缓慢，因此减少查找时间比减少等待时间更为重要。本书仅介绍移臂调度的各种算法。

根据用户作业发出的磁盘 I/O 请求的柱面位置，来决定请求执行顺序的调度，称为“移臂调度”。移臂调度的目的是尽可能地减少各个 I/O 操作中的查找时间，也就是尽可能地减少移动臂的移动距离。移臂调度常采用的有先来先服务调度算法、最短寻道时间优先调度算法、电梯调度算法以及循环扫描调度算法。

1. “先来先服务”调度算法(First Come First Served，FCFS)

以 I/O 请求到达的先后次序作为磁盘调度的顺序，这就是先来先服务调度算法。可以看出，该算法实际上并不去考虑 I/O 请求所涉及的访问位置。比如，现在假定读/写磁头位于 53 号柱面。开始调度时，有若干个进程顺序提出了对如下柱面的 I/O 请求：98、183、37、122、14、124、65、67。当实行先来先服务磁盘调度算法时，磁头应该从 53 号柱面移到 98 号，然后是 37 号，等等，直到抵达 67 号柱面。这时移动臂移动的路线如图 6-9 所示。

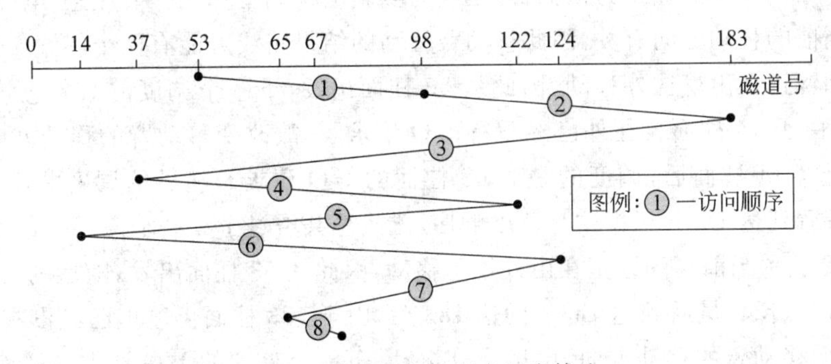

图 6-9　先来先服务磁盘调度算法

移动臂来回移动时，从53到98，共滑过了45个磁道，从98到183，共滑过了85个磁道，如此一点点计算下来，然后相加，磁头总共滑过了640个磁道的距离。不难看出，如果I/O请求很多，移动臂就有可能会里外地来回“振动”，极大地影响了输入/输出的工作效率。因此，先来先服务调度算法并不理想。

2. “最短寻道时间优先”调度算法(Shortest Seek Time First，SSTF)

把距离磁头当前位置最近的I/O请求作为下一次调度的对象，这就是最短寻道时间优先调度算法。仍以上面例子中的数据为依据，实施最短寻道时间优先调度算法，这时移动臂移动的路线如图6-10所示。

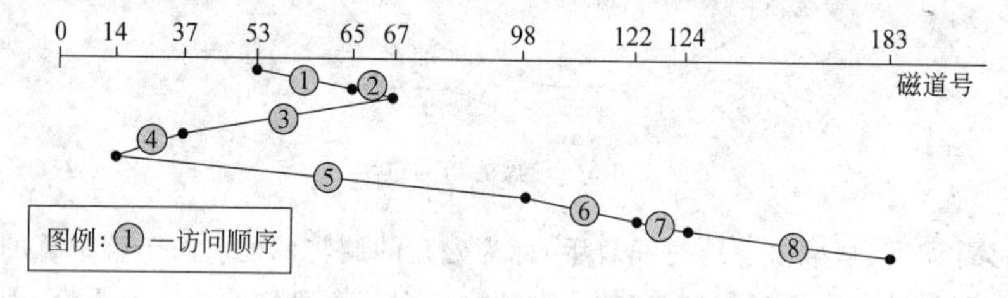

图6-10　最短寻道时间优先磁盘调度算法

磁头从53开始，在当前已有的I/O请求中，距离柱面(即磁道)65的I/O请求最近，于是把磁头移动到65，完成对它的I/O请求。接着应该移动到柱面67。从67出发，若到柱面98，需要滑过31个磁道，而到柱面37，只需滑过30个磁道，所以应该把磁头移动到柱面37，等等。根据这一调度顺序，磁头总共滑过了236个磁道的距离，效果明显好于先来先服务调度算法。

3. “扫描”调度算法(SCAN)

扫描算法又称为电梯调度算法，它基于日常生活中的电梯工作模式：电梯按一个方向移动，直到在那个方向上没有请求为止，然后改变方向。反映在磁盘调度上，总是沿着移动臂的移动方向选择距离磁头当前位置最近的I/O请求作为下一次调度的对象。如果该方向上已无I/O请求，则改变方向再做选择。

仍以上面例子中的数据为依据，只是改为实施电梯调度算法。要注意，电梯调度算法与移动臂当前的移动方向有关，因此移动臂移动的结果路线可能有两个答案。图6-11表示当前移动臂正在由里往外移动，因此从53柱面出发，下一个调度的对象应该是37，然后到达14，由于14柱面再往外已经没有I/O请求了，故改变移动臂的移动方向，由外往里运动。所以14柱面后，调度的是对65柱面的I/O请求。随后的调度顺序为67、98、122、124，最后到达183。根据这一调度顺序，磁头总共滑过了208个磁道的距离。

图6-12表示当前移动臂正在由外往里移动，因此从53柱面出发，随后的调度顺序为65、67、98、122、124，最后到达183。到达183后，由于183柱面再往里已经没有I/O请求了，所以改变移动臂的移动方向，由里往外运动，下一个处理的I/O请求是柱面37，然后是柱面14。根据这一调度顺序，磁头总共滑过了299个磁道的距离。

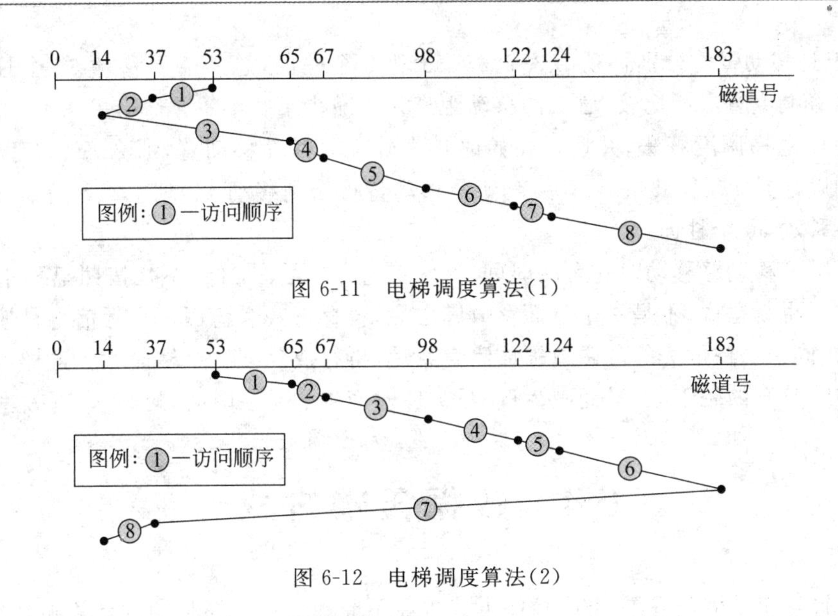

图 6-11　电梯调度算法(1)

图 6-12　电梯调度算法(2)

4. “循环扫描”调度算法(Circular SCAN,C-SCAN)

循环扫描调度算法总是从 0 号柱面开始往里移动移动臂,遇到有 I/O 请求就进行处理,直到到达最后一个请求柱面。然后移动臂立即带动磁头不做任何服务地快速返回到最靠外(柱面号最小)的访问柱面,开始下一次扫描。

仍以上面例子中的数据为依据,但实施循环扫描调度算法,这时移动臂移动的路线如图 6-13 所示。开始时的情形与电梯调度算法从外往里的情形相同(见图 6-12),从 53 号柱面出发,然后是 65、67、98、122、124、183。到了 183 号柱面并完成其 I/O 请求的处理后,由于再往里已经没有 I/O 请求了,故移动臂不做任何工作立即返回到 14 号柱面,开始对 14 号柱面以及 17 号柱面 I/O 请求进行处理。根据这一调度顺序,磁头总共划过了 322 个磁道距离。

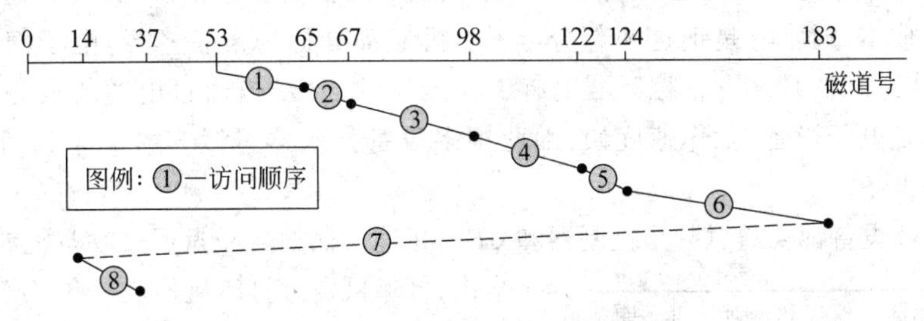

图 6-13　循环扫描调度算法

例 6-1　一个具有 40 个柱面的磁盘,现在正在处理柱面 11 上的 I/O 请求。这时又顺序接到新的请求,涉及的磁道是 1、36、16、34、9 和 12。分别采用先来先服务、最短寻道时间优先以及电梯调度算法,试问它们各需要滑过多少柱面?

解:若使用先来先服务调度算法,则首先选择柱面 1,然后是 36,以此类推。所以要求移动臂分别移动 10、35、20、18、25 和 3 个柱面,总共需要移动 111 个柱面。

若使用最短寻道时间优先调度算法,则对这些 I/O 请求的服务顺序是 12、9、16、1、34

和 36。于是移动臂将分别移动 1、3、7、15、33 和 2 个柱面,总共需要移动 61 个柱面。与先来先服务调度算法相比较,磁头的移动距离几乎减少了一半。

若使用电梯调度算法,并假定初始时是由外往里移动移动臂,那么各个 I/O 请求获得服务的顺序是 12、16、34、36、9 和 1,于是移动臂将分别移动 1、4、18、2、27 和 8 个柱面,总共需要移动 60 个柱面。

为了减少移动臂移动时花费的时间,通常信息(也就是文件)不是按照盘面上的磁道顺序存放。也就是说,不是一个盘面存放满之后,再存下一个盘面。实际信息是按照柱面来存放的,同一个柱面上的各磁道被放满信息后,再存放到下一个柱面上。这样可以尽可能减少文件分布的磁道数,进而减少读/写文件时产生的寻道时间,提高读/写效率。

6.4 数据传输方式

随着计算机技术的发展,I/O 控制方式也在不断地发展。在早期的计算机系统中,是采用程序控制的方式;当在系统中引入了中断机制后,I/O 方式便发展为中断驱动方式;此后随着 DMA 控制器的出现,又使 I/O 方式在传输单位上发生了变化,即从以字节为单位的传输扩大到以数据块为单位进行传输,从而大大改善了块设备的 I/O 性能;而通道引入后,对 I/O 操作的组织和数据的传送能够独立地进行而无须 CPU 干预。应当指出,在 I/O 控制方式的整个发展过程中,始终贯穿着这样一条宗旨:尽量减少主机对 I/O 设备的干预,把主机从繁杂的 I/O 控制事务中解脱出来,以便更多地去完成数据处理任务。

6.4.1 设备控制器

I/O 设备一般由机械与电子线路两部分组成。为了使设计模块化、具有通用性,也为了降低设备成本,通常总是把这两部分分开:机械部分称为设备本身,电子部分称为"设备控制器(或适配器)"。设备控制器上有供插接用的连接器,通过电缆与设备内部相连。设备控制器是电子设备,工作速度快,因此很多设备控制器可以连接 2 个、4 个甚至 8 个相同类型的设备。

每种 I/O 设备都要通过一个控制器和 CPU 相连。例如软磁盘通过软盘控制器和 CPU 连接,打印机通过打印机控制器和 CPU 连接。控制器是通过自己内部的若干个寄存器与 CPU 进行通信的。有用作数据缓冲的数据寄存器;有用作保存设备状态信息供 CPU 对外部设备进行测试的状态寄存器;还有用来保存 CPU 发出的命令以及各种参数的命令寄存器。为了标识这些寄存器,有的计算机系统把它们作为常规存储器地址空间的一个部分来对待;有的计算机系统则给予它们专用的 I/O 地址。图 6-14 列出了 IBM PC

I/O控制器	I/O地址	中断向量
时钟	040-043	8
键盘	060-063	9
辅助RS-232接口	2F8-2FF	11
硬盘	320-32F	13
打印机	378-37F	15
软盘	3F0-3F7	14
主RS-232接口	3F8-3FF	12

图 6-14　IBM PC 上 I/O 控制器的 I/O 地址

上某些控制器所配置的I/O地址和相应的中断向量。

设备挂接在控制器上，因此要让设备做输入/输出操作，操作系统总是与控制器交往，而不是与设备交往。操作系统把命令以及执行命令时所需要的参数一起写入控制器的寄存器中，以实现输入/输出。控制器接受一条命令后，就可以独立于CPU去完成命令指定的任务。图6-15给出了微型机和小型机采用的连接CPU、存储器、控制器和I/O设备的单总线结构模型。大、中型机是采用与此不同的结构模型，它们使用专门的I/O计算机——I/O通道。

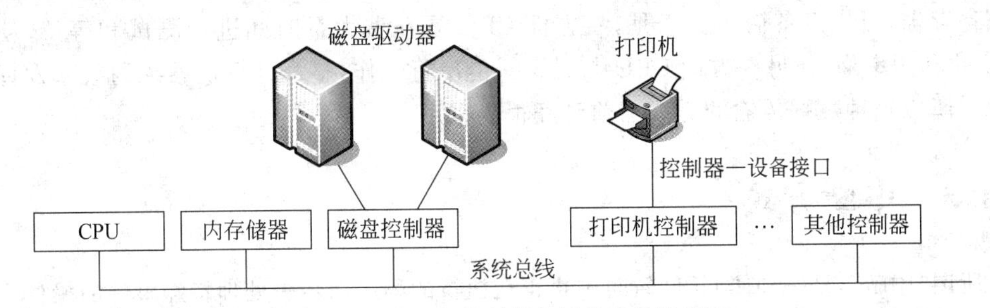

图6-15 CPU与控制器之间的单总线模型

设备完成所要求的输入/输出任务后，要通知CPU。早期采用的是“被动式”，即控制器只设置一个完成标志，等待CPU来查询，这对应于数据传输的“程序直接控制”的I/O控制方式。随着中断技术的出现，开始采用“主动式”的通知方式，即通过中断主动告诉CPU，让CPU来进行处理。由此就出现了数据传输的“中断”控制方式、“直接存储器存取(DMA)”控制方式以及“通道”控制方式。

6.4.2 程序直接控制方式

在早期的计算机系统中，都是采用程序直接控制的方式来控制数据传输的。下面介绍设备控制器与CPU是如何进行分工合作的。

(1) 设备控制器。命令寄存器与具体的I/O请求有关，数据寄存器和状态寄存器则与完成数据的传输更加密切。

- 数据寄存器：该寄存器用来存放传输的数据。对于输入设备，总是把所要输入的数据送入该寄存器，然后由CPU从中取走；反之，对于输出设备输出数据时，也是先把数据送至该寄存器，再由设备输出。
- 状态寄存器：该寄存器是用来记录设备当前所处状态的。对于输入设备，在启动输入后，只有设备把数据读到数据寄存器，它才会将状态寄存器置成“完成”状态；对于输出设备，在启动输出后，只有设备让数据寄存器做好了接收数据的准备，它才会把状态寄存器置成“准备就绪”状态。

(2) CPU。对于CPU，设有两条硬指令，一条是启动输入/输出的指令，比如记为start。另一条是测试设备控制器中状态寄存器内容的指令，比如记为test。

所谓“程序直接控制”的数据传输方式，就是指用户进程使用start指令启动设备后，不断地执行 test 指令,去测试所启动设备的状态寄存器。只有在状态寄存器出现了所需要的状态后,才停止测试工作,完成输入/输出。

任何输入/输出大致要做这样几件事情:启动设备、数据传输、I/O 的管理(如计数,修改内存区域的指针等)以及输入/输出完成后的善后处理。使用程序直接控制的方式来进行数据传输,不需要更多硬件的支持,简单易行。但是采用这种方法,启动设备、I/O 管理、善后处理等工作肯定是由 CPU 来承担。即使在数据传输时,CPU 也要从控制器的数据寄存器里取出设备的输入信息,送至内存;CPU 要将输出的信息,从内存送至控制器的数据寄存器,以供设备输出。于是,一方面 CPU 要花费大量时间进行测试和等待,使得 CPU 的利用率降低;另一方面 CPU 与设备只能串行工作,整个计算机系统的效率发挥不出来。所以这种数据传输的方式当前已经很少采用。

6.4.3 中断方式

所谓"中断",是一种使 CPU 暂时中止正在执行的程序而转去处理特殊事件的操作。能够引起中断的事件称为"中断源",它们可能是计算机的一些异常事故或其他内部原因(比如缺页),更多的是来自外部设备的输入输出请求。程序中产生的中断,由 CPU 的某些错误结果(如计算溢出)产生的中断称为"内中断";由外部设备控制器引起的中断称为"外中断"。

为了减少程序直接控制方式中 CPU 进行测试和等待的时间,为了提高系统并行处理的能力,利用设备的中断能力来参与数据传输是一个很好的方法。这时,一方面要在 CPU 与设备控制器之间连有中断请求线路;另一方面要在设备控制器的状态寄存器中增设"中断允许位",如图 6-16 所示。

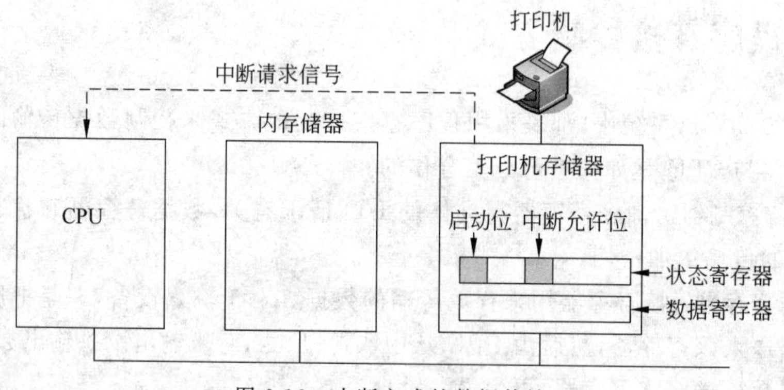

图 6-16　中断方式的数据传输

中断方式传输数据的步骤如下。

(1) 通过 CPU 发出 start 指令,它一方面启动所需要的外部设备,另一方面将该设备控制器中状态寄存器里的中断允许位加以设置,以便产生中断时,可以调用相应的中断处理程序。

(2) 发出 I/O 请求的进程由运行状态改变为阻塞状态,等待输入/输出的完成。进程调度程序得到控制权,并将 CPU 分配给另一个进程使用。这时,外部设备在进行输入/

输出操作，CPU 在运行一个与 I/O 无关的进程的程序，从而实现设备与 CPU 的并行工作。

(3) 输入/输出完成时，设备控制器通过中断请求线向 CPU 发出中断请求信号。CPU 在接收到该中断请求信号并响应该中断后，就转向设备的中断处理程序，对数据的传输工作进行相应的处理。

(4) 在被阻塞的进程所提出的输入/输出请求全部完成后，进程被解除阻塞，改变状态为“就绪态”，以便进入下一步工作。

从上面的描述可以看出，当 CPU 启动了设备后，它没有陷入直接控制的等待过程中，而是转去运行别的进程程序，这是利用中断方式进行数据传输优于程序直接控制的地方。它一方面表明系统内有了并行处理能力，另一方面表明系统的效率得到了提高。

但是，这种并行处理发挥得并不充分。因为输入/输出要做的几件事情：启动设备、数据传输、I/O 的管理以及善后处理，除了数据传输时 CPU 和外部设备是并行工作外，启动设备、I/O 管理以及善后处理仍然都要由 CPU 来承担，CPU 还没有真正从 I/O 中解脱出来。另外，设备控制器的数据寄存器装满后，控制器就会发出中断请求，因此在一次数据传输过程中，可能会发生多次中断。再有，系统中配备有各种外部设备，如果这些设备都采用这种方式进行数据传输，那么 CPU 势必将把大量的时间用于中断处理，甚至会忙到无法响应中断的地步。

6.4.4　直接存储器存取(DMA)方式

直接存储器存取方式即是通常所说的 DMA(Direct Memory Access)方式，主要适用于一些高速的 I/O 设备，如磁带、磁盘等。这些设备传输数据的速率非常快，如磁盘的数据传输率约为每秒 200 000 字节。也就是说，磁盘与存储器传输一个字节只需 5 微秒，因此，对于这类高速的 I/O 设备，如果用执行输入/输出指令的方式(即程序直接控制方式)或完成一次次中断的方式来传输字节，将会造成数据的丢失。DMA 方式传输数据的最大特点是能使 I/O 设备直接和内存储器进行成批数据的快速传输。带有 DMA 方式的设备控制器如图 6-17 所示。

DMA 控制器中包含有四个寄存器：数据寄存器，状态寄存器，地址寄存器和字节计数器。在数据传输之前，将根据 I/O 命令参数对这些寄存器进行初始化。每个字节传输后，地址寄存器内容自动增 1，字节计数器自动减 1。DMA 传输数据的步骤如下。

(1) 进程请求设备进行输入/输出时，CPU 把准备存放数据的内存起始地址以及要传输的字节个数分别存入控制器中的地址寄存器和字节计数器，把状态寄存器中的“允许中断位”置 1，从而启动设备进行数据传输。

(2) CPU 将总线让给 DMA 控制器，在 DMA 控制器进行数据传输期间，CPU 不再使用总线，而是 DMA 控制器获得总线控制权。

(3) 发出 I/O 请求的进程被阻塞，等待 I/O 的完成。

(4) DMA 控制器按照地址寄存器的指示，不断与内存储器进行直接的数据传输，并

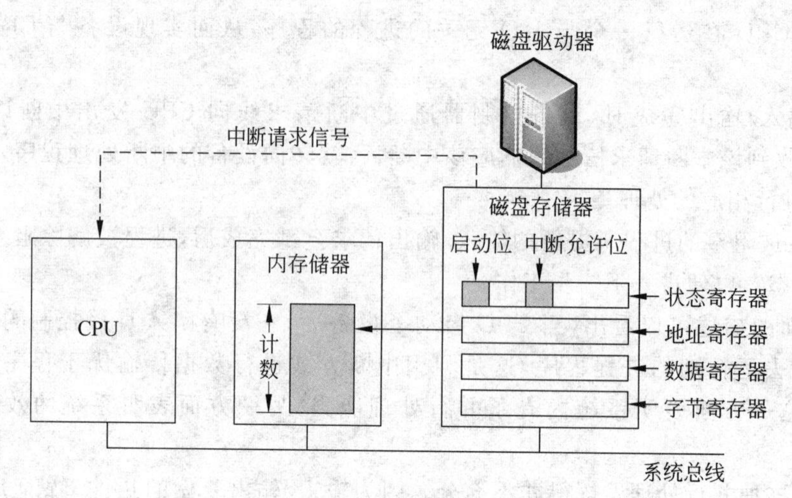

图 6-17　DMA 控制方式

随时修改地址寄存器和字节计数器的值。当 DMA 控制器中的字节计数器减为 0 时，传输停止，通过中断请求线向 CPU 发出中断请求信号。

(5) CPU 接受 DMA 的中断请求，并转相应的中断处理程序进行善后处理，随之结束这次 I/O 请求。

由上面的描述看出，使用 DMA 方式进行数据传输具有如下特点。

(1) DMA 控制器是在获得总线控制权的情况下直接与内存储器进行数据交换，CPU 不介入数据传输的任何事宜。

(2) 在 DMA 方式下，设备与内存储器之间进行的是成批数据传输。

(3) 用 DMA 方式传输数据时，CPU 不得使用总线，因此用 DMA 方式传输数据，不存在设备与 CPU 并行工作的问题。

(4) 在 DMA 方式下，CPU 只做启动和善后处理工作，数据传输以及 I/O 管理等事宜均由 DMA 负责实行。

6.4.5　通道方式

DMA 方式能够满足高速数据传输的需要，但它是通过“窃取”总线控制权的办法来工作的。在它工作时，CPU 不允许使用总线，这种做法对大、中型计算机系统显然不合适。

通道方式能够使 CPU 彻底从 I/O 中解放出来。当用户发出 I/O 请求后，CPU 就把该请求全部交由通道去完成。通道在整个 I/O 任务结束后才发出中断信号，请求 CPU 进行善后处理。

通道是一个独立于 CPU 的、专门用来管理输入/输出操作的处理机，它控制设备与内存储器直接进行数据交换。通道有自己的指令系统，为了与 CPU 的指令相区别，通道的指令被称为“通道命令字”。通道命令字条数不多，主要涉及控制、转移、读、写及查询等功能。通道命令字一般包含有：被交换数据在内存中的位置、传输方向、数据块长度以及被控制的I/O设备的地址信息、特征信息等。图6-18给出了IBM通道命令字的格式。

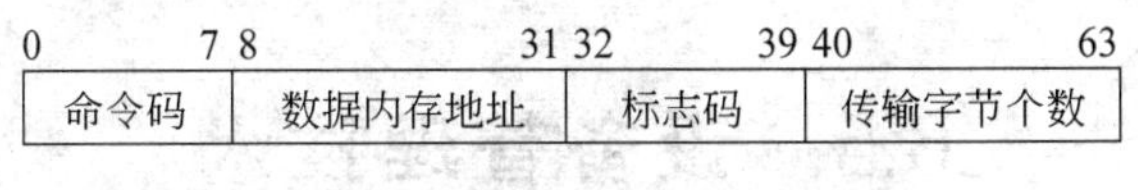

图6-18　IBM的通道命令字格式

若干通道命令字构成一个“通道程序”，它规定了设备应该执行的各种操作和顺序。在CPU启动通道后，由通道执行通道程序，完成CPU所交给的I/O任务。通常，通道程序存放在通道自己的存储部件里。当通道中没有存储部件时，就存放在内存储器里。这时，为了使通道能取到通道程序去执行，必须把存放通道程序的内存起始地址告诉通道。存放这个起始地址的内存固定单元称为“通道地址字”。

当采用通道来进行数据传输时，计算机系统的I/O结构应该是通道与主机相连，设备控制器与通道相连，设备与设备控制器相连。另外，一个设备控制器上可能连接多个设备，一个通道上可能连接多个设备控制器，如图6-19所示。

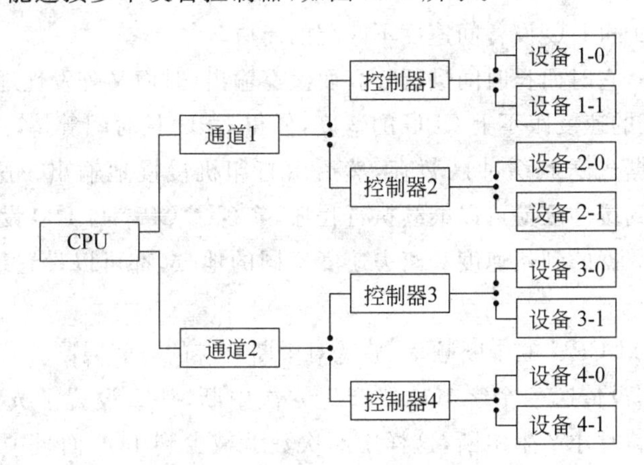

图6-19　带有通道的I/O结构

使用通道方式进行数据传输的步骤如下。

(1) 当进程提出I/O请求后，CPU发出start命令，指明I/O操作、设备号和对应的通道。把数据传输的任务交给通道。

(2) 发出I/O请求的进程被阻塞，进程调度程序把CPU分配给另一个进程使用。

(3) 通道接收CPU发来的启动命令，调出通道程序执行，设备与CPU并行工作。

(4) 通道逐条执行通道程序中的通道命令字，指示设备完成规定的操作，与内存储器进行数据交换。

(5) 数据传输完毕，通道向CPU发出中断请求。

(6) CPU响应通道提出的中断请求，对这次I/O进行善后处理，把阻塞进程的状态变为就绪，重新参与对CPU的竞争。

从以上的描述可以看出，这时CPU对I/O请求只去做启动和善后处理工作，而输入/输出的管理以及数据传输等事宜,则全部由通道独立完成,真正实现了 CPU 与设备之间的并行操作。

6.5 设备管理技术

6.5.1 I/O 缓冲技术

随着 CPU 制造技术的快速发展,CPU 与 I/O 设备之间速度不匹配的矛盾越来越突出。为了提高外设的 I/O 速度和利用率,解决 CPU 与 I/O 设备之间速度不匹配的问题,操作系统引入了缓冲技术。

1. 缓冲引入的原因

在操作系统中引入缓冲的原因可以归结为以下几点。

(1) 改善 CPU 和 I/O 设备间速度不匹配的矛盾。

例如一个程序,它时而长时间进行计算而没有输出,时而又阵发性地把信息输出到打印机。由于打印机的速度跟不上 CPU 的速度,使得 CPU 长时间等待。如果设置了缓冲区,程序输出的数据先送到缓冲区暂存,然后由打印机慢慢地输出。这样 CPU 不必等待,只要把数据送到缓冲区就可以继续执行程序,实现了 CPU 与 I/O 设备之间的并行工作。事实上,凡在数据的到达速度和离去速度不同的地方,都可以设置缓冲区,以缓和速度不匹配的矛盾。

(2) 可以减少对 CPU 的中断频率,放宽对中断响应的时间限制。

如果 I/O 操作没传送一个字节就要产生一次中断,那么设置了 n 个字节的缓冲区后,可以在缓冲区满时才产生中断,这样中断次数就减少到 $1/n$,而且中断响应的时间也可以相应地放宽。

(3) 提高 CPU 和 I/O 设备之间的并行性。

缓冲的引入可明显提高 CPU 和 I/O 设备的并行操作程度,提高系统的吞吐量及设备的利用率。

2. 缓冲技术的实现方法

缓冲的实现有两种方法:一种是采用专门的硬件寄存器,比如设备控制器里的数据寄存器,这是“硬件缓冲”;另一种是在内存储器中开辟出 n 个单元,作为专用的 I/O 缓冲区,以便存放输入/输出的数据,这种内存缓冲区就是“软件缓冲”。由于硬件缓冲价格较贵,因此在 I/O 管理中,主要采用的是软件缓冲。

3. 缓冲的类型

根据系统设置缓冲区的个数,可以分为单缓冲、双缓冲、多缓冲以及缓冲池四种。

(1) 单缓冲：只为设备设置一个缓冲区的情形称为"单缓冲"。如图6-20(a)所示是单缓冲的工作示意，它表示产生数据者（即生产者）不是把数据直接送给接收数据者（即接收者），而是快速地把数据送入缓冲区中。接收数据者根据自己的速度从缓冲区中取所需要的数据。

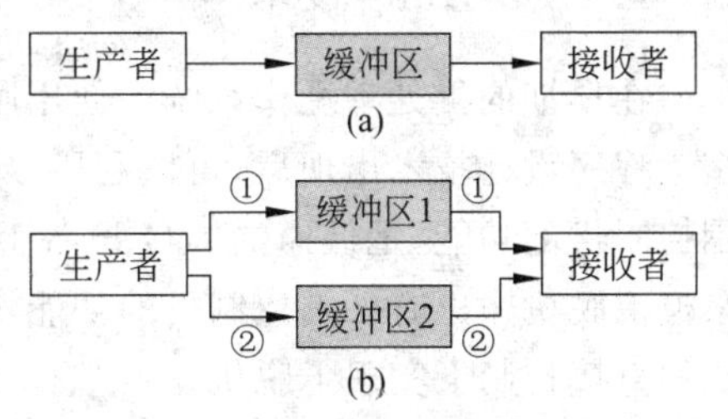

图6-20　单缓冲与双缓冲的工作示意

(2) 双缓冲：为I/O设备设置两个缓冲区，就称为"双缓冲"。如图6-20(b)所示是双缓冲的工作示意，它表示产生数据的生产者总是先把产生的数据送入缓冲区①中，下一次把产生的数据送入缓冲区②中；接收者总是先从缓冲区①中取数据，再从缓冲区②中取数据。所以，整个I/O的路线是先①后②，并且交替进行。比如说，输入设备输入了一个数据到控制器的数据寄存器中，CPU从数据寄存器中取出数据后，则把它放到缓冲区①中。CPU从数据寄存器中取出下一个数据时，将被放到缓冲区②中。用户进程需要数据时，就先从缓冲区①中取出，然后再从缓冲区②中取出，如此反复交替地进行。

(3) 多缓冲：系统为同类型的I/O设备设置两个公共缓冲队列，一个专门用于输入，一个专门用于输出，这就是"多缓冲"。当输入设备进行输入时，就到输入缓冲首指针所指的缓冲区队列里申请一个缓冲区使用，使用完毕仍归还到该队列；当输出设备进行输出时，就到输出缓冲首指针所指的缓冲区队列中申请一个缓冲区使用，使用完毕仍归还到该队列，如图6-21所示。

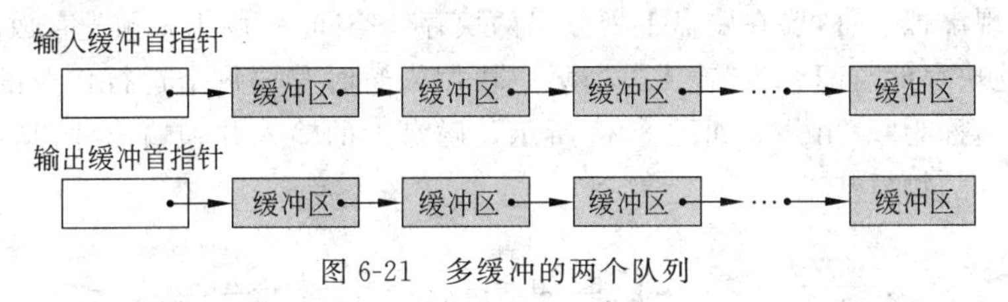

图6-21　多缓冲的两个队列

(4) 缓冲池：系统为同类型的I/O设备设置一个公共缓冲队列，既用于输入，也用于输出。它是多缓冲的一种变异，以避免缓冲区使用上忙闲不均的现象。于是，在缓冲池中有3类缓冲区，一类现在用于输入；一类现在用于输出；还有一类为空闲，既可用于输入，也可用于输出。无论现在用于输入还是用于输出，它们在用完后，都归还到空闲的缓冲区队列中，受系统的统一管理和调配。

6.5.2　虚拟设备与SPOOLing技术

通常计算机外设中的一些低速的字符设备如终端输入机或行式打印机等都是独享设备，它们的使用具有排他性。当系统中只有一台输入设备或一台输出设备，又有好几个用户都要使用时，那么一个用户必须等待其他用户使用完毕，才能去使用，这不利于多道程序并行工作，也影响到系统整体效率的发挥。为了将一台独立设备改造成可以共享的设备，SPOOLing技术应运而生。

1. SPOOLing 技术

在早期的批处理操作系统中使用脱机的方式处理 CPU 和外设的速度协调问题。而多道程序设计技术出现后，可以利用多道程序中的某一道程序来模拟一个脱机输入时外围控制机的功能，把低速的 I/O 设备上的数据传动到高速的磁盘上；再利用另一道程序来模拟脱机输出时外围控制机的功能，把数据从磁盘上传送到低速设备上。这样，便在主机的直接控制下实现了脱机输入/输出的功能。此时外围输入/输出操作与 CPU 对数据的处理是同时进行的。这种基于多道程序设计技术的“联机的外围设备同时操作”，称为斯普林(SPOOLing)技术，或称为假脱机技术。

采用 SPOOLing 技术后，操作系统可以利用大容量的共享设备——磁盘作为后援，使模拟出的输入/输出外围控制机达到硬盘的读写速度，并且可以被多个用户共享使用，从而将一台独立设备改造成了可以共享的设备。当然，这种共享设备仅仅是一种“幻觉”，系统中并不存在这种共享设备。这种采用软件技术模拟出的设备，称为“虚拟设备”。当多个作业需要输入/输出时，系统需要控制作业按照特定的顺序依次使用物理上的独占设备完成输入/输出操作。用户不是直接面对物理的独享设备，而是面对虚拟的设备。

2. SPOOLing 系统的组成

SPOOLing 系统是对脱机输入/输出工作的模拟，它主要由三部分组成。

(1) 输入井和输出井

为了实现虚拟设备，要在磁盘上划分出两块存储空间，一块用来预先存放多个作业的全部信息，这块存储空间称为“输入井”；另一块用来暂时存放每个运行作业的输出信息，这块存储空间称为“输出井”，如图 6-22 所示。磁盘上的输入井和输出井，是把一台独享设备变为共享的物质基础。

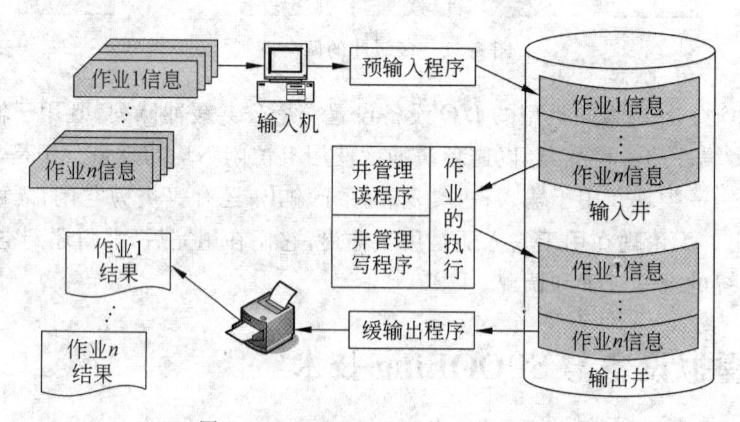

图 6-22　SPOOLing 系统工作示意

(2) 预输入程序和缓输出程序

预输入程序的任务是预先把作业的全部信息输入磁盘的输入井中存放，以便在需要作业信息以及作业运行过程中需要数据时，都可以从输入井中直接读到内存。

当一个作业产生输出时，就把输出信息先存放在输出井中，而不必直接去启动输出设备进行输出。缓输出程序定期查看输出井中是否有等待输出的作业信息。如果有,就在输出设备(比如打印机)空闲的时候进行输出。

(3) 井管理程序

井管理程序分为"井管理读程序"和"井管理写程序"。当请求输入设备工作时,操作系统就调用井管理读程序,它把让输入设备工作的任务转换成从输入井中读取所需要的信息;当作业请求打印输出时,操作系统就调用井管理写程序,它把让输出设备工作的任务,转换成为往输出井里输出。

6.6 Windows 中的设备管理

6.6.1 Windows Server 2008 设备管理综述

1. Windows Server 2008 I/O 系统的结构

图 6-23 给出了 Windows Server 2008 中 I/O 系统的组件示意。它由 I/O 系统服务、I/O 管理器、各种驱动程序(文件系统的和设备的)等组成。

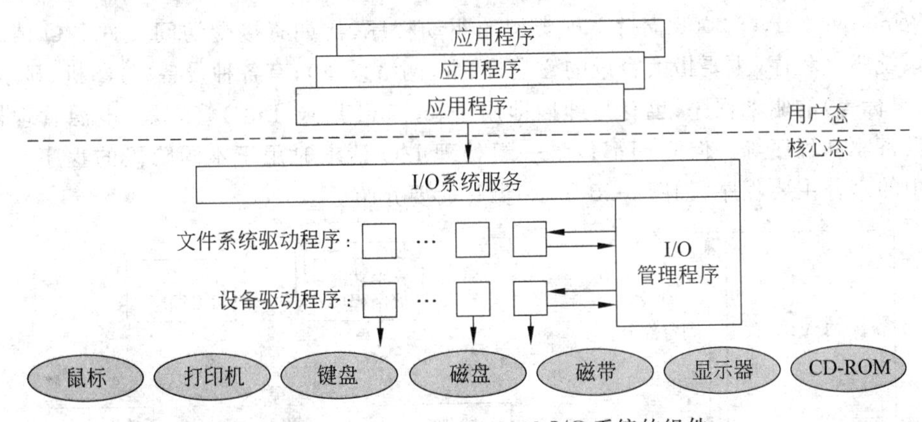

图 6-23 Windows Server 2008 I/O 系统的组件

(1) 环境子系统中的用户应用程序,通过应用程序的编程接口(API),进入执行体。

(2) "I/O 系统服务"组件是处于核心态下的系统调用的集合。它们把用户对 I/O 的请求传递给 I/O 管理器,使之能够最终完成下层的 I/O 处理。

(3) "I/O 管理器"组件并不真正去实施对 I/O 的处理,它的工作是建立起代表 I/O 操作的 I/O 请求包(I/O Request Packet,IRP),并把 IRP 传送给相应的驱动程序。在 I/O 操作完成后,清除这个 IRP。

(4) "驱动程序"组件接受 IRP,执行指定的操作。在完成操作后,负责把 IRP 传回 I/O 管理程序,或者通过 I/O 管理程序,再把 IRP 传送到另一个驱动程序,以求得到更进一步的 I/O 处理。

2. I/O 请求包(IRP)

I/O 请求包(IRP)是 I/O 系统用来存储处理 I/O 请求所需信息的地方。当线程程序中出现一个有关的系统调用时,I/O 管理器就为这个请求构造一个 IRP,以便表示在整个 I/O 进展过程中系统要做的各种操作。

IRP 由两个部分组成:固定部分(称作标题)和一个 I/O 堆栈,如图 6-24 所示。固定部分存放着诸如 I/O 请求的类型(读或写等)和大小(读写数据的个数),属于同步请求还是异步请求,指向输入/输出缓冲区的指针,以及随着请求处理过程的进展而变化的状态等信息。I/O 堆栈由多个堆栈存储单元组成,且所含单元数是不定的,与处理这一请求所涉及的驱动程序数目有关,每一个单元里存放着一个处理该 IRP 的驱动程序。

在 I/O 管理器构造好一个 IRP 后,就把它排到提出请求 I/O 的线程相关联的队列中,形成 IRP 队列。

在整个 I/O 处理过程中,都是通过"包"来驱动的:IRP 从一个组件移动到另一个组件,并激活该组件的工作,最终完成所需要的 I/O 操作。因此,IRP 是在每个阶段控制如何处理 I/O 操作的关键数据结构。

3. 驱动程序的组成

Windows Server 2008 支持多种类型的驱动程序,比如有接受访问文件 I/O 请求的文件系统驱动程序(主要指大容量的磁盘、磁带、网络设备);有各种设备(打印机、显示器、键盘、鼠标等)的驱动程序;也有与即插即用(Plug and Play,PnP)管理器、电源管理器有关的设备驱动程序等。但它们都包含一组处理 I/O 请求时用于不同阶段的程序。下面对其中的六种主要程序(如图 6-25 所示)做一简要介绍。

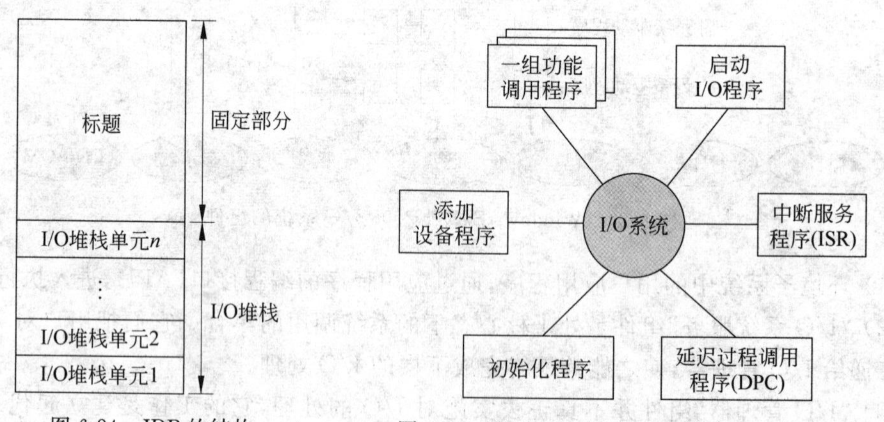

图 6-24 IRP 的结构

图 6-25 处理 I/O 请求时不同阶段的主要程序

(1) 初始化程序:在系统初启完成、驱动程序被加载到内存时,I/O 管理器就要执行驱动程序的初始化程序,以完成各种初始化工作。

(2) 添加设备程序:用于支持即插即用(PnP)管理器的操作,提供识别并适应计算机系统硬件配置变化的能力。

(3) 一组功能调用程序:实现驱动程序提供的主要功能,比如打开、关闭、读取、写入等。在I/O管理器根据I/O请求生成一个IRP后，就是通过这些功能调用程序来执行具体的I/O操作的。

(4) 启动I/O程序：驱动程序通过自己的启动I/O程序，来实现系统与设备之间的数据传输工作。

(5) 中断服务程序(Interrupt Service Routine，ISR)：在设备发出中断时，经过内核中断调度程序的识别，会把控制转给相应的中断服务程序。在Windows Server 2008中，为了提高系统的并行工作能力，防止因中断服务程序占用较长的处理机时间，引起不必要的阻塞，就对中断服务程序的设计做了如下安排：把中断服务程序所要完成的功能一分二，一部分执行尽可能少的关键性操作，仍然称其为中断服务程序(ISR)，并让它运行在高中断请求级上；让余下的中断处理部分运行在低中断请求级上，称为延迟过程调用程序(DPC)。

(6) 延迟过程调用程序(Deferred Procedure Call，DPC)：这是ISR功能的延续，完成大部分中断处理的善后工作。比如完成对I/O的初始化，启动排在设备I/O等待队列里的下一个I/O操作等。因此，延迟过程调用程序(DPC)运行在低中断请求级上。

4. 驱动程序的分层

Windows Server 2008对不同的设备，采用不同的驱动程序分层结构。对于简单的面向字符的设备(如鼠标、显示器、键盘、打印机)，大都使用单层设备驱动程序结构来完成用户的I/O请求，即I/O管理程序直接把I/O请求发送给有关的设备系统驱动程序进行处理，如图6-26(a)所示。

然而，大容量的设备(比如磁盘、磁带等)总是使用多层驱动程序结构，如图6-26(b)所示。I/O请求先是由I/O管理程序发送给文件系统驱动程序。经过这一层处理后，才由I/O管理程序发送给设备驱动程序，由它最后完成I/O操作。

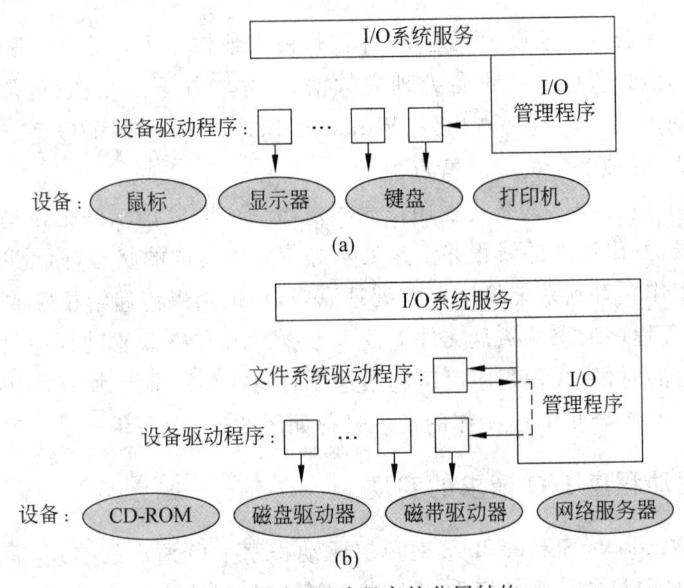

图6-26　I/O驱动程序的分层结构

在有些环境下,还可以在文件系统驱动程序和设备驱动程序之间,添加一层新的驱动程序。Windows Server 2008 采用这种一层叠在一层之上的分层结构,便于驱动程序设计的模块化,也有利于系统功能的扩充。

6.6.2 Windows Server 2008 单层驱动程序的 I/O 处理

1. 同步 I/O 操作与异步 I/O 操作

通常,人们熟悉的 I/O 操作都是同步的。所谓"同步 I/O 操作",即是指用户线程发出一个 I/O 请求后,将该请求交给 I/O 系统去处理,自己则处于等待服务完成的状态。I/O 管理器接受请求后,通过调用相应的设备驱动程序,完成数据处理,并将结果传输给等待线程。于是,线程又可以投入运行了。在采用同步 I/O 操作方式时,I/O 操作完成在先,控制返回线程在后。因此,整个同步 I/O 操作的处理过程,如图 6-27(a)所示。其中的虚线,表示越过中断处理程序。

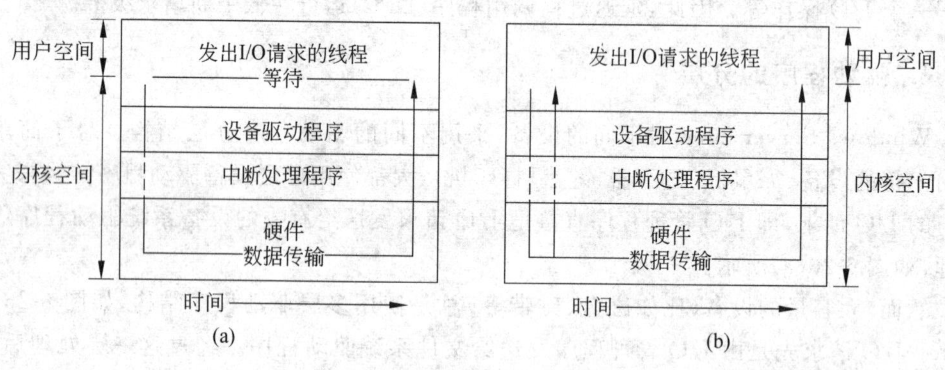

图 6-27　两种 I/O 方式

基于现代处理器运行速度惊人地快,并且是极大地快于 I/O 设备,因此,如果总是让发出 I/O 请求的线程程序等待设备处理完数据后,才能往下继续执行,那么就有可能造成处理机时间的浪费。从这一点出发,Windows Server 2008 的 I/O 系统也提供了异步处理 I/O 的能力,并成为它的一个特点。

所谓"异步 I/O 操作",即是指在用户线程发出一个 I/O 请求并把该请求交给 I/O 系统去处理的时候,发出请求的线程并不是处于等待处理完成的状态,而是仍然可以继续自己的其他某些工作。等到系统将该 I/O 处理完毕,再把结果传递给相应的线程。

比如说,线程程序请求从磁盘文件上读入数据。就在磁盘驱动程序将文件上的数据读入内存缓冲区的时候,线程程序可以利用这个时间在显示屏上画一个图形,这就是一个异步 I/O 操作。整个异步 I/O 操作的处理过程如图 6-27(b)所示。

2. 单层驱动程序 I/O 请求的实现

为了理解 Windows Server 2008 对单层驱动程序 I/O 请求的实现,假定用户线程以同步的方式,向打印机的写缓冲区中存入若干字符,打印机连接在计算机的并行端口,由单层打印驱动程序控制。这个 I/O 请求的同步处理过程可以划分成六步，如图 6-28 所示。

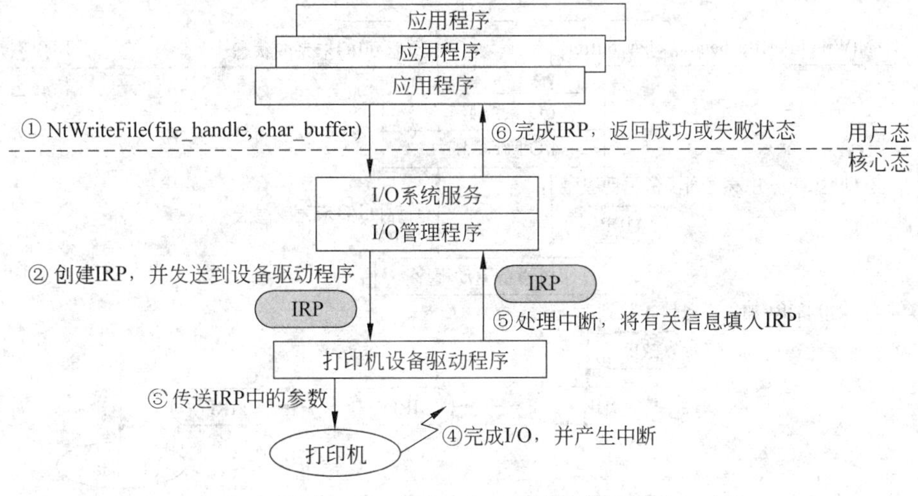

图 6-28 单层驱动程序对一个 I/O 请求的同步处理过程

(1) 图 6-28 中标有①的步骤，表示在接受用户线程发出 I/O 请求后，环境子系统就会去调用 I/O 系统服务中的 NtWriteFile(file_handle, char_buffer)程序。其中，file_handle 表示 I/O 最终要使用的设备，char_buffer 表示从这个内存缓冲区取出所写的字符。这时，提出请求的用户线程将等待 I/O 的结束。

(2) 图 6-28 中标有②的步骤，表示 I/O 管理器为这个请求创建一个 IRP，并将它发送给打印机的设备驱动程序。

(3) 图 6-28 中标有③的步骤，表示打印机设备驱动程序在接到 IRP 后，一方面接收有关的 I/O 参数，另一方面就启动打印机，开始执行 I/O 操作。

(4) 图 6-28 中标有④的步骤，表示 I/O 完成，打印机发出中断请求。

(5) 图 6-28 中标有⑤的步骤，表示打印机设备驱动程序进行中断处理，在将有关的结果存入 IRP 后，把 IRP 发送给 I/O 管理程序。

(6) 图 6-28 中标有⑥的步骤，表示最终 I/O 系统服务完成这次请求，把执行结果和状态返回给用户，撤销相应的 IRP。至此，处于等待的线程又可以参与处理机调度了。

如果采用的是异步 I/O 方式，那么这个处理过程如图 6-29 所示。即在打印机设备驱动程序在接收到 IRP 后，不是直接对它进行处理，而是将接收到的 IRP 排入设备请求队列。之后立即将"I/O 未完成"的状态信息逐层返回，直到应用程序。这样，设备开始逐个处理请求队列里的 IRP，应用程序则可以继续运行，两者并行工作。

6.6.3 Windows Server 2008 两级中断处理过程

在图 6-28 中，只是提及在打印机完成 I/O 处理后发出中断处理请求，以及设备驱动程序处理中断，将有关信息填入 IRP 的粗略情况（见图 6-28 的④和⑤）。其实，由前面知

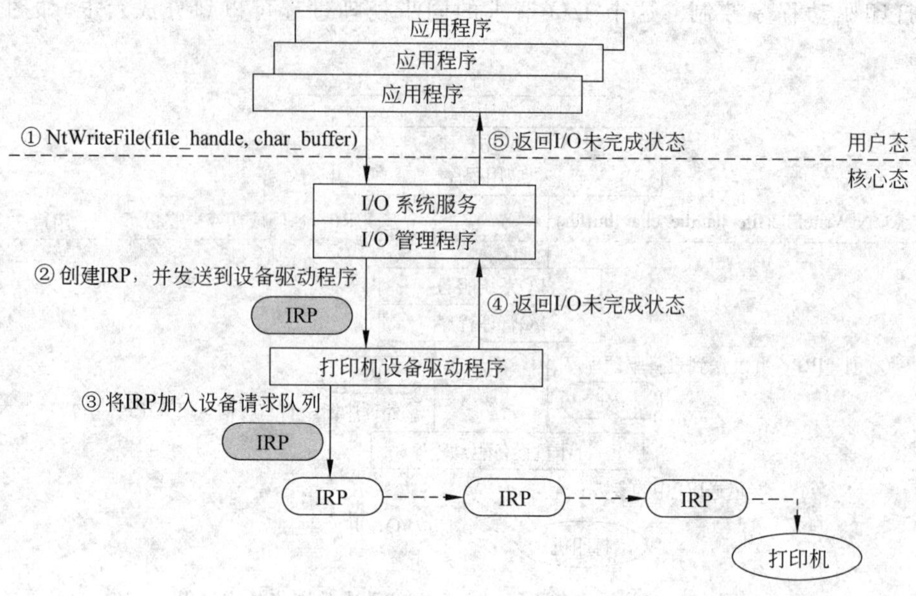

图 6-29 单层驱动程序对一个 I/O 请求的异步处理过程

道，Windows Server 2008 的设备驱动程序，把 I/O 完成后的中断处理过程分成了两个部分：中断服务(ISR)和延迟过程调用(DPC)。因此，本节就来讲述这样两个方面的问题。

1. 中断处理的第一阶段：ISR

图 6-30 给出了中断处理的第一阶段的示意。Windows Server 2008 在系统中维持着一张“中断分配表”，该表以中断源的中断请求级(IRQL)作为索引，每个表项存放着相应的中断服务程序(ISR)入口地址(图 6-30 中，表示电源故障的中断级别最高，依次级别降低)。

在打印机发出中断信号请求处理(见图 6-30 的①处)时，由于打印机是连接在计算机的并行端口上，所以通过查中断分配表，得到该设备的中断服务程序(ISR)入口地址(见图 6-30 的②处)。由前面所述的驱动程序组成可知，这个中断服务程序应该在设备驱动程序里。中断服务程序(ISR)执行完毕，一方面把中断请求级别恢复到中断发生前，另一方面把一个 DPC 排入 DPC 队列，以在适当时机得到运行(见图 6-30 的③处)。

2. 中断处理的第二阶段：DPC

图 6-31 给出了中断处理的第二阶段示意，它实际上是图 6-30 的继续。

从中断分配表可以看出，“调度/DPC”的中断请求级低于 ISR。当系统降低中断请求级并低于“调度/DPC”时，如果这时 DPC 队列不空，于是执行排在前面的 DPC 产生一个软件中断，请求系统服务(见图 6-31 中的④处)。通过查中断分配表，得到相应设备的 DPC 程序入口地址(见图 6-31 中的⑤处)。执行了 DPC 程序，表明整个中断处理结束。于是，启动排在打印机设备请求队列里的下一个 I/O 请求(见图 6-31 中的⑥处)。至此，DPC 将控制转到 I/O 管理程序，把 I/O 的处理结果发送给用户，同时清除相关的 IRP。

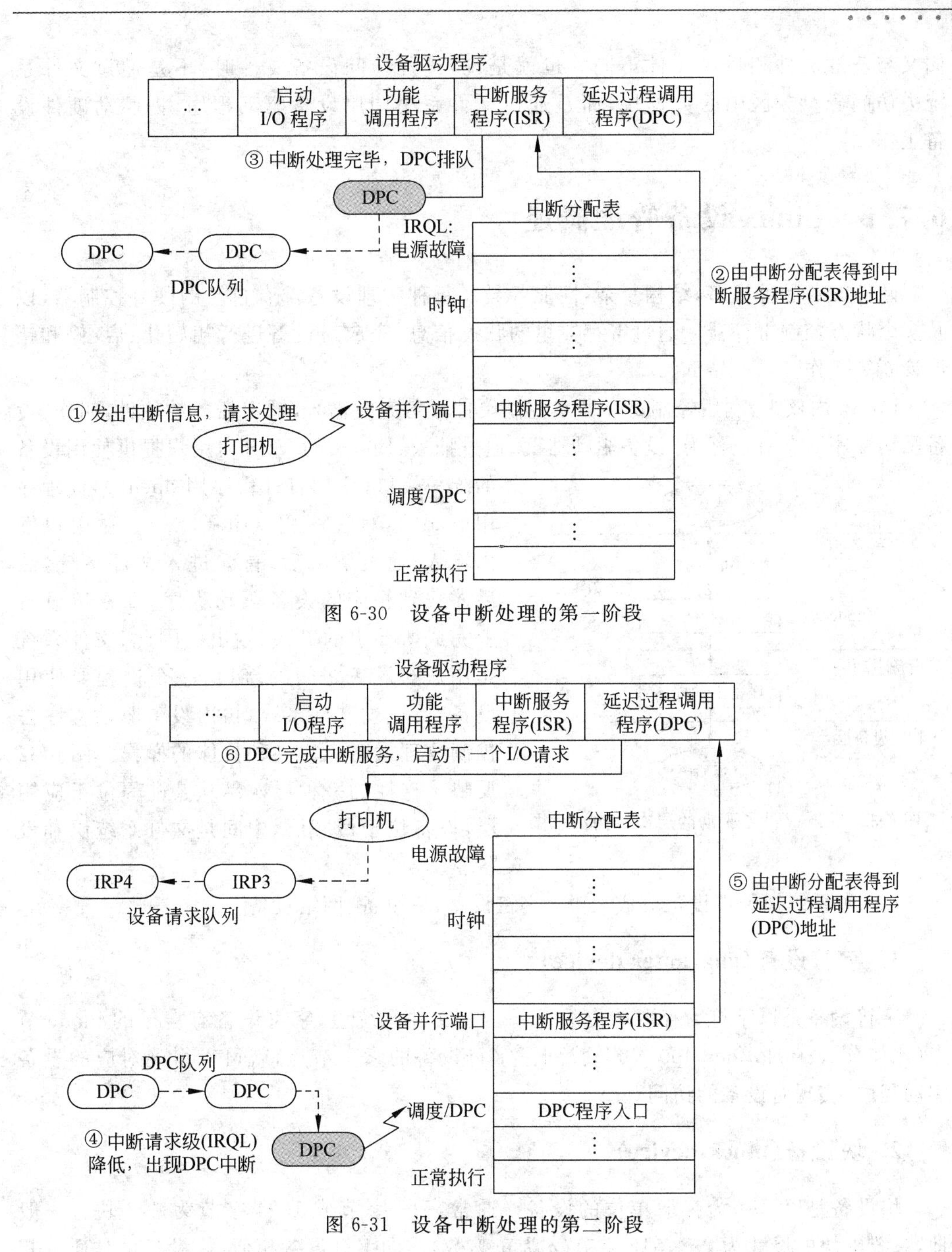

图 6-30　设备中断处理的第一阶段

图 6-31　设备中断处理的第二阶段

6.7　Linux 中的设备管理

在 Linux 里，把 I/O 设备都当作文件来处理，称它们为特别文件或设备文件。既然是“文件”，设备文件在文件系统里就有代表自己的索引节点。既然是“特别”文件，它们又与普通文件和目录文件不同。也就是说，进程访问设备文件时，不是通过文件系统去访问磁盘分区中的数据块，而是通过文件系统调用设备驱动程序，去驱动硬件设备工作。

6.7.1 Linux 设备管理概述

硬件设备品种繁多，结构复杂，性能各异。每种物理设备都有自己的硬件控制器，以及多个状态控制寄存器。通过寄存器里的状态信息，完成对设备进行初始化、启、停和错误诊断等操作。

Linux 内核中，利用控制寄存器来控制硬件设备完成输入/输出任务的软件，叫作“设备驱动程序”，有时也称为“设备驱动器”。通过抽象，Linux 的 VFS 向用户提供使用设备的统一接口（比如打开程序用 open()，读程序用 read()，写程序用 write()等）。在用户发出输入/输出请求后，首先进入文件系统，然后才找到相应的设备驱动程序，在指定设备上完成所要求的输入/输出。因此，文件系统是用户与设备之间的接口，一个进程要使用设备，要经过文件系统，再由设备驱动程序去控制物理设备完成各种具体的操作。图 6-32 反映了这样的一种层次结构：进程位于应用层，设备位于最底层，中间是文件系统层和设备驱动层。

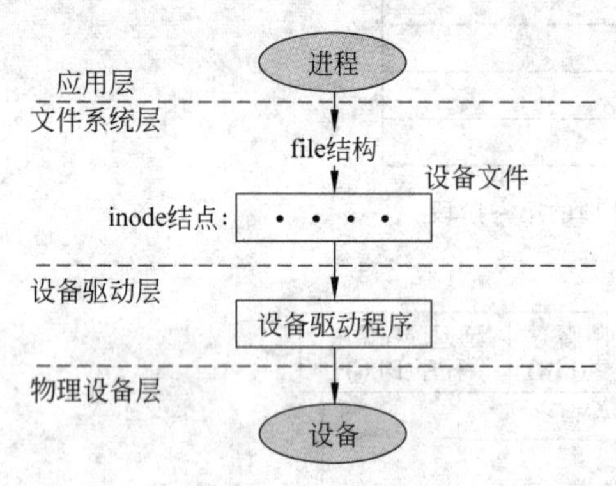

图 6-32　Linux 设备驱动的层次结构示意图

Linux 系统把硬件设备分成三类：字符设备、块设备、网络设备。

1. 字符设备（character device）

字符设备是以字符为存取单位的设备。在文件系统里，字符设备有自己的 inode 节点（比如/dev/tty1，/dev/lp0 等）。找到了字符设备的索引节点，就可以得到对应的设备驱动程序，实现对设备的访问。

2. 块设备（block device）

块设备是以“块”为存取单位的设备。通常，512 字节或 1024 字节为一个块。一般地，系统中块的尺寸为 $2n \times 512$ 字节（n 为正整数）。同字符设备相似，块设备也是通过其在文件系统里的节点而被访问。这两种设备间的不同，只是体现在内部数据管理方式上，而这些差异对于用户来说是透明的。

3. 网络设备（net device）

网络设备是一种经过网络接口与主机交换数据的设备。在内核网络子系统的驱动下，网络接口完成对数据包的发送和接收。由于这种数据传输的特殊性，无法把网络设备纳入文件系统进行统一管理。因此，在 Linux 的文件系统里，没有与网络设备相对应的索引节点。

由于字符设备和块设备是被纳入 Linux 的文件系统的，因此它们都有自己的索引节点。在索引节点的文件类型和访问权限(i_mode)字段里，把“文件类型”栏置为“字符”或“块”，由此表明它们不是普通文件，也不是目录文件，而是设备文件，由此也能够区分是块设备文件还是字符设备文件。设备的文件名由两部分组成：主设备号，次设备号。“主设备号”代表设备的类型，用其来确定需要的是哪一个设备驱动程序；“次设备号”代表同类设备中的序号，以便在相同设备之间进行区分。因此在请求设备进行输入/输出时，必须指定主设备号和次设备号，由主设备号判定是执行哪个驱动程序，驱动程序再根据次设备号，决定控制哪台设备去完成所需要的 I/O。

6.7.2 Linux 对字符设备的管理

在 Linux 中，打印机、终端等字符设备，都是以字符特别文件的形式出现在用户的面前。因此，用户对字符设备的读写，也是使用标准的系统调用，比如：打开(open)、读(read)、写(write)等来进行操作。

Linux 为了对字符设备进行管理，设置了如下的一些数据结构。

1. device_struct 结构

每个已被初始化了的设备，Linux 都为其建立一个 device_struct 结构。该结构由以下两项组成。

- name：登记该设备的设备驱动程序名。
- *fops：指向该特别文件的文件操作表(file_operations)结构。在 file_operations 里面，都是可对文件进行操作的程序入口。

由一个 device_struct 结构，就可以知道该字符设备使用的是哪一个设备驱动程序，对该设备可以做哪些操作。

2. chrdevs 结构数组

chrdevs 是一个结构数组，它里面的每个元素，都是一个 device_struct 结构。在整个系统初始化时，Linux 同时也会对各种字符设备进行初始化。具体的做法是在 chrdevs 数组里为设备申请到一个空的表目，将该设备驱动程序名填入 name 字段；将该设备的 file_operations 结构地址，填入 *fops 字段。然后，Linux 把 chrdevs 数组元素的下标视为这个字符设备的主设备号，填入该设备文件对应的 inode 节点里。这样，从设备文件的 inode 节点，可以得到设备的主设备号；以设备的主设备号为索引，去查 chrdevs 数组，可以得到该设备的 device _struct 结构；由该设备的 device_struct 结构，可以知道应该执行什么驱动程序，以及对设备可以做哪些操作。图 6-33 给出了字符设备文件的 inode 节点、device_struct 结构以及 file_operations 结构之间的关系。

在对字符设备进行具体读、写前，先要用 open()将其打开，然后才能读、写。在具体

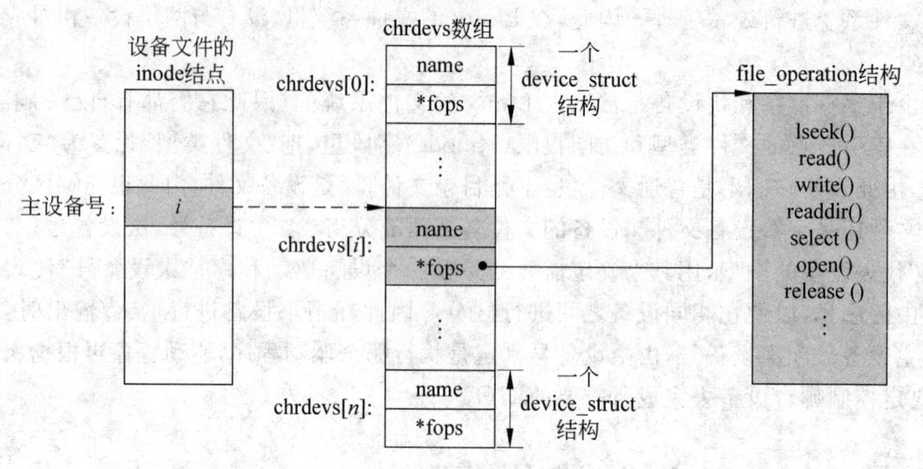

图 6-33　字符设备数据结构间的关系示意

读、写时，要提供若干个参数。比如给出传输数据的长度(count)，指明使用的缓冲区(* buff)。在要求设备输入(读)时，这个缓冲区用来暂时保存从设备读入的数据；在要求设备输出(写)时，这个缓冲区用来暂时保存即将写出的数据。

6.7.3　Linux 对块设备的管理

所谓的“块”，即是指在一次 I/O 操作中传输的一批相邻字节。在 Linux 中，一块的字节数必须是 2 的整次幂，块的大小必须是磁盘扇区的整数倍。

1. 块设备管理的数据结构

为了对块设备本身进行管理，Linux 设置了如下一些数据结构。其中，有的数据结构从形式上看，与字符设备的数据结构是类同的。

下面介绍 blkdevs 结构数组。

blkdevs 是一个结构数组，它里面的每个元素都是一个 device_struct 结构。在整个系统初始化时，Linux 同时也会对块设备进行初始化。具体的做法是在 blkdevs 数组里为设备申请到一个空的表目，将该设备驱动程序名填入 name 字段；将该设备的 block_device_operations 结构地址，填入 * fops 字段。然后，Linux 把 blkdevs 数组元素的下标视为这个块设备的主设备号，填入该设备文件对应的 inode 节点里。这样，从块设备文件的 inode 节点，可以得到设备的主设备号；以设备的主设备号为索引，去查 blkdevs 数组，可以得到该设备的 device_struct 结构；由该设备的 device_struct 结构，可以知道应该执行什么驱动程序，以及对设备可以做哪些操作。

2. 对块设备输入/输出请求管理的数据结构

为了把对各块设备的 I/O 请求有效地组织起来，Linux 在内核里设置了多种数据结构，以完成对它们的管理。

(1) 缓冲区与 buffer_head 结构

为了使块设备与内存间的数据流动在速度上能够匹配,减少内、外存传输的次数,Linux 在内存区开辟了一个缓冲池,它由若干个缓冲区组成。为了便于管理,Linux 把缓冲池中的每个缓冲区分成两个部分:一个是真正用于存放数据的部分,一个是用于管理的部分。前者仍称为“缓冲区”,后者称为“缓冲区首部”。缓冲区首部是一个 buffer_head 结构,它与缓冲区之间保持一一对应的关系。Buffer_head 结构里,存放着具体 I/O 的信息、对应的缓冲区地址、队列的指针。因此在组成请求队列时,也只需要 buffer head 结构去排队。

(2) request 结构

对某一块设备的一个请求,由 request 结构管理。其中有如下一些内容。

- *next:请求队列链表指针。
- rq_dev:设备号。
- cmd:请求的操作,读或写。
- sector:第 1 个扇区号。
- nr_sectors:请求的扇区数。
- *bh:指向第 1 个缓冲区的 buffer_head 指针。
- *bhtail:指向最后一个缓冲区的 buffer_head 指针。

由此可知,通过 request 结构里的 next 指针,就可以把对某一块设备的所有请求组成一个单链表;通过 buffer_head,就可以把相同操作的请求链接在一起。于是,图 6-34 给出了 request 结构与 buffer_head 结构之间的关系。

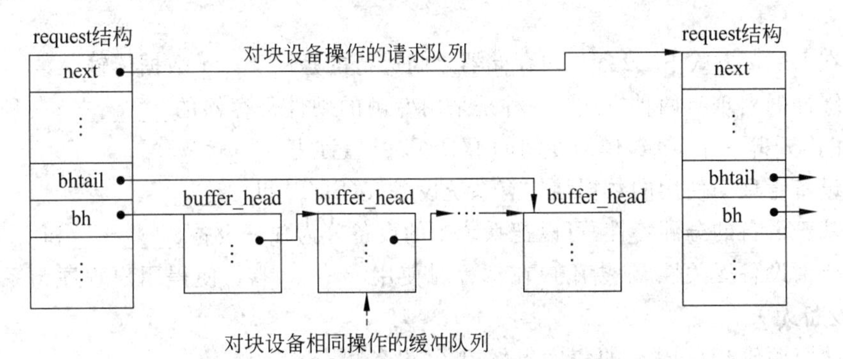

图 6-34　request 结构与 buffer_head 结构的关系示意

(3) blk_dev_struct 结构和 blk_dev 数组

对于每一个块设备的请求队列,Linux 都用一个 blk_dev_struct 结构来指示,它的里面至少有一个指针 request_queue 指向对某一个块设备的一个 I/O 请求队列。

Linux 把系统中所有的 blk_dev_struct 结构汇集在一起,组成名为 blk_dev 的数组,管理所有的 blk_dev_struct 结构。图 6-35 给出了它们之间的关系。

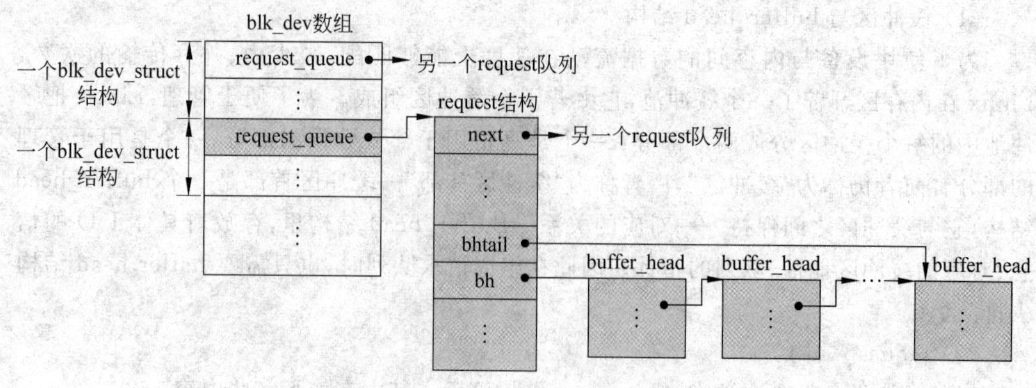

图 6-35 块设备 I/O 诸数据结构间的关系示意

练 习 题

一、填空题

1. 磁带、磁盘这样的设备都是以________为单位与内存进行信息交换的。

2. 根据用户作业发出的磁盘 I/O 请求的柱面位置，来决定请求执行顺序的调度，被称为________调度。

3. DMA 控制器在获得总线控制权的情况下能直接与________进行数据交换，无须 CPU 介入。

4. 在 DMA 方式下，设备与内存储器之间进行的是________数据传输。

5. 缓冲的实现有两种方式：一种是采用专门的硬件寄存器的________；一种是在内存储器里面开辟一个区域，作为专用的 I/O 缓冲区，称为________。

6. 设备管理中使用的数据结构有系统设备表(SDT)和________。

7. 基于设备的分配特性，可以把系统中的设备分为独享设备、________和________。

8. 所谓设备无关性，是指用户在编程时使用________名，使得用户程序与系统配置的实际设备无关。

9. 从资源管理(分配)的角度出发，I/O 设备可分为________、________和________ 3 种类型。

10. 常用的 I/O 控制方式有________、________、________和________。

11. 通过软件功能的扩充，把原来独立的设备改造成能为若干用户共享的设备，这种设备称为________。

12. 为实现 CPU 与外部设备并行工作，必须引入的基础硬件是________。

二、选择题

1. 在对磁盘进行读/写操作时，下面给出的参数中，(　　)是不正确的。

A. 柱面号　　B. 磁头号　　C. 盘面号　　D. 扇区号

2. 在设备管理中，是由(　　)完成真正的 I/O 操作的。

A. 输入/输出管理程序　　B. 设备驱动程序
C. 中断处理程序　　D. 设备启动程序

3. 在下列磁盘调度算法中,只有(　　)考虑 I/O 请求到达的先后次序。
A. 最短寻道时间优先调度算法　　B. 电梯调度算法
C. 单项扫描调度算法　　D. 先来先服务调度算法

4. 下面所列的内容中,(　　)不是 DMA 方式传输数据的特点。
A. 直接与内存交换数据　　B. 成批交换数据
C. 与 CPU 并行工作　　D. 快速传输数据

5. 在 CPU 启动通道后,由(　　)执行通道程序,完成 CPU 所交给的 I/O 任务。
A. 通道　　B. CPU　　C. 设备　　D. 设备控制器

6. 利用 SPOOLing 技术实现虚拟设备的目的是(　　)。
A. 把独享的设备编程可以共享　　B. 便于独享设备的分配
C. 便于对独享设备的管理　　D. 便于独享设备与 CPU 并行工作

7. 一般地,缓冲池位于(　　)中。
A. 设备控制器　　B. 辅助存储器　　C. 主存储器　　D. 寄存器

8. (　　)是直接存取的设备。
A. 磁盘　　B. 磁带　　C. 打印机　　D. 键盘显示终端

9. SPOOLing 技术提高了(　　)的利用率。
A. 独享设备　　B. 辅助存储器　　C. 共享涉笔　　D. 主存储器

10. 按照设备的(　　)分类,可以将设备分为字符设备和块设备两类。
A. 从属关系　　B. 分配特效　　C. 操作方式　　D. 工作特性

三、简答题

1. 基于设备的从属关系可以把设备分为系统设备和用户设备,那么根据什么来区分一个设备是系统设备还是用户设备?

2. 设备管理的主要功能是什么?

3. 什么是虚拟设备?

4. 为什么外设操作需要设置缓冲?

5. 启动磁盘进行一次输入/输出操作要花费哪几部分时间?哪个时间对磁盘的调度最有影响?

6. 何为 DMA?通道与 DMA 有何区别?

7. 解释磁盘中数据记录的成组和分解。为什么要这么做?

四、计算题

1. 磁盘请求以 10、22、20、2、40、6、38 柱面号的次序到达磁盘驱动器。移动臂移动一个柱面需要 6ms,实行以下磁盘调度算法时,各需要多少查找时间?假定磁臂起始时位于柱面 20。

(1) 先来先服务

(2) 最短寻道时间优先

(3) 电梯算法(初始由外向里移动)

2. 假定磁盘的移动臂现在处于第8柱面。有如表6-2所示的6个I/O请求等待访问磁盘,请列出最省时间的I/O响应次序。

表6-2 6个I/O请求等待访问磁盘

序　号	柱 面 号	磁 头 号	扇 区 号
1	9	6	3
2	7	5	6
3	15	20	6
4	9	4	4
5	20	9	5
6	7	15	2

第 7 章　文 件 管 理

前面几章介绍了处理机管理、存储管理和设备管理，涉及的管理对象分别是中央处理机、内存以及各种外部设备。从资源管理的观点来看，都是对计算机中的硬件资源进行管理。本章将要介绍的文件管理，是对计算机中的软件资源进行管理。文件管理是操作系统的重要组成部分，主要解决文件的存储、检索、更新、共享和保护等问题，并给用户提供一套系统调用命令以便对文件进行操作。

本章学习要点

✧ 文件的逻辑结构与物理结构。

✧ 文件存储空间的管理。

✧ 文件的目录结构。

✧ 文件的共享与保密。

7.1　文件管理的基本概念

文件管理的主要任务是对用户文件和系统文件进行管理，以方便用户的使用，并保证文件的安全。

7.1.1　文件

1. 文件的定义

文件是指具有完整逻辑意义的一组相关信息的集合，是一种在磁盘上存取信息的方法。文件用符号名加以标识，这个符号名称为“文件名”。文件名是在创建文件时给出的。对文件的具体命名规则，在各个操作系统中不尽相同。

为了便于管理和控制文件而将文件分为若干种类型，不同系统对文件的分类方法有很大差异。为了方便系统和用户了解文件的类型，很多操作系统中都通过文件的扩展名来反映文件的类型。表 7-1 给出了常见的文件扩展名及其含义。

表 7-1 常见文件扩展名及其含义

扩 展 名	文件类型	含 义
.c、.cc、.java、.asm	程序源文件	用各种语言编写的源代码
.exe、.com、.bin	可执行文件	可以运行的机器语言程序
.obj	目标文件	编译过的、尚未链接的机器语言程序
.bat、.sh	批处理文件	由命令解释程序处理的命令
.txt、.doc	文本文件	文本数据、文档
.lib、.dll	库文件	供程序员使用的标准函数/子程序集
.hlp	帮助文件	提供帮助信息
.zip、.rar	压缩文件	压缩后的文件

2. 文件的属性

文件通常包含两部分内容，一是文件所包含的数据，二是关于文件本身的说明信息或属性。文件属性是指描述文件的信息，如文件的创建日期、拥有者及存取权限等，文件系统就是通过这些信息来管理文件的。不同文件系统有不同种类的文件属性，常用的文件属性如下。

(1) 文件名。文件名是供用户使用的标识符，是文件的最基本属性。文件必须有文件名。

(2) 文件内部标识符。文件内部标识符是一个编号，它是文件的唯一标识。

(3) 文件的物理位置。具体表明文件在存储器上的物理位置，比如文件所占用的物理块号。

(4) 文件拥有者。这是多用户系统中必须有的一个文件属性。

(5) 文件的存取控制。规定用户对文件的读/写权限。

(6) 文件的长度。长度单位可以是字节，也可以是块。

(7) 文件的时间。文件的创建时间、修改时间、访问时间等。

3. 文件的分类

常见的文件分类方法如下。

(1) 按文件的性质和用途

- 系统文件：主要由操作系统的核心和各种系统应用程序组成，通常是可执行的目标代码及所访问的数据。用户对它们只能执行，没有读和写的权利。
- 用户文件：是用户在使用计算机时创建的各种文件，如源程序、目标代码和数据等。只能由文件主和被授权者使用。
- 库文件：标准子程序及实用子程序等组成。允许用户调用和查看，但是不允许修改，如C语言的函数库。

(2) 按文件的存取控制属性

文件的存取控制是指对文件的操作权限。

- 只读文件：只允许文件主及被授权者读文件，不允许写和运行。
- 读写文件：允许文件主及被授权者读和写。

- 只执行文件：只允许被授权者调用执行，不允许读和写。

(3) 按文件的存取方式

- 顺序存取文件：对文件的存取操作，只能依照记录在文件中的先后次序进行。如果当前是对文件的第 i 个记录进行操作，那么下面肯定是对第 $i+1$ 个记录进行操作。
- 随机存取文件：对文件的存取操作，是根据给出关键字的值来确定的。比如根据给出的学号(关键字)，可以立即找到该学生的记录。

(4) 按文件的逻辑结构

- 流式文件：把文件视为有序的字符集合，是用户组织文件的一种常用方式。UNIX操作系统和MS-DOS采用该形式。
- 记录式文件：文件由一个个记录集合而成。文件的基本信息单位是记录，是用户组织文件的一种常用方式。

(5) 按文件的物理结构

文件的物理结构是指文件在辅存上存储时的组织结构。

- 连续文件：也称为顺序文件，即把文件中的记录顺序地存储到连续的物理块中。在连续文件中记录的次序与它们的物理存放次序是一致的。
- 链接文件：文件中的记录存放在不连续的物理块中，通过链接指针指明它们的顺序关系，将它们组成一个链表。
- 索引文件：文件中的记录存放在的不连续的物理块中，每个文件都有一张索引表，存放文件中各记录和物理块之间的映射关系。

(6) 按文件的内容

- 普通文件：通常意义下的各种文件。
- 目录文件：在管理文件时，要建立每一个文件的目录项。当文件很多时，操作系统就把这些目录项聚集在一起，构成一个文件来加以管理。由于这种文件中包含的都是文件的目录项，因此称为“目录文件”。
- 特殊文件：为了统一管理和方便使用，在操作系统中常以文件的观点来看待设备，称为设备文件，也称为“特殊文件”。

7.1.2　文件系统

1. 文件系统的定义

文件系统是指操作系统中与文件管理有关的那部分软件、被管理的文件以及管理文件所需要的数据结构的总体。从系统的角度看，文件系统是对文件存储器(如磁盘)的存储空间进行组织和分配，负责文件的存储并对存入的文件进行检索和保护的系统。

2. 文件系统的功能

文件系统具有以下基本功能。

(1) 文件和文件目录的管理。文件系统最基本的功能,包括文件的创建、读、写和删除操作,以及对文件目录的建立、修改和删除操作。

(2) 文件的组织和文件存取的管理。组织和管理文件的逻辑结构和物理结构,在文件的逻辑结构与相应的物理结构之间建立起一种映射关系,并实现两者之间的转换。通过这种映射,用户不必知道文件存放的具体物理位置,实现按名存取。

(3) 文件存储空间的管理。创建一个文件时,文件系统根据文件的大小分配一定的存储空间;删除一个文件时,文件系统收回该文件使用的存储空间,提高资源的利用率。

(4) 文件的共享和保护。

(5) 提供接口。文件系统提供系统调用子程序和系统命令供用户使用。

7.2 文件的结构与文件目录

文件的结构是指以什么样的形式去组织一个文件。用户从使用的角度组织文件,而系统从存储的角度组织文件。因此,文件有两种结构:从用户角度所看到的文件信息的组织结构,称为文件的逻辑结构;文件在辅助存储器上的存储形式,称为文件的物理结构。

7.2.1 文件的逻辑结构

文件的逻辑结构有两种:流式和记录式。

流式文件是指文件内部不再对信息进行组织划分,是由一组相关信息组成的有序字符流,即无结构的文件。流式文件以字符为操作对象,文件中的任何信息的含义都由用户级程序解释。大量的源程序、可执行程序、库函数等采用这种文件形式。

记录式文件是指用户把文件信息划分成一个个记录,存取时以记录为单位进行。用户为每个记录顺序编号,称为记录号。记录号一般从 0 开始。每个记录是一组相关数据的集合,用于描述一个对象的各种属性。图 7-1 给出了一个具体文件的逻辑结构,它的每一个记录包含"学号"、"姓名"、"班级"、"性别"、"籍贯"等数据项。

记录号	学号	姓名	班级	性别	籍贯
0	20061001	李骏宇	软件0631	男	海南
1	20061002	李辰	软件0631	女	辽宁
2	20061003	张兴	软件0631	女	济南
⋮	⋮	⋮	⋮	⋮	⋮

图 7-1　文件的逻辑结构示意图

在记录式文件中,总要有一个数据项能够唯一地标识记录,以便对记录加以区分。文件中的这种数据项称为主关键字或主键。如图 7-1 所示的"学号"就是该文件的主关键字。

7.2.2　文件的物理结构

文件的物理结构是指文件在辅存上的存储形式，也称为文件的存储结构。它和文件的存取方法密切相关，直接影响文件系统的性能。为了有效分配文件存储器的空间，通常将其划分为若干块，以块为单位进行分配。每个块称为物理块，块中的信息称为物理记录。物理块的长度是固定的。一个物理块可以存放多个逻辑记录，一个逻辑记录也可以占用多个块。

文件的物理结构通常有 3 种：连续结构、链接结构和索引结构。

1. 连续结构

连续结构是指把逻辑上连续的文件信息依次存放到辅存上连续的物理块中。这种存储形式中，系统需记录文件的起始块号和文件所占用的总块数。

如图 7-2(a)所示，用户文件 file 共有 5 个逻辑记录。设 1 个物理块正好可以放 2 个逻辑记录。如果从第 5 个物理块开始连续存放，则该文件占用第 5 到第 7 共 3 个物理块(第 7 块只用了一半)。该文件的连续结构如图 7-2(b)所示。

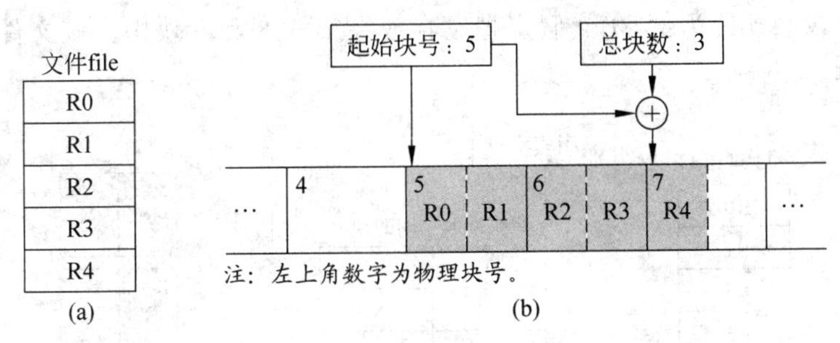

图 7-2　连续结构示意图

连续结构的优点是：实现简单，存取速度快，常用于存放系统文件等固定长度的文件。

连续结构的不足是：文件长度不便于动态增加，如果文件的后继空块已分配出去，一旦增加记录，会引起整个文件的移动；有一些小的磁盘块连续区无法满足作业的存储需求，分配不出去，会造成磁盘碎片。

2. 链接结构

链接结构是指把逻辑上连续的用户文件信息存放到辅存的不连续物理块中，并在每一块中包含一个指针，指向下一块所在的位置，最后一块的指针放上－1，表示文件的结束。链接结构也称为串联结构。这种存储形式中，系统要记录该文件的首块指针。

仍以用户文件 file 为例，假定把它存放在第 5、8 和 6 块中。为了反映出逻辑记录之间的顺序关系，在每块里都设置了指针，指向下一块。该文件的链接结构如图 7-3 所示。

链接结构的优点是：不要求对整个文件分配连续的空间，能够利用每一个存储块，提

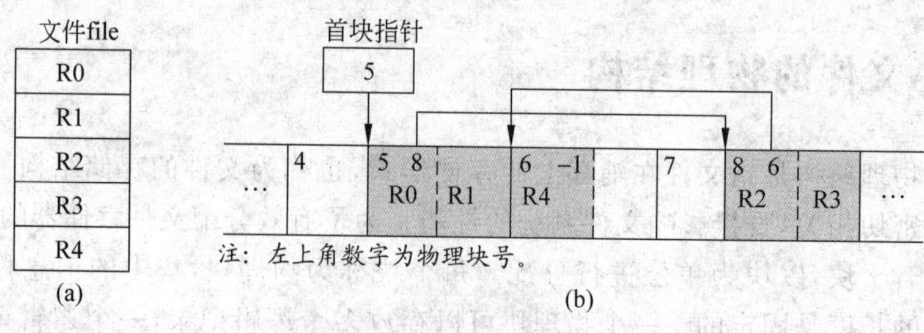

图 7-3　链接结构示意图

高了存储空间的利用率，克服了连续结构不易动态增加的缺点。

链接结构的缺点是：存取文件记录时，必须按照从头到尾的顺序依次存取，存取速度慢。链接指针本身要占去一定的存储空间。

3. 索引结构

把逻辑上连续的用户文件信息存放到辅存的不连续物理块中，系统为每个文件建立一张索引表，记录文件逻辑记录所对应的物理块号。这种存储形式中，系统要记录文件索引表的地址。

还以用户文件 file 为例，仍然假定把它存放在第 5、8 和 6 块中。该文件的索引结构如图 7-4 所示。

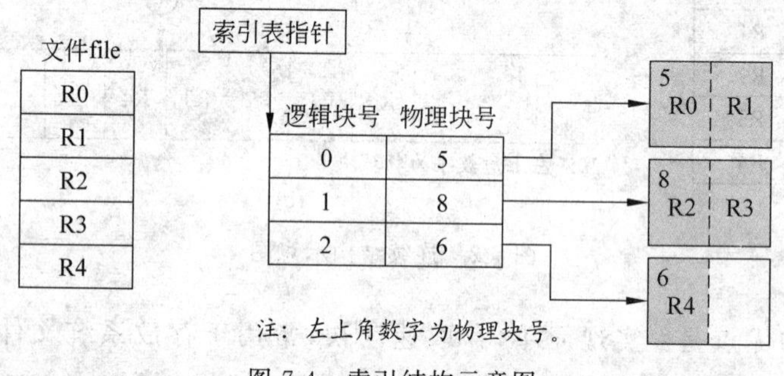

图 7-4　索引结构示意图

索引结构克服了连续结构和链接结构的不足，既适用于顺序存取，也适用于随机存取，又能满足文件动态增删的需要。但是索引表占据存储空间，增加了存储开销。

下面将这 3 种物理结构的特点进行比较，如表 7-2 所示。

表 7-2　3 种物理结构的特点进行比较

文件物理结构	优　点	不　足	适用场合
顺序文件（连续结构）	实现简单，存取速度快	文件长度不易动态改变，容易产生碎片	用于存放定长文件
串联文件（链接结构）	不要求分配连续空间，解决了碎片问题，易于修改	必须依次存取，存取速度慢，链接指针占用存储空间	用于存储变长文件
索引文件（索引结构）	存取、检索速度快，能满足动态增删的要求	索引表增加了存储开销	用于对信息处理及时性要求高的场合

7.2.3 文件的存取

文件的存取是指文件读写文件存储器上的一个物理块。通常有顺序存取和直接存取两种。

(1) 顺序存取。即按照文件记录的排列次序一个接一个地存取。为了存取第 i 个记录,必须先通过记录 1 到记录 $i-1$。

(2) 直接存取。也称为随机存取,即可以任何次序存取文件中的记录,无须先涉及它前面的记录。

磁带属于顺序存取存储设备,若用它作为文件存储器,只能采取连续结构存放,也只能采取顺序存取法访问文件。磁盘是属于直接存取存储设备,3 种物理结构文件都可以存放。如果采用直接存取法,则索引文件效率最高,连续文件效率居中,串联文件效率最低。表 7-3 给出了存储设备、存储结构以及存取方式之间的关系。

表 7-3 存储设备、存储结构以及存取方式之间的关系

存储设备	磁盘			磁带
存储结构	连续结构	链接结构	索引结构	连续结构
存取方式	顺序、直接	顺序	顺序、直接	顺序

7.2.4 文件目录

1. 文件控制块

文件控制块(FCB)是系统为管理文件而设置的一个数据结构。FCB 是文件存在的标志,它记录了系统管理文件所需要的全部信息。文件与 FCB 是一一对应的。只有找到文件的 FCB,得到这个文件的有关信息,才能对它进行操作。

FCB 又称为“文件描述符”、“文件说明”等。不同系统中,文件的 FCB 所包含的内容不尽相同。如图 7-5 所示为一个 FCB 的内容样例。

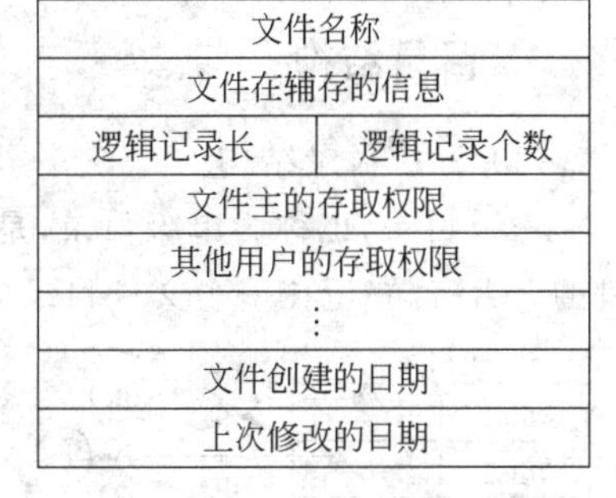

图 7-5 FCB 样例

FCB 通常包含以下内容：文件名、用户名、文件的物理地址、文件长度、记录大小、文件类型、文件属性、逻辑结构、物理结构、建立日期、修改日期、口令等。主要条目含义如下。

(1) 文件名称。用户给自己的文件起的符号名,是在外部区分文件的主要标志。

(2) 文件的物理地址。即文件在辅存的位置信息。这部分信息有助于实现文件逻辑结构与物理结构之间的映射,得到文件在辅存存放的物理位置,使系统能够在存储器上找

到文件。由于文件在磁盘上的存储结构不同，这部分信息也有所不同。

对于连续存放的顺序文件，在 FCB 中，需要记录文件的起始块号、文件占用总块数；对于链接式存放的串联文件，在 FCB 中，需要记录文件起始块号。文件何时结束取决于块中的指针是否为−1。对于索引表式存放的索引文件，在 FCB 中，需要记录文件索引表起始地址的指针。

(3) 文件的逻辑结构。文件是流式的还是记录式的；文件中的记录是固定长度的还是变长的，以及每个记录的长度。这些信息有助于完成逻辑结构与物理结构之间的映射。

(4) 文件的物理结构。物理结构反映了文件在辅存中是如何存放的，它确定了对文件可以采用的存取方式，有助于完成逻辑结构与物理结构之间的映射。

(5) 文件的存取控制信息。规定系统中各类用户对该文件的访问权限，起到保证文件共享和保密的作用。

(6) 文件管理信息：如文件的创建日期和时间、文件最近一次访问的日期和时间以及文件最近一次被修改的日期和时间等。

操作系统利用 FCB 对文件实施各种管理。例如按名存取文件时，系统首先找到对应的 FCB，然后验证访问权限，只有当访问请求合法时，才能取得存放文件信息的物理地址，进而完成对文件的操作。

2. 文件目录与目录文件

FCB 的有序集合构成文件目录，每个目录项就是一个 FCB。用户在使用某个文件时，给定文件名，通过查找文件目录便可以找到该文件对应的目录项(即 FCB)，从而获得文件的有关信息。

文件目录是需要长期保存的。为了实现文件目录的管理，通常将文件目录以文件的形式保存在辅存空间中，这个文件就称为目录文件。

文件目录的组织与管理是文件管理的一个重要方面，有一级目录、两级目录、树形目录三种结构方式，目前常用的是树形目录结构。

3. 目录结构

(1) 一级目录结构

一级目录，也称为单级目录，是一种最简单、最原始的目录结构。这种方式把所有文件的 FCB 都登记在一个文件目录中。比如，某计算机系统有三个用户 A、B、C，用户 A 有 2 个文件 Afile1、Afile2，用户 B 有 3 个文件 Bfile1、Bfile2、Bfile3，用户 C 有 1 个文件 Cfile1。如图 7-6 所示为一级目录结构，方框表示文件的 FCB(其中的文字表示文件名)，圆圈代表文件本身。

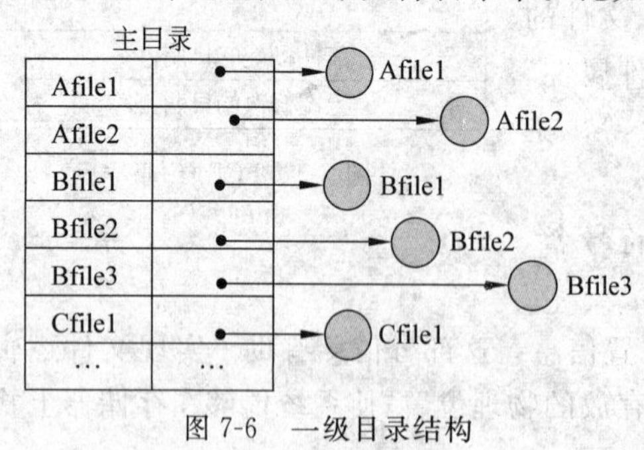

图 7-6　一级目录结构

一级目录结构易于实现，管理简单，只需要建立一个文件目录，对所有文件的所有操作，都是通过该文件目录实现的。比如，访问一个文件时，根据文件名直接到该目录中查找该文件的 FCB，再根据 FCB 记录的文件辅存地址，就可以在辅存上找到该文件了。删除一个文件时，在文件目录中删掉该文件的 FCB，并释放该 FCB 就可以了。

一级目录结构存在以下不足。

- 查找速度慢。如果系统中文件很多，文件目录就会很大。查找一个文件，平均需要搜索半个目录文件，会耗费很多时间。
- 不允许重名。因为所有文件都在同一个目录中，所以每个文件必须有不同的文件名。

(2) 两级目录结构

为了克服一级目录结构的不足，文件系统引入了两级目录结构，由主目录和用户目录两级组成。在主目录中，给出用户名以及用户子目录所在的物理位置。主目录按照用户进行划分，每个用户都有自己的用户文件目录。在用户目录中，给出该用户所有文件的 FCB。

仍以上面的系统为例，其两级目录结构如图 7-7 所示。

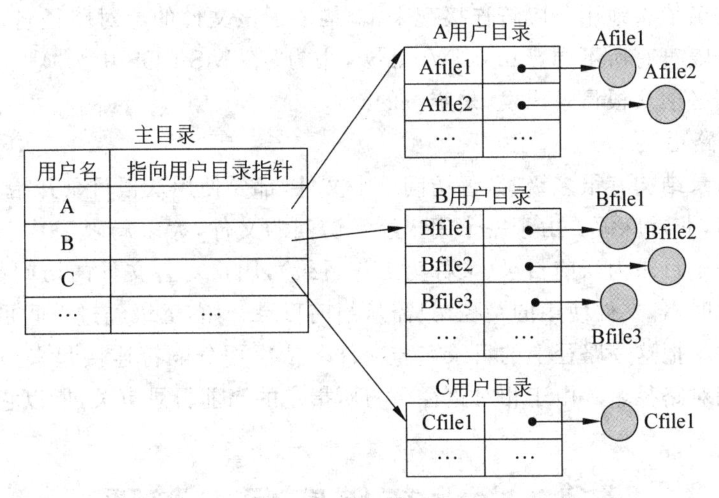

图 7-7　两级目录结构

在两级目录结构中，因为每个用户拥有自己的目录，所以不同用户可以拥有相同名称的文件。用户访问某个文件时，系统只需查找它本身的用户文件目录，查找速度比一级目录有所提高。但是如果一个用户拥有很多文件，在他目录中查找也需要花费较多时间。另外，用户无法对自己的文件进行再分类。

(3) 树形目录结构

为了克服两级目录结构的不足，又引入了树形目录结构，它允许每个用户目录可以拥有多个子目录，子目录下还可以再分子目录，如图 7-8 所示。第 1 层为根目录，第 2 层为用户目录 A、B、C，再往下是用户的子目录（方框表示的 AD1、CD1、CD2）或文件（圆圈表示）。每一层目录中，既可以有子目录的目录项，也可以有文件的目录项。

如同文件都要有文件名一样，目录和子目录也都要有名称。在树形目录结构中，用户可以把不同类型或不同用途的文件分类，组织自己的目录层次，便于用户查找文件；不同

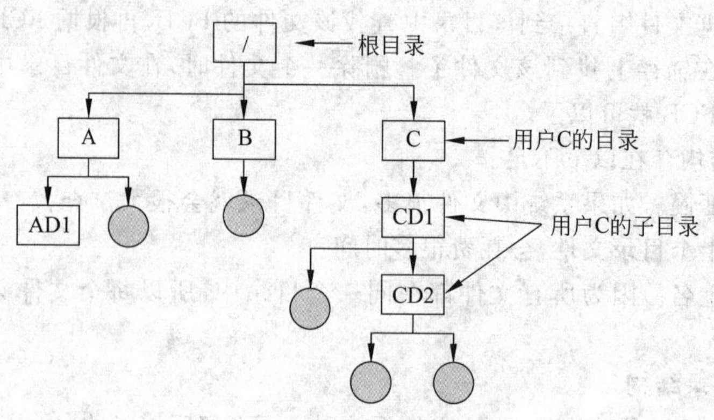

图 7-8　树形目录结构

目录下可以使用相同的文件名。

(4) 绝对路径名

从根目录到任何文件,都只有一条唯一的通路。在该路径上,从根目录开始,把全部目录名与文件名依次地用分隔符连接起来,就构成了该文件的绝对路径名。比如,“C:\”不同系统中分隔符有所不同,Linux、Windows 中为“/”,MS-DOS 中为“\”。要注意,文件的绝对路径名必须从根目录出发,是唯一的。

(5) 相对路径名

当树形目录结构有很多级时,每访问一个文件,都要使用从根目录开始直到文件为止的绝对路径名,非常麻烦。由于一个用户经常访问的文件,大多局限于某个范围,所以用户可以指定一个目录为当前目录(又称为工作目录),用户对各文件的访问都相对于当前目录进行。此时,各文件使用的路径,只需从当前目录开始,逐级经过中间目录,最后达到要访问的文件。把这一路径上的目录名与文件名依次用分隔符连接起来形成的路径名,称为文件的相对路径名。由于相对路径名与所指定的当前目录有关,所以它不是唯一的。

7.3　文件存储空间的管理

磁盘等大容量辅存空间操作系统及许多用户共享,用户作业运行期间常常要建立和删除文件,操作系统应能自动管理和控制辅存空间。辅存空间的有效分配和释放是文件系统应解决的一个重要问题。

辅存空间的分配和释放算法是较为简单的,最初整个存储空间可连续分配给文件使用,但随着用户文件不断建立和撤销,文件存储空间会出现许多“碎片”。系统应定时或根据命令要求集中碎片,在收集过程中往往要对文件重新组织,让其存放到连续存储区中。

辅存空间分配常采用以下两种办法。

- 连续分配:文件被存放在辅存空间连续存储区(连续的物理块号)中,在建立文件时,用户必须给出文件大小,然后,查找到能满足的连续存储区供使用;否则文件不能建立,用户进程必须等待。连续分配的优点是顺序访问时通常无须移动磁头，文件查找速度快，管理较为简单，但为了获得足够大的连续存储区，需定时进行“碎片”收集。因而，不适宜于文件频繁进行动态增长和收缩的情况，用户事先不知道文件长度也无法进行分配。

- 非连续分配：一种非连续分配方法是以块（扇区）为单位，按文件动态要求分配给它若干扇区，这些扇区不一定要连续，属于同一文件的扇区按文件记录的逻辑次序用链指针连接或用位示图指示。另一种非连续分配方法是以簇为单位，簇是由若干个连续扇区组成的分配单位；实质上是连续分配和非连续分配的结合。各个簇可以用链指针、索引表、位示图来管理。非连续分配的优点是辅存空间管理效率高，便于文件动态增长和收缩，访问文件执行速度快，特别是以簇为单位的分配方法已被广泛使用。

下面介绍常用的几种具体文件辅存空间管理方法。

7.3.1 位示图

位示图又称字位映象表，使用若干字节构成一张表，表中每一字位对应一个物理块，字位的次序与块的相对次序一致。字位为1表示相应块已占用，字位为0状态表示该块空闲，微型机操作系统CP/M、VM/SP、Windows和Macintosh等操作系统均使用这种技术管理文件存储空间。其主要优点是，可以把位示图全部或大部分保存在主存中，再配合现代计算机都具有的位操作指令，故可实现高速物理块分配。

7.3.2 空闲区表

另一种分配方法常常用于连续文件。将空闲存储块的位置及其连续空闲的块数构成一张表。分配时，系统依次扫描空闲区表，寻找合适的空闲块并修改登记项。删除文件释放空闲区时，把空闲块位置及连续的空闲块数填入空闲区表，如果出现邻接的空闲块，还需执行合并操作并修改登记项。空闲区表的搜索算法有优先适应、最佳适应和最坏适应算法等，这些已经在前面存储管理章节介绍过。

7.3.3 空闲块链

第三种分配方法是把所有空闲块连接在一起，系统保持一个指针指向第一个空闲块，每一空闲块中包含指向下一空闲块的指针。申请一块时，从链头取一块并修改系统指针；删除时释放占用块，使其成为空闲块并将它挂到空闲链上。这种方法效率很低，每申请一块都要读出空闲块并取得指针，申请多块时要多次读盘，但便于文件动态增长和收缩。DOS操作系统采用了这种方案的变种。

7.3.4 成组链接法

图 7-9 给出了 UNIX/Linux 采用的空闲块成组连接法。存储空间分成 512 字节一块。为讨论方便起见,假定文件卷启用时共有可用文件 438 块,编号为 12～349。每 100 块划分一组,每组第一块登记下一组空闲块的盘物理块号和空闲总数。其中,12～50＃一组中,50＃物理块中登记了下一组 100 个空闲块物理块号 51～150＃。同样下一组的最后一块 150＃中登记了再下一组 100 个空闲块物理号 151～250＃。注意,最后一组中,即 250＃块中第 1 项是 0,作为结束标志,表明系统文件空闲块链已经结束。

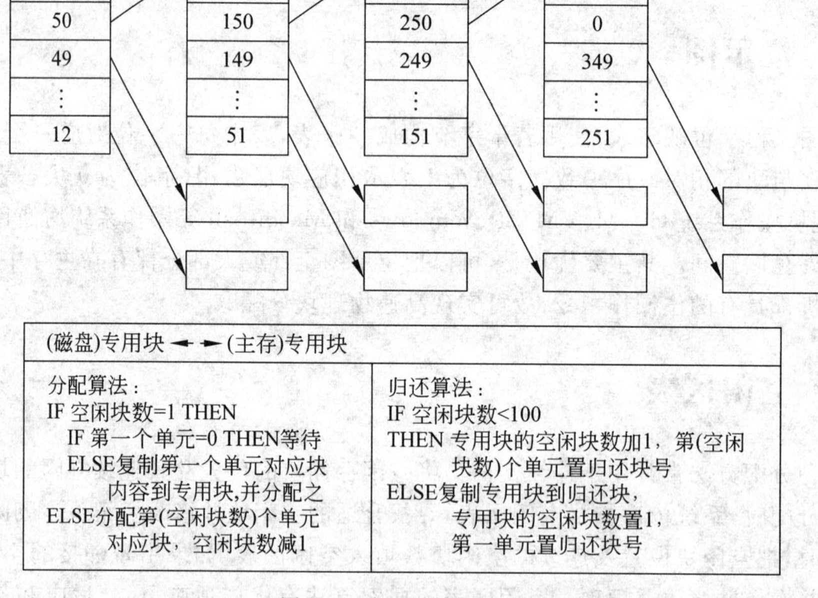

图 7-9　成组链接法示意图

当设备安装完毕,系统就将专用块复制到主存中。专用块指示的空闲块分配完后再有申请要求,就把下一组空闲块数及盘物理块号复制到专用块中申请要求,就把下一组空闲块数用盘物理块号复制到专用块中重复进行。搜索到全 0 块时,系统应向操作员发出警告,表明空闲块已经用完。需要注意,开始时空闲块是按顺序排列的,但只要符合分组及组间连接原则,空闲块可按任意次序排列。事实上,经过若干次分配、释放操作后,空闲块物理块号必定不能按序排列。

7.4　文件的使用

7.4.1　文件的操作

文件系统应该提供种类丰富、功能强大的文件操作命令，以满足用户对文件的操作要求。不同系统提供的命令不完全一致，但都具备创建文件、删除文件、打开文件、关闭文件、读文件和写文件的基本功能。

1. 创建文件

创建文件，主要就是在其父目录中建立一个 FCB，为该文件分配磁盘空间，并把相应的信息（比如文件名、创建日期、辅存地址等）写入该 FCB。系统中有了该文件的 FCB，表示该文件已经存在，用户可以使用了。

2. 删除文件

删除文件，主要就是在其父目录中清除它的 FCB，并把该文件本身内容所占用的磁盘空间释放（变为空闲状态，可被分配给其他文件使用）。没有了对应的 FCB，系统就“找不到”该文件。

3. 打开文件

在使用一个文件之前，必须先打开该文件。在文件目录中找到该文件的 FCB，并把它复制到内存的专用区域里，这个复制文件 FCB 的过程就是对文件的“打开”。所有打开文件的 FCB 被称为“活动文件目录”。一个文件被打开后，再用到它的有关信息时，只需到内存的活动文件目录中就可以找到，避免每次访问文件时都要与磁盘交往，从而提高了访问速度。打开文件的过程如图 7-10 所示。

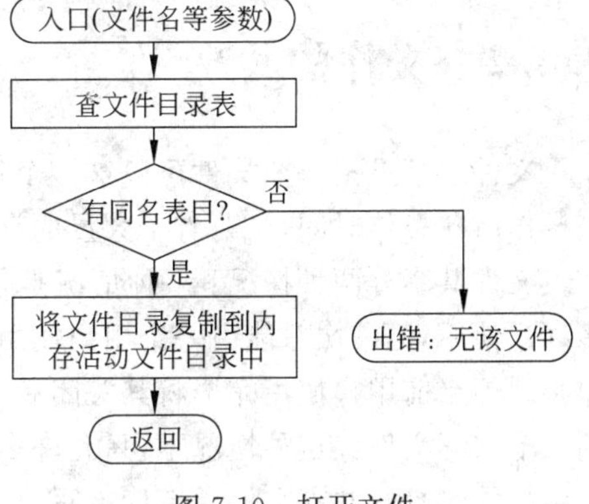

图 7-10　打开文件

4. 关闭文件

关闭文件是打开文件的反动作。关闭文件主要是对指定文件的 FCB 做必要的修改后存回到磁盘上相应的目录文件中去，并释放该文件在内存的活动文件目录中所占据的表目。为了节省内存空间，系统为活动文件目录开辟的存储区域通常较小，用户同时能打开的文件个数是有限的。所以，用户在使用完一个文件后，应该及时将它关闭。关闭文件的过程如图 7-11 所示。

5. 读文件

读文件主要就是申请一个输入缓冲区,根据命令中给出的参数(读数据的个数、读出的数据在内存的存放位置),对文件进行读操作。读出的数据先被存放在申请到的缓冲区里,然后将缓冲区中所需要的数据读取出来,送到指定的内存区域里。

6. 写文件

写文件主要是把输出的数据送入内存缓冲区。缓冲区满后,按照指定位置做写操作,完成往文件里写的工作。

读/写文件的过程如图 7-12 所示。

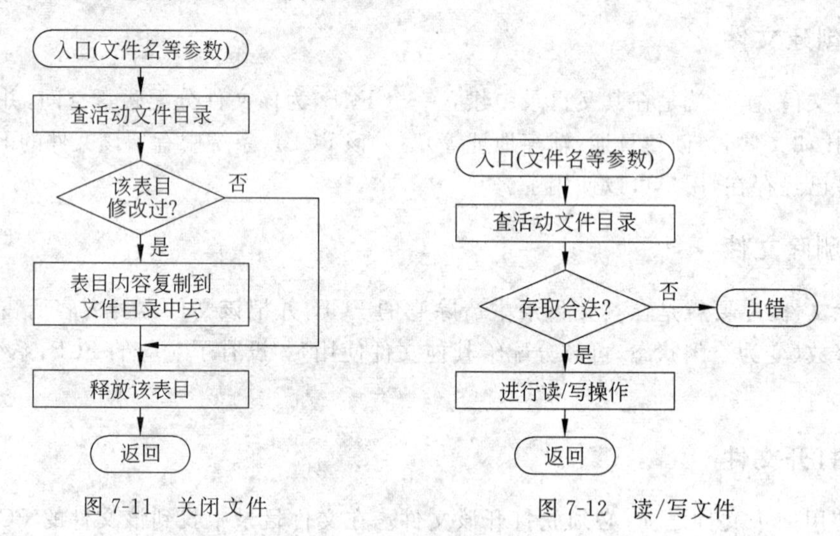

图 7-11 关闭文件　　图 7-12 读/写文件

7.4.2 文件的共享

文件共享是指一个文件可以被多个授权的用户共同使用。文件共享既减少了文件复制操作所花费的时间,又节省了大量的存储空间。

文件共享分两种情况:一种情况是任何时刻只允许一个用户使用共享文件,即允许多用户使用,但一次只能由一个用户使用。如果有一个用户打开了共享文件,其他所有用户必须等当前用户使用完毕将其关闭后才能使用。另一种情况是允许多个用户同时使用同一个共享文件。这种情况下,只允许多个用户同时打开共享文件进行读操作,不允许多个用户同时打开共享文件后有读有写,也不允许多个用户同时打开共享文件后同时进行写操作,这样可以保护文件信息的完整性。

对于共享文件的使用权限,由文件主指明。包括哪些用户能够使用这个文件,哪些用户不能使用这个文件;对于能使用该文件的用户,还要指明能对文件进行读、写、执行中的哪一种或哪几种。这些信息记录在该文件的 FCB 里。

为了实现文件共享,被授权用户必须能找到这个文件,而系统是通过 FCB 中指定的辅存地址找到文件的。所以被授权用户只要能找到该文件的 FCB，就可以找到文件，从而实现共享。有两种实现方法：一种方法是把该文件对应的目录项（在文件主的文件目录中）复制到被授权用户的文件目录中，形成被授权用户自己的一个文件目录项，该目录项中包含文件名、文件的物理结构、文件在辅存的地址等信息。这样被授权用户就可以通过自己文件目录中的目录项实现对该文件的访问。但是，这种方法较难保证两个文件目录项的一致性。一旦文件主修改了文件，其文件目录中该文件的目录项能随之修改，但被授权用户文件目录中的目录项却不会自动得到更新，就无法实现共享了。这种共享方式是基于文件控制块 FCB 实现的。

另一种实现文件共享的方法是基于索引节点的链接法。这种方法把文件的属性信息，包含文件的磁盘地址、存取控制信息以及各种管理信息等放到一个磁盘块中，这部分称为索引节点；而在文件目录项中只含文件名以及一个指向索引节点的指针。链接法的基本思想是：被授权用户在自己的文件目录中创建一个目录项，该目录项中的指针直接指向共享文件目录项的索引节点部分。这种链接称为硬链接，只能用于单个文件系统但不能跨文件系统，可用于文件共享但不能用于目录共享。优点是实现简单、访问速度快。

还有一种实现文件共享的方法是文件的符号链接共享。符号链接是一种只有文件名，不指向 inode 的文件。例如，用户 A 为了共享用户 B 的一个文件 F，可以由系统创建一个 LINK 类型的新文件，把新文件写入用户 A 的用户目录中，以实现 A 的目录与 B 的文件 F 的链接。在新文件中只包含被链接文件 F 的路径名，称这种链接为符号链接，而文件的拥有者才具有指向 inode 的指针。新文件中的路径名，则仅被看作是符号链，当 A 要访问被链接的文件 F 且正要读 LINK 类新文件时，被操作系统截获，它将依据新文件中的路径名去读该文件，于是就实现了用户 A 对用户 B 的文件 F 的共享。符号链接的主要优点是能用于链接计算机网络中不同机器中的文件，此时，仅需提供文件所在机器地址和该机器中文件的路径。这种方法的缺点是：扫描包含文件的路径开销大，需要额外空间存储路径。

7.4.3　文件的保护

“文件保护”的含义，是指要防止未经授权的用户使用文件，也要防止文件拥有者自己错误地使用文件而给文件带来伤害。通常，可以采用存取控制矩阵、存取控制表、权限表和口令等方法，来达到保护文件不受侵犯的目的。

1. 存取控制矩阵

所谓“存取控制矩阵”，即整个系统维持一个二维表，一维列出系统中的所有文件名，一维列出系统中所有的用户名，行、列交汇处给出用户对文件的存取权限。用户 A 对文件 1 只能读，对文件 2 可以读、写和执行，等等。交汇处为空时，表示用户无权对此文件进行任何访问。

文件系统接收到来自用户对某个文件的操作请求后，根据用户名和文件名，查存取控制矩阵，用以检验命令的合法性。如果所发的命令与矩阵中的限定不符，则表示命令出错，转而进行出错处理。只有在命令符合存取控制权限的要求时，才能去完成具体的文件存取请求。

不难看出，存取控制矩阵的道理虽然简明，但如果系统中的用户数和文件数都很多，那么该矩阵里的空项会非常多。保存这样一个大而空的矩阵，实为对磁盘存储空间的一种浪费。如果只按矩阵的列或行来存储矩阵，且只存储它们的非空元素，那么情况会好得多。按列存储，就形成了所谓的“存取控制表”；按行存储，就形成了所谓的“权限表”。

2. 存取控制表

如果只按存取控制矩阵的列存储，且只存储非空元素，就形成了所谓的“存取控制表”。从存取控制表的描述可以看出，存取控制表是以文件为单位构成的，每一个文件用一个表，可以把它存放在文件的 FCB 中。为了克服存取控制矩阵中大量空项的问题，在形成文件的存取控制表时，应对用户分组，比如分为：“文件主”、“同组用户”以及“其他用户”三类（当然还可以多分），然后赋予各类用户对此文件的不同存取权限。

3. 权限表

如果只按存取控制矩阵的行存储，且只存储非空元素，就形成了所谓的“权限表”。从对权限表的描述可以看出，权限表是以用户为单位构成的，它记述了用户对系统中每个文件的存取权限。通常，一个用户的权限表被存放在他的 PCB 中。

4. 口令

上面是系统对文件提供的三种保护机制，口令则是一种验证手段，也是最广泛采用的一种认证形式。当用户 A 发出对某个文件的使用请求后，系统会要求他给出口令。这时，用户就要在键盘上输入口令，否则无法使用它。当然，用户输入时口令是不会在屏幕上显示的，以防止旁人窥视。采用口令的方式可以保护文件，但口令常被放在文件的 FCB 里，常被内行人破译，以致达不到保护的效果。另外，口令也容易遗忘、记错，给文件的使用带来不必要的麻烦。

7.4.4 按名存取的实现

文件系统怎样实现文件的“按名存取”？如何查找文件存储器中的指定文件？如何有效地管理众多的用户文件和系统文件？文件目录便是用于这些方面的重要手段。文件系统的基本功能之一就是负责文件目录的建立、维护和检索，要求编排的目录便于查找、防止冲突，目录的检索方便迅速。由于文件目录也需要永久保存，所以把文件目录也组织成文件存放在磁盘上称目录文件。

有了文件目录后，就可实现文件的“按名存取”。每一个文件在文件目录中登记一项，所以，实质上文件目录是文件系统建立和维护的它所包含的文件的清单，每个文件的文件目录项又称文件控制块 FCB(File Control Block)。

有了文件目录后，就可实现文件的“按名存取”。当用户要求存取某个文件时，系统查找文件目录并比较文件名就可找到所寻文件的文件控制块(文件目录项)。然后,通过文件目录项指出文件的文件信息相对位置或文件信息首块物理位置等就能依次存取文件信息。

7.5 Windows 中的文件管理

7.5.1 Windows 文件管理概述

Windows 2000/XP 支持传统的 FAT 文件系统,对 FAT 文件系统的支持起源于 DOS,以后的 Windows 3.x 和 Windows 95 系列均支持它们。该文件系统最初是针对相对较小容量的硬盘设计的,但是随着计算机外存储设备容量的迅速扩展,出现了明显的不适应。不难看出,FAT 文件系统最多只可以容纳 2^{12} 或 2^{16} 个簇,单个 FAT 卷的容量小于 2GB,显然,如果继续扩展簇中包含的扇区数,文件空间的碎片将很多,浪费很大。

从 Windows 9x 和 Windows Me 开始,FAT 表被扩展到 32 位,形成了 FAT 32 文件系统,解决了 FAT 16 在文件系统容量上的问题,可以支持 4GB 的大硬盘分区,但是由于 FAT 表的大幅度扩充,造成了文件系统处理效率的下降。Windows 98 操作系统也支持 FAT 32,但与其同期开发的 Windows NT 则不支持 FAT 32,基于 Windows NT 构建的 Windows Server 2008/XP 则又支持 FAT 32,此外还支持只读光盘 CDFS、通用磁盘格式 UDF、高性能 HPFS 等文件系统。

Microsoft 的另一个操作系统产品 Windows NT 开始提供一个全新的文件系统 NTFS(New Technology File System)。NTFS 除了克服 FAT 系统在容量上的不足外,主要出发点是立足于设计一个服务器端适用的文件系统,除了保持向后兼容性的同时,要求有较好的容错性和安全性。为了有效地支持客户/服务器应用,Windows Server 2008/XP 在 Windows NT 4 的基础上进一步扩充了 NTFS,这些扩展需要将 Windows NT 4 的 NTFS 4 分区转化为一个已更改的磁盘格式,这种格式称为 NTFS 5。NTFS 具有以下特性。

- 可恢复性:NTFS 提供了基于事务处理模式的文件系统恢复,并支持对重要文件系统信息的冗余存储,满足了用于可靠的数据存储和数据访问的要求。
- 安全性:NTFS 利用操作系统提供的对象模式和安全描述体来实现数据安全性。在 Windows Server 2008/XP 中,安全描述体(访问控制表或 ACL)只需存储一次就可在多个文件中引用,从而进一步节省磁盘空间。
- 文件加密:在 Windows Server 2008 中,加密文件系统 EFS(Encrpyting File System)能对 NTFS 文件进行加密再存储到磁盘上。
- 数据冗余和容错:NTFS 借助于分层驱动程序模式提供容错磁盘,RAID 技术允许借助于磁盘镜像技术,或通过奇偶校验和跨磁盘写入来实现数据冗余和容错。
- 大磁盘和大文件:NTFS 采用 64 位分配簇,从而大大扩充了磁盘卷容量和文件长度。

- 多数据流：在 NTFS 中，每一个与文件有关的信息单元，如文件名、所有者、时间标记、数据，都可以作为文件对象的一个属性，所以 NTFS 文件可包含多数据流。这项技术为高端服务器应用程序提供了增强功能的新手段。
- 基于 Unicode 的文件名：NTFS 采用 16 位的 Unicode 字符来存储文件名、目录和卷，适用于各个国家与地区，每个文件名可以长达 255 个字符，并可以包括 Unicode 字符、空格和多个句点。
- 通用的索引机制：NTFS 的体系结构被组织成允许在一个磁盘卷中索引文件属性，从而可以有效地定位匹配各种标准文件。在 Windows 2000 中，这种索引机制被扩展到其他属性，如对象 ID。对属性（例如基于 OLE 上的复合文件）的本地支持，包括对这些属性的一般索引支持。属性作为 NTFS 流在本地存储，允许快速查询。
- 动态添加卷磁盘空间：在 Windows Server 2008 中，增加了不需要重新引导就可以向 NTFS 卷中添加磁盘空间的功能。
- 动态坏簇重映射：可加载的 NTFS 容错驱动程序可以动态地恢复和保存坏扇区中的数据。
- 磁盘配额：在 Windows Server 2008 中，NTFS 可以针对每个用户指定磁盘配额，从而提供限制使用磁盘存储器的能力。
- 稀疏文件：在 Windows Server 2008 中，用户能够创建文件，并且在扩展这些文件时不需要分配磁盘空间就能将这些文件扩展为更大。另外，磁盘的分配将推迟至指定写入操作之后。
- 压缩技术：在 Windows Server 2008 中，能对文件数据和目录进行压缩，节省了存储空间。文本文件可压缩 50%，可执行文件可压缩 40%。
- 分布式链接跟踪：在 Windows Server 2008 中，NTFS 支持文件或目录的唯一 ID 号的创建和指定，并保留文件或目录的 ID 号。通过使用唯一的 ID 号，从而实现分布式链接跟踪。这一功能将改进当前的文件引用存储方式（例如，在 OLE 链接或桌面快捷方式中）。重命名目标文件的过程将中断与该文件的链接。重命名一个目录将中断所有此目录中的文件链接及此目录下所有文件和目录的链接。
- POSIX 支持：如支持区分大小写的文件名、链接命令、POSIX 时间标记等。在 Windows Server 2008 中，还允许实现符号链接的重解析点，仲裁文件系统卷的装配点和远程存储“分层存储管理（HSM）”。

Windows Server 2008/XP 还提供分布式文件服务。分布式文件系统（DFS）是用于 Windows Server 2008/XP 服务器上的一个网络服务器组件，最初它是作为一个扩展层发售给 Windows NT 4 的，但是在功能上受到很多限制，在 Windows Server 2008/XP 中，这些限制得到了修正。DFS 能够使用户更加容易地找到和管理网上的数据。使用 DFS，可以更加容易地创建一个单目录树，该目录树包括多文件服务器和组、部门或企业中的文件共享。另外，DFS 可以给予用户一个单一目录，这一目录能够覆盖大量文件服务器和文件共享，使用户能够很方便地通过“浏览”网络去找到所需要的数据和文件。浏览 DFS 目录是很容易的，因为不论文件服务器或文件共享的名称如何，系统都能够将 DFS 子目录指定为逻辑的、描述性的名称。

7.5.2　Windows 文件管理的实现技术

在 Windows 2000/XP 中，I/O 管理器负责处理所有设备的 I/O 操作，文件系统的组成和结构模型如图 7-13 所示。

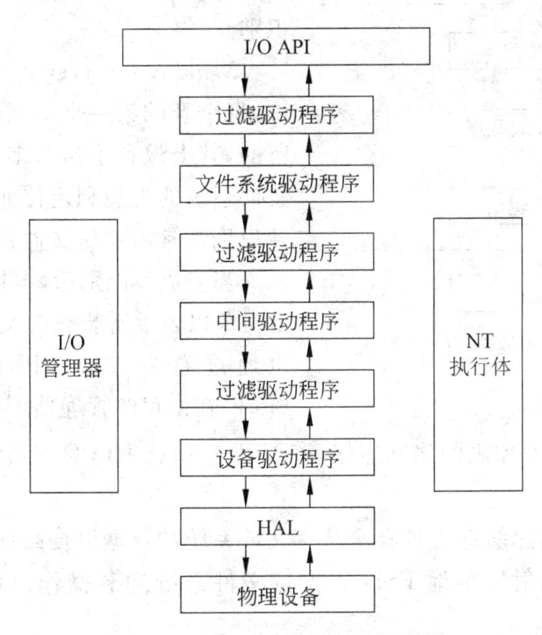

图 7-13　Windows 文件系统模型

- 设备驱动程序：位于 I/O 管理器的底层，直接对设备进行 I/O 操作。
- 中间驱动程序：与低层设备驱动程序一起提供增强功能，如发现 I/O 失败时，设备驱动程序只会简单地返回出错信息；而中间驱动程序却可能在收到出错信息后，向设备驱动程序下达重执请求。
- 文件系统驱动程序 FSD(File System Driver)：扩展低层驱动程序的功能，以实现特定的文件系统（如 NTFS）。
- 过滤驱动程序：可位于设备驱动程序与中间驱动程序之间，也可位于中间驱动程序与文件系统驱动程序之间，还可位于文件系统驱动程序与 I/O 管理器 API 之间。例如，一个网络重定向过滤驱动程序可截取对远程文件的操作，并重定向到远程文件服务器上。

在以上组成构件中，与文件管理最为密切相关的是 FSD，它工作在内核态，但与其他标准内核驱动程序有所不同。FSD 必须先向 I/O 管理器注册，还会与内存管理器和高速缓存管理器产生大量交互，因此，FSD 使用了 Ntoskrnl 出口函数的超集，它的创建必须通过 IFS(Installable File System)实现。

下面简单介绍 FSD 的体系结构。文件系统驱动程序可分为本地 FSD 和远程 FSD，前者允许用户访问本地计算机上的数据，后者则允许用户通过网络访问远程计算机上的数据。

1. 本地 FSD

本地 FSD 包括 Ntfs. sys、Fastfat. sys、Udfs. sys、Cdfs. sys 和 Raw FSD 等，参见图 7-14。

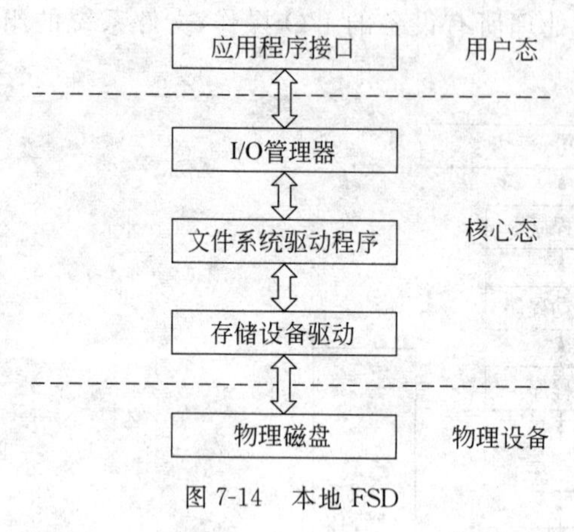

图 7-14 本地 FSD

本地 FSD 负责向 I/O 管理器注册自己，当开始访问某个卷时，I/O 管理器将调用 FSD 进行卷识别。

Windows Server 2008/XP 支持的文件系统，每个卷的第一个扇区都是作为启动扇区预留的，其上保存了足够多的信息以供确定卷上文件系统的类型和定位元数据的位置。另外，卷识别常常需要对文件系统作一致性检查。

当完成卷识别后，本地 FSD 还创建一个设备对象以表示所装载的文件系统。I/O 管理器也通过卷参数块 VPB(Volumn Parammeter Block)在由存储管理器所创建的卷设备对象和由 FSD 所创建的设备对象之间建立连接，该 VPB 连接将 I/O 管理器的有关卷的 I/O 请求转交给 FSD 设备对象。

本地 FSD 常用高速缓存管理器来缓存文件系统的数据以提高性能，它与内存管理器一起实现内存文件映射。本地 FSD 还支持文件系统卸载操作，以便提供对卷的直接访问。

2. 远程 FSD

远程 FSD 有两部分组成：客户端 FSD 和服务器端 FSD。前者允许应用程序访问远程的文件和目录，客户端 FSD 首先接收来自应用程序的 I/O 请求，接着转换为网络文件系统协议命令，再通过网络发送给服务器端 FSD。服务器端 FSD 监听网络命令，接收网络文件系统协议命令，并转交给本地 FSD 去执行。图 7-15 是远程 FSD 示意。

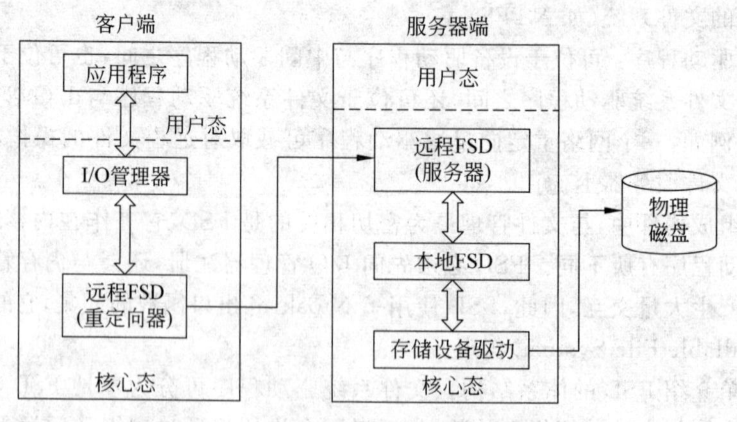

图 7-15 远程 FSD

对于 Windows Server 2008/XP 而言，客户端 FSD 为 LANMan 重定向器(LANMan Redirector)，而服务器端 FSD 为 LANMan 服务器(LANMan Server)。重定向器通过端口/小端口驱动程序的组合来实现。而实现重定向器与服务器的通信则通过通用互联网文件系统 CIFS(Common Internet File System)协议进行。

3. FSD 与文件系统操作

Windows 文件系统的有关操作都是通过 FSD 来完成的，其作用见图 7-16。有如下几种方式会用到 FSD。

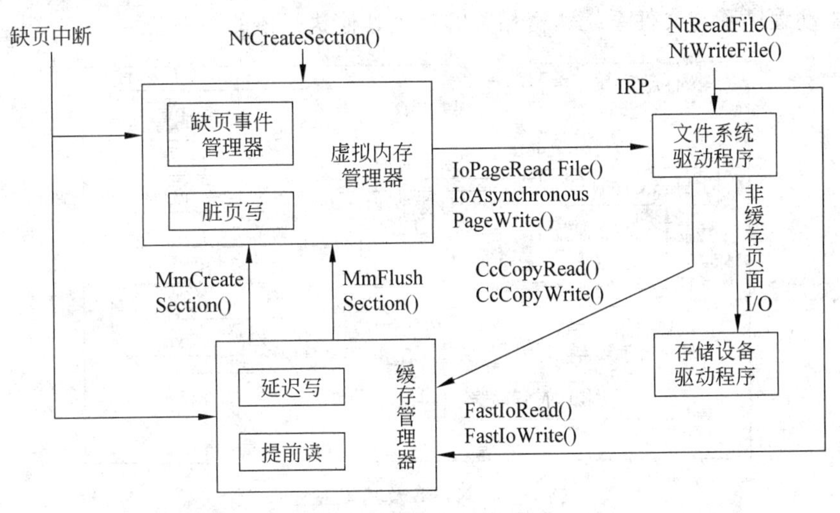

图 7-16　FSD 的作用

- 显式文件 I/O。应用程序通过 Win32 I/O 函数如 CreateFile、ReadFile 和 WriteFile 等来访问文件。高速缓存延迟写。
- 高速缓存管理器的延迟写线程定期对高速缓存中已被修改过的页面进行写操作，这是通过调用内存管理器的 MmFlushSection 函数来完成的，具体地说，MmFlushSection 通过 IoAsychronousPageWrite 将数据送交 FSD。
- 高速缓存提前读。高速缓存管理器的提前读线程负责提前读数据，提前读线程通过分析已做的读操作来决定提前读多少，它依赖于缺页中断来完成这一任务。
- 内存脏页写。内存脏页写线程定期清洗缓冲区，该线程通过 IoAsychronousPageWrite 来创建 IRP 请求，这些 IRP 被标识为不能通过高速缓存，因此，它们被 FSD 直接送交磁盘存储驱动程序。
- 内存缺页处理。以上在进行显式 I/O 操作和高速缓存提前读时，都会用到缺页中断处理。内存缺页处理 MmAccessFault 通过 IoPageRead 向文件所在文件系统发送 IRP 请求包来完成。

4. NTFS 文件系统驱动程序

在 Windows Server 2008/XP 中，NTFS 及其他文件系统如 FAT、HPFS、POSIX 等

都结合在I/O管理器中，是采用文件系统驱动程序实现的。文件系统的实现机制采用面向对象的模型，文件、目录和系统中其他资源一样，是作为对象来管理的。文件的命名统一在对象命名空间中，文件对象由I/O管理器管理。用户和系统打开文件表在Window 2000/XP中表现为每个进程有一个进程对象表及其所指向的具体文件对象。如图7-17所示，在Windows Server 2008/XP执行体的I/O管理器部分，包括了一组在核心态运行的可加载的与NTFS相关的设备驱动程序。这些驱动程序是分层次实现的，它们通过调用I/O管理器传递I/O请求给另外一个驱动程序，依靠I/O管理器作为媒介允许每个驱动程序保持独立，以便可以被加载或卸载而不影响其他驱动程序。另外，图中还给出了NTFS驱动程序和与文件系统紧密相关的三个其他执行体的关系。

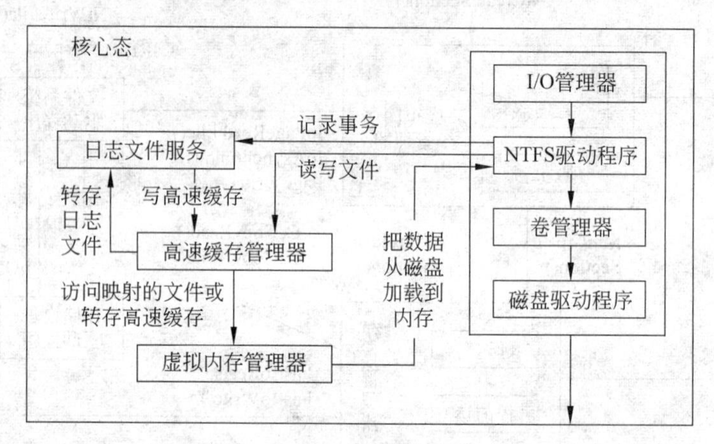

图7-17　NTFS及其相关组件

日志文件服务LFS(log file server)是为维护磁盘写入的日志而提供服务的记录所有影响NTFS卷结构的操作，如文件创建、改变目录结构，此日志文件用于在系统失败时恢复NTFS格式化卷。

高速缓存管理器是Windows 2000的执行体组件，它为NTFS以及包括网络文件系统驱动程序(服务器和重定向程序)的其他文件系统驱动程序提供系统范围的高速缓存服务。Windows Server 2008的所有文件系统通过把高速缓存文件映射到虚拟内存，然后访问虚拟内存来访问它们。为此，高速缓存管理器提供了一个特定的文件系统接口给Windows Server 2008虚拟内存管理器。当程序试图访问没有加载到高速缓存的文件的一部分时，内存管理器调用NTFS来访问磁盘驱动器并从磁盘上获得文件的内容。高速缓存管理器通过使用它的"延迟书写器"(lazy writer)来优化磁盘I/O。延迟书写器是一组系统线程，它在后台活动，调用内存管理器来刷新高速缓存的内容到磁盘上(异步磁盘写入)。

NTFS把文件作为对象的实现方法允许文件被对象管理器共享和保护，对象管理器是管理所有执行体级别对象的Windows Server 2008/XP组件。应用程序创建和访问文件同对待其他Windows Server 2008/XP对象一样——依靠对象句柄。当I/O请求到达NTFS时，Windows Server 2008/XP对象管理器和安全系统已经验证该调用进程有权以它试图访问的方式来访问文件对象。安全系统把调用程序的访问令牌同文件对象的访问控制列表中的项进行比较。I/O 管理器也将文件句柄转换为指向文件对象的指针。NTFS 使用文件对象中的信息来访问磁盘上的文件。

7.6 Linux 中的文件管理

7.6.1 Linux 文件管理概述

Linux 支持多种不同类型的文件系统，包括 EXT、EXT2、MINIX、UMSDOS、NCP、ISO 9660、HPFS、MSDOS、NTFS 、XIA、VFAT、PROC、NFS、SMB、SYSV、AFFS 以及 UFS 等。由于每一种文件系统都有自己的组织结构和文件操作函数，并且相互之间的差别很大，从而给 Linux 文件系统的实现带来了一定的难度。为支持上述的各种文件系统，Linux 在实现文件系统时借助了虚拟文件系统 VFS(Virtual File System)。VFS 只存在于内存中，在系统启动时产生，并随着系统的关闭而注销。它的作用是屏蔽各类文件系统的差异，给用户、应用程序和 Linux 的其他管理模块提供一个统一的接口。管理 VFS 数据结构的组成部分主要包括超级块和 inode。

Linux 的文件操作面向外存空间，它采用缓冲技术和 hash 表来解决外存与内存在 I/O 速度上差异。在众多的文件系统类型中，EXT2 是 Linux 自行设计的具有较高效率的一种文件系统类型，它建立在超级块、块组、inode、目录项等结构的基础上。

7.6.2 Linux 文件管理的实现技术

同其他操作系统一样，Linux 支持多个物理硬盘，每个物理磁盘可以划分为一个或多个磁盘分区，在每个磁盘分区上就可以建立一个文件系统。一个文件系统在物理数据组织上一般划分成引导块、超级块、inode 区以及数据区。引导块位于文件系统开头，通常为一个扇区，存放引导程序、用于读入并启动操作系统。超级块由于记录文件系统的管理信息，根据特定文件系统的需要超级块中存储的信息不同。inode 区用于登记每个文件的目录项，第一个 inode 是该文件系统的根节点。数据区则存放文件数据或一些管理数据。

一个安装好的 Linux 操作系统究竟支持几种不同类型的文件系统，是通过文件系统类型注册链表来描述的，VFS 以链表形式管理已注册的文件系统。向系统注册文件系统类型有两种途径，一种是在编译操作系统内核时确定，并在系统初始化时通过函数调用向注册表登记；另一种是把文件系统当作一个模块，通过 kerneld 或 insmod 命令在装入该文件系统模块时向注册表登记它的类型。如图 7-18 所示为 Linux 文件系统注册表的结构。

Linux 操作系统不通过设备标识访问某个具体文件系统，而是通过 mount 命令把它安装到文件系统树形目录结构的某一个目录节点，该文件系统的所有文件和子目录就是该目录的文件与子目录，直到用 umount 命令显式地卸载该文件系统。

Linux 首先装入根文件系统，然后根据/etc/fstab 中的登记项使用 mount 命令自动

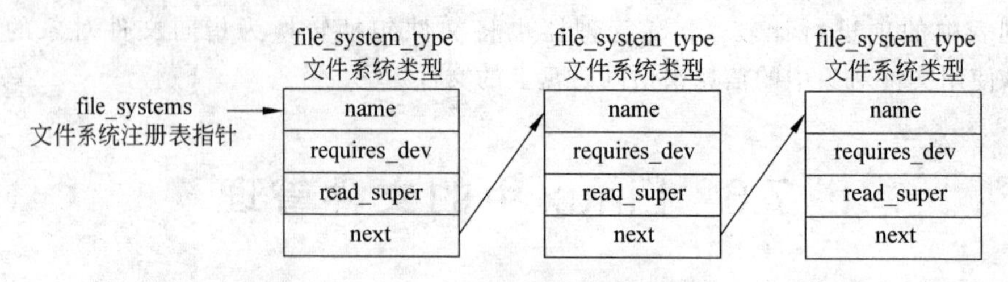

图 7-18 Linux 文件系统注册表的数据结构

逐个安装文件系统。此外，用户也可以显式地通过 mount 和 umount 命令安装和卸装文件系统。当装入/卸装一个文件系统时，应使用函数 add_vfsmnt/remove_vfsmn 向操作系统注册/注销该文件系统。另外，函数 lookup_vfsmnt 用于检查注册的文件系统。

超级用户安装一个文件系统的命令格式如下。

```
mount  参数  文件系统类型  文件系统设备名  文件系统安装目录
```

文件管理接收 mount 命令的处理过程如下。

(1) 如果文件系统类型注册表中存在对应的文件系统类型，转步骤(3)。

(2) 如果文件系统类型不合法，则出错返回。

(3) 如果该文件系统对应的物理设备不存在或已经被安装，则出错返回。

(4) 如果文件系统安装目录不存在或已经安装有其他文件系统，则出错返回。

(5) 向内存超级块数组 super_blocks[]申请一个空闲的内存超级块。

(6) 调用文件系统类型节点提供的 read_super 函数读入安装文件系统的外存超级块，写入内存超级块。

(7) 申请一个 vfsmount 节点，填充正确内容后，加入文件系统注册表。

在使用 umount 卸装文件系统时，首先必须检查文件系统是否正在被其他进程使用，若正在被使用，umount 操作必须等待；否则可以把内存超级块写回外存，并在文件系统注册表中删除相应节点。

虚拟文件系统 VFS 是物理文件系统与服务之间的一个接口层，它对每一个具体的文件系统的所有细节进行抽象，使得 Linux 用户能够用同一个接口使用不同的文件系统，特殊的文件系统的细节统一由 VFS 的公共接口来翻译，当然对系统内核和用户进程是透明的。VFS 在操作系统自举时建立，在系统关闭时消亡。

1. 虚拟文件系统 VFS

在引入了 VFS 后，Linux 文件管理的实现层次如图 7-19 所示。当某个进程发出了一个文件系统调用时，内核将调用 VFS 中相应函数，这个函数处理一些与物理结构无关的操作，并且把它重新定向为真实文件系统中相应函数调用，后者再来处理那些与物理结构有关的操作。

VFS 描述系统文件使用超级块和 inode 的方式。当系统初启时，所有被初始化的文件系统类型都要向 VFS 登记。每种文件系统类型的读超级块 read_super 函数必须识别该文件系统的结构，并且把信息映射到一个 VFS 超级块数据结构上。

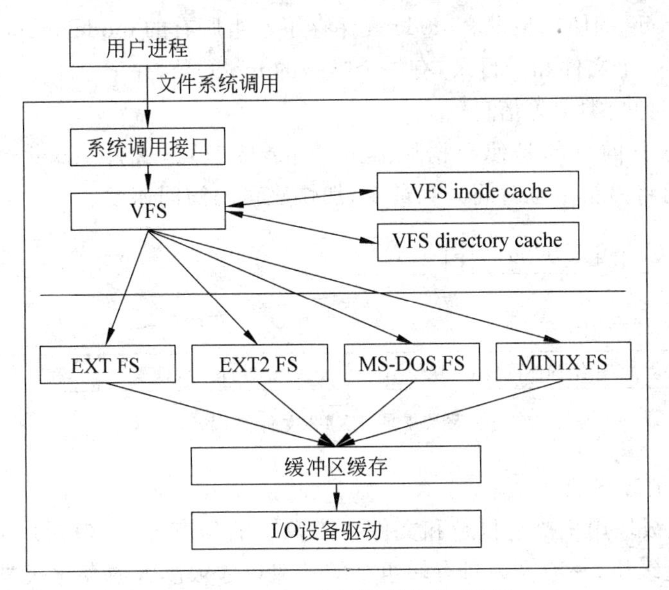

图 7-19　Linux 文件管理的实现层次

2. 文件系统管理的缓冲机制

随着文件的读出和写入，VFS inode 不断读入内存，从效率角度出发，为提高对 inode 链表进行线性搜索的速度，VFS 为已经分配的 inode 构造了 cache 和 hash 表。图 7-19 给出了这一结构，VFS 访问 inode 时，首先根据 hash 函数计算出 h，然后找到对应的 hash_table[h]指向的双向链表，通过 i_hash_next 和 i_hash_prev 进行查找。如果从 cache 中找到了指定设备上的 inode，则该 inode 的 i_count 加 1；否则申请一个空闲的 inode。

通过路径名查找该目录文件的 inode 是使用频率极高的操作，为提高此类操作的效率，Linux 维护了表达路径与 inode 对应关系的 VFS directory cache（VFS 目录缓存）。被访问过的目录将会被存入 directory cache，这样当同一目录被再次访问时就可以快速获得。

为加快对物理设备的访问，Linux 维护一组数据块缓冲区，称为 buffer cache。buffer cache 就是文件组织中所提到的主存缓冲区，它独立于任何类型的文件系统，被所有的物理设备所共享。数据块一经使用，就会在 buffer cache 留下备份，下次再访问该数据块时，不必再访问物理设备。

3. EXT2 文件系统

EXT（1992 年）和 EXT2（1994 年）是专门为 Linux 设计的可扩展的文件系统。在 EXT2 中，文件系统组织成数据块的序列，这些数据块的长度相同，块大小在创建时被固定下来。如图 7-20 所示，除引导块（boot block）外，EXT2 把它所占用的磁盘逻辑分区划分为块组（block group），每一个块组依次包括超级块（super group）、组描述符表（group descriptors）、块位图（block bitmap）、inode 位图（inode bitmap）、inode 表（inode table）以及数据块（data blocks）区。块位图集中了本组各个数据块的使用情况；inode 位图则记录了 inode 表中 inode 的使用情况。inode 表保存了本组所有的 inode,inode 用于描述文件,一个 inode 对应一个文件和子目录,有一个唯一的 inode 号,并记录了文件在外存的位置、存取权限、修改时间、类型等信息。

采用块组划分的目的是使数据块靠近其 inode 节点,文件 inode 节点靠近其目录 inode 节点,从而将磁头定位时间减到最少,加快磁盘的访问速度。

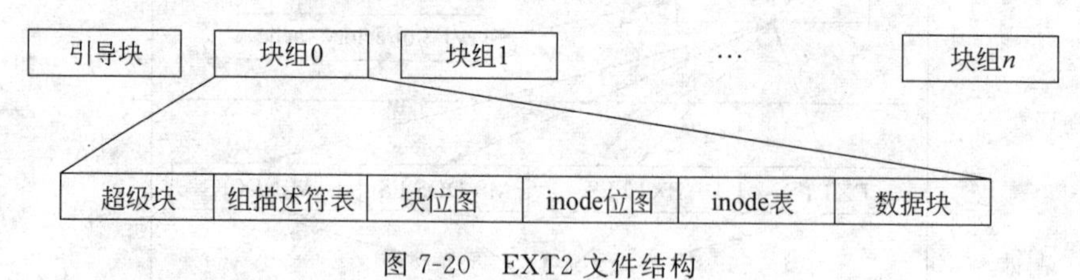

图 7-20 EXT2 文件结构

(1) EXT2 的超级块

EXT2 的超级块用来描述目录和文件在磁盘上的静态分布,包括尺寸和结构。每个块组都有一个超级块,一般来说只有块组 0 的超级块才被读入内存超级块,其他块组的超级块仅仅作为恢复备份。EXT2 文件系统的超级块主要包括 inode 数量、块数量、保留块数量、空闲块数量、空闲 inode 数量、第一个数据块位置、块长度、片长度、每个块组块数、每个块组片数、每个块组 inode 数,以及安装时间、最后一次写时间、安装信息、文件系统状态信息等内容。Linux 中引入了片(fragment)的概念,若干个片可组成块,当 EXT2 文件最后一块不满时,可用片计数。具体的 EXT2 外存超级块和内存超级块数据结构参见 include/linux/ext2_fs. h 中的结构 ext2_super_block 和结构 ext2_sb_info。

(2) EXT2 的组描述符

每个块组都有一个组描述符,记录了该块组的块位图位置、inode 位图位置、inode 节点位置、空闲块数、inode 数、目录数等内容。具体的组描述符数据结构参见 include/linux/ext2_fs. h 中的结构 ext2_group_desc。

所有的组描述符一个接一个存放,构成了组描述符表。同超级块一样,组描述符表在每个块组中都有备份,这样,当文件系统崩溃时,可以用来恢复文件系统。

(3) EXT2 的 inode

inode 用于描述文件,一个 inode 对应一个文件,一个子目录是一个特殊的文件。每个 inode 有一个唯一的 inode 号,并记录了文件的类型及存取权限、用户和组标识、修改/访问/创建/删除时间、link 数、文件长度和占用块数、在外存的位置以及其他控制信息。具体的数据结构参见 include/linux/ext2_fs. h 中的结构 ext2_inode。

(4) EXT2 的目录文件

目录是用来创建和保存文件系统中文件的存取路径的特殊文件,它是一个目录项的列表,其中头两项是标准目录项“. ”(本目录)和“.. ”(父目录)。

(5) 数据块分配策略

文件空间的碎片是每个文件系统都要解决的问题,它是指系统经过一段时间的读写后,导致文件的数据块散布在盘的各处,访问这类文件时,致使磁头移动急剧增多,访问盘的速度大幅下降。操作系统都提供“碎片合并”实用程序,定时运行可把碎片集中起来,

Linux 的碎片合并程序叫 defrag(defragmentation program)。而操作系统能够通过分配策略避免碎片的发生则更加重要,EXT2 采用了两个策略来减少文件碎片。

- 原地先查找策略:为文件新数据分配数据块时,尽量先在文件原有数据块附近查找。首先试探紧跟文件末尾的那个数据块,然后试探位于同一个块组的相邻的 64 个数据块,接着就在同一个块组中寻找其他空闲数据块;实在不得以才搜索其他块组,而且首先考虑 8 个一簇的连续的块。
- 预分配策略:如果 EXT2 引入了预分配机制(设 EXT2_PREALLOCATE 参数),就从预分配的数据块取一块来用,这时紧跟该块后的若干个数据块若空闲,也被保留下来。当文件关闭时仍保留的数据块给予释放,这样保证了尽可能多的数据块被集中成一簇。EXT2 文件系统的 inode 的 ext2_inode_info 数据结构中包含两个属性 prealloc_block 和 prealloc_count,前者指向可预分配数据块链表中第一块的位置,后者表示可预分配数据块的总数。

练　习　题

一、填空题

1. 文件系统主要管理计算机系统的软件资源,即对于各种________的管理。

2. 从用户的角度看,文件系统的功能是要实现________。为了达到这一目的,一般要建立________。

3. UNIX 系统中,一般把文件分为________、________和________三种类型。

4. 串联文件是文件________组织的方式之一,其特点是用________来存放文件信息。

5. 文件存储器一般都被分成若干大小相等的________,并以它为单位进行________。

6. 文件存储空间管理的基本方法有________、________。

7. 目录文件是由________组成的,文件系统利用________完成“按名存取”和对文件信息的共享和保护。

8. 单级(一级)文件目录不能解决________的问题。多用户系统所用的文件目录结构至少应是二级文件目录。

9. 大多数文件系统为了进行有效的管理,为用户提供了两种特殊操作,即在使用文件前应先________,文件使用完应________。

10. 对于索引结构的文件,其索引表中主要应包含________和________两项内容。

11. 文件的物理存储结构有三种方式,即________、________和________。

二、选择题

1. 在文件系统中,用户以(　　)方式直接使用外存。

   A. 逻辑地址　　B. 物理地址　　C. 名字空间　　D. 虚拟地址

2. 根据文件的逻辑结构,文件可以分为(　　)和(　　)两类。

   A. 字符串文件/页面文件　　B. 记录式文件/流式文件

C. 索引文件/串联文件　　D. 顺序文件/索引文件

3. 文件信息的逻辑块号到物理块号的变换是由(　　)决定的。

A. 逻辑结构　　B. 页表　　C. 物理结构　　D. 分配算法

4. 文件系统实现按名存取主要是通过(　　)来实现的。

A. 查找位示图　　B. 查找文件目录

C. 查找作业表　　D. 内存地址转换

5. 文件系统采用二级文件目录,主要是为(　　)。

A. 缩短访问存储器的时间　　B. 实现文件共享

C. 节省内存空间　　D. 解决不同用户间文件命名冲突

6. 文件索引表的主要内容包括关键字(记录号)和(　　)。

A. 内存绝对地址　　B. 记录相对位置

C. 记录所在的磁盘地址　　D. 记录逻辑地址

7. 磁盘上的文件是以(　　)为单位读写的。

A. 块　　B. 记录　　C. 区段　　D. 页面

8. 从用户角度看,引入文件系统的主要目的是(　　)。

A. 实现虚拟存储　　B. 保存系统文档

C. 实现对文件的按名存取　　D. 保护用户和系统文档

三、简答题

1. 什么是记录的成组和分解操作?采用这种技术有什么优点?

2. 列举文件系统面向用户的主要功能。

3. 什么是文件的逻辑结构?它有哪几种组织方式?什么是文件的物理结构?它有哪几种组织方式?

4. 叙述各种文件物理组织方式的主要优、缺点。

5. 简述 Windows 2000 NTFS 文件系统的主要特点和优点。简述 Windows 2000 NTFS 文件系统的实现要点。简述 Windows 2000 NTFS 文件系统的安全性支持。

6. 为了快速访问,又易于更新,当数据为以下形式时,你选用以下哪一种文件组织方式?

(1) 不经常更新,经常随机访问。

(2) 经常更新,经常按一定顺序访问。

(3) 经常更新,经常随机访问。

7. 一些系统允许用户同时访问文件的一个复制来实现共享,另一些系统为每个用户提供一个共享文件复制,试讨论各自的优、缺点。

8. 目前采用广泛的是哪种目录结构?它有什么优点?

9. 什么叫"按名存取"?文件系统如何实现文件的按名存取?

10. 文件目录在何时建立?它在文件管理中起什么作用?

11. 我们知道,可以用位示图法或成组链接法来管理磁盘空间。假定表示一个磁盘地址需要 D 个二进制位,一个磁盘共有 B 块,其中有 F 块空闲。在什么条件下,成组链接法占用的存储空间少于位示图?

12. 假定磁带的存储密度为每英寸800个字符，每个逻辑记录长为160个字符，记录间隙为0.6英寸，现在有1000个逻辑记录需要存储到磁带上。分别回答以下问题。

(1) 不采用记录成组技术，此时磁带存储空间的利用率是多少？

(2) 采用以5个逻辑记录为一组的成组技术进行存放，这时磁带存储空间的利用率是多少？

(3) 若希望磁带存储空间的利用率大于50%，应该多少个逻辑记录为一组？

参 考 文 献

[1] 宗大华. 操作系统[M]. 北京：人民邮电出版社，2002.
[2] 王继水. 操作系统原理及应用——Linux 篇[M]. 北京：清华大学出版社，2008.
[3] 成秋华. 操作系统原理与应用[M]. 北京：清华大学出版社，2008.
[4] 汤子瀛. 计算机操作系统[M]. 修订版. 西安：西安电子科技大学出版社，2001.
[5] 曾平. 操作系统习题与解析[M]. 2 版. 北京：清华大学出版社，2004.
[6] 孙钟秀. 操作系统教程[M]. 北京：高等教育出版社，2003.
[7] 徐莉. 操作系统概论[M]. 北京：中国人民大学出版社，2012.